高等职业教育建筑工程技术专业规划教材

总主编 /李　辉
执行总主编 /吴明军

建筑工程施工BIM应用

主　编　刘鉴秾
副主编　雷昌祥
参　编　蔡白洁　谢　静　蒲　琳
　　　　常　颖　郝佳宁　袁余洋
　　　　雷钰培

U0280014

重庆大学出版社

内容提要

本书内容包括理论教学及实训教学两部分。理论教学以××学院已建成的 5 号教学楼为工程案例,从模型创建和模型应用两个方面展开,以任务为导向,首先严格按照工程图纸,介绍了运用 Revit 2017 软件进行建筑建模、结构建模、设备建模、场地建模的详细方法和族创建等建模基础知识,以及该软件在工程量统计、施工图出图、模型链接、快捷建模、碰撞检查等方面的简单应用;然后介绍了与 Revit 结合较为紧密的 Navisworks 软件在碰撞检查和进度模拟两方面的简单应用;最后介绍了多种 BIM 软件结合,在施工中深化设计、进度控制、造价控制等典型应用方法。实训教学延续了理论教学的内容,利用与理论教学相同的工程案例完成 BIM 应用实训。

本书可作为高等职业院校土建类专业教材,也可作为施工单位管理人员进行建筑工程施工 BIM 应用培训的入门级教材。

图书在版编目(CIP)数据

建筑工程施工 BIM 应用 / 刘鉴秾主编. -- 重庆 : 重庆大学出版社,2018.9(2023.8 重印)

高等职业教育建筑工程技术专业规划教材

ISBN 978-7-5689-1366-9

Ⅰ. ①建… Ⅱ. ①刘… Ⅲ. ①建筑设计—计算机辅助设计—应用软件—高等职业教育—教材 Ⅳ. ①TU201.4

中国版本图书馆 CIP 数据核字(2018)第 200090 号

高等职业教育建筑工程技术专业规划教材
建筑工程施工 BIM 应用

主 编 刘鉴秾
副主编 雷昌祥

责任编辑:范春青 蒲 焘 版式设计:范春青
责任校对:刘志刚 责任印制:赵 晟

*

重庆大学出版社出版发行
出版人:陈晓阳
社址:重庆市沙坪坝区大学城西路 21 号
邮编:401331
电话:(023)88617190 88617185(中小学)
传真:(023)88617186 88617166
网址:http://www.cqup.com.cn
邮箱:fxk@ cqup.com.cn(营销中心)
全国新华书店经销
重庆巍承印务有限公司印刷

*

开本:787mm×1092mm 1/16 印张:20.25 字数:494 千
2018 年 9 月第 1 版 2023 年 8 月第 4 次印刷
ISBN 978-7-5689-1366-9 定价:68.00 元

本书如有印刷、装订等质量问题,本社负责调换

编审委员会

序　言

　　进入 21 世纪,高等职业教育建筑工程技术专业办学在全国呈现出点多面广的格局。截止到 2013 年,我国已有 600 多所院校开设了高职建筑工程技术专业,在校生达到 28 万余人。如何培养面向企业、面向社会的建筑工程技术技能型人才,是广大建筑工程技术专业教育工作者一直在思考的问题。建筑工程技术专业作为教育部、住房和城乡建设部确定的国家技能型紧缺人才培养专业,也被许多示范高职院校选为探索构建"工作过程系统化的行动导向教学模式"课程体系建设的专业,这些都促进了该专业的教学改革和发展,其教育背景以及理念都发生了很大变化。

　　为了满足建筑工程技术专业职业教育改革和发展的需要,重庆大学出版社在历经多年深入高职高专院校调研基础上,组织编写了这套《高等职业教育建筑工程技术专业规划教材》。该系列教材由住房和城乡建设职业教育教学指导委员会副主任委员吴泽教授担任顾问,四川建筑职业技术学院李辉教授、吴明军教授分别担任总主编和执行总主编,以国家级示范高职院校,或建筑工程技术专业为国家级特色专业、省级特色专业的院校为编著主体,全国共 20 多所高职高专院校建筑工程技术专业骨干教师参与完成,极大地保障了教材的品质。

　　系列教材精心设计该专业课程体系,共包含两大模块:通用的"公共模块"和各具特色的"体系方向模块"。公共模块包含专业基础课程、公共专业课程、实训课程三个小模块;体系方向模块包括传统体系专业课程、教改体系专业课程两个小模块。各院校可根据自身教改和教学条件实际情况,选择组合各具特色的教学体系,即传统教学体系(公共模块 + 传统体系专业课)和教改教学体系(公共模块 + 教改体系专业课)。

　　本系列教材在编写过程中,力求突出以下特色:

　　(1)依据《高等职业学校专业教学标准(试行)》中"高等职业学校建筑工程技术专业教学标准"和"实训导则"编写,紧贴当前高职教育的教学改革要求。

　　(2)教材编写以项目教学为主导,以职业能力培养为核心,适应高等职业教育教学改革的发展方向。

　　(3)教改教材的编写以实际工程项目或专门设计的教学项目为载体展开,突出"职业工作的真实过程和职业能力的形成过程",强调"理实"一体化。

　　(4)实训教材的编写突出职业教育实践性操作技能训练,强化本专业的基本技能的实训力度,培养职业岗位需求的实际操作能力,为停课进行的实训专周教学服务。

（5）每本教材都有企业专家参与大纲审定、教材编写以及审稿等工作，确保教学内容更贴近建筑工程实际。

我们相信，本系列教材的出版将为高等职业教育建筑工程技术专业的教学改革和健康发展起到积极的促进作用！

前　言

Preface

　　建筑信息模型（Building Information Modeling，简称 BIM）是以建筑工程项目的各项相关信息数据作为模型的基础，进行建筑模型的建立，并通过数字信息仿真模拟建筑物所具有的真实信息。它具有可视化、协调性、模拟性、优化性和可出图性五大特点。

　　BIM 技术不是简单将数字信息进行集成，而是一种数字信息的应用，是用于设计、建造、管理的数字化方法。这种方法支持建筑工程的集成管理环境，可以使建筑工程在其整个进程中显著提高效率、大量减少风险。BIM 技术将带来建筑行业的又一次革命。

　　BIM 技术在行业内的落地应用必然需要大量的 BIM 技术相关人才，本书将为高校提供建筑工程施工 BIM 应用培训的入门级教材。本书内容包括理论教学及实训教学两大板块。理论教学以××学院已建成的 5 号教学楼为工程案例，从模型创建到模型应用两部分展开，以任务为导向，首先严格按照工程图纸，介绍了运用 Revit 2017 软件进行建筑建模、结构建模、设备建模、场地建模的详细方法和族创建等建模基础知识，以及该软件在工程量统计、施工图出图、模型链接、快捷建模、碰撞检查等方面的简单应用；然后介绍了与 Revit 结合较为紧密的 Navisworks 软件在碰撞检查和进度模拟两方面的简单应用；最后简单介绍了多种 BIM 软件结合，在施工中深化设计、进度控制、造价控制等典型应用方法。实训教学延续了理论教学的内容，利用与理论教学相同的工程案例完成 BIM 应用实训。

　　本书具有如下特点：一是突出职业特色，注重建筑工程施工专业知识与 BIM 技术知识的有机结合、注重教学内容与国家标准（《建筑信息模型施工应用标准》GB/T 51235—2017）的有机结合；二是学习门槛低，全书在内容上力求详细、浅显，特别适合零基础学员通过案例学习，掌握软件的操作方法、熟悉简单的施工应用、了解 BIM 技术的典型施工应用；三是教、学、做一体化，本书包括 BIM 实训文件及图纸，学员完成理论学习后即可实训操作。

　　本书理论教学部分共分上、下两篇。上篇主要介绍 Revit 建模和应用以及 Navisworks 应用，下篇主要介绍 BIM 技术在施工中的典型应用。上篇建筑建模部分由蔡白洁、谢静、蒲琳编写，结构建模部分由常颖编写，设备建模部分由刘鉴秾编写，场地建模部分由蔡白洁编写，创建族及 Revit 应用部分由雷昌祥编写，Navisworks 应用部分由刘鉴秾编写。下篇由刘鉴秾、郝佳宁、雷钰培、向伟编写。

　　本书实训教学部分包括实训要求、实训任务书、实训指导书及实训用图纸，由刘鉴秾编写。

　　本书由四川建筑职业技术学院与成都维瑞古德科技有限公司联合编写,由刘鉴秾担任主编,雷昌祥担任副主编。

　　由于编写时间仓促,水平有限,书中难免有不足之处,恳切希望各位读者批评指正。

编　者

2018 年 5 月

目　录

Contents

上篇　Revit 建模与 Navisworks 应用 ⋯⋯⋯⋯⋯⋯⋯⋯⋯⋯⋯⋯⋯⋯⋯⋯⋯⋯ 1

1　建筑建模 ⋯⋯⋯⋯⋯⋯⋯⋯⋯⋯⋯⋯⋯⋯⋯⋯⋯⋯⋯⋯⋯⋯⋯⋯⋯⋯⋯⋯⋯ 2

   1.1　基础知识、创建轴线标高 ⋯⋯⋯⋯⋯⋯⋯⋯⋯⋯⋯⋯⋯⋯⋯⋯⋯⋯ 2

   1.2　创建建筑柱、墙 ⋯⋯⋯⋯⋯⋯⋯⋯⋯⋯⋯⋯⋯⋯⋯⋯⋯⋯⋯⋯⋯⋯ 21

   1.3　创建门、窗 ⋯⋯⋯⋯⋯⋯⋯⋯⋯⋯⋯⋯⋯⋯⋯⋯⋯⋯⋯⋯⋯⋯⋯⋯ 42

   1.4　创建建筑楼板 ⋯⋯⋯⋯⋯⋯⋯⋯⋯⋯⋯⋯⋯⋯⋯⋯⋯⋯⋯⋯⋯⋯⋯ 55

   1.5　创建屋面 ⋯⋯⋯⋯⋯⋯⋯⋯⋯⋯⋯⋯⋯⋯⋯⋯⋯⋯⋯⋯⋯⋯⋯⋯⋯ 66

   1.6　创建楼梯、洞口、栏杆 ⋯⋯⋯⋯⋯⋯⋯⋯⋯⋯⋯⋯⋯⋯⋯⋯⋯⋯⋯ 81

   1.7　创建入口台阶、坡道、雨篷 ⋯⋯⋯⋯⋯⋯⋯⋯⋯⋯⋯⋯⋯⋯⋯⋯⋯ 92

2　结构建模 ⋯⋯⋯⋯⋯⋯⋯⋯⋯⋯⋯⋯⋯⋯⋯⋯⋯⋯⋯⋯⋯⋯⋯⋯⋯⋯⋯ 106

   2.1　创建结构柱墩及 F1 结构柱 ⋯⋯⋯⋯⋯⋯⋯⋯⋯⋯⋯⋯⋯⋯⋯⋯⋯ 106

   2.2　创建基础并调整结构柱墩及 F1 结构柱 ⋯⋯⋯⋯⋯⋯⋯⋯⋯⋯⋯ 110

   2.3　创建结构梁、板 ⋯⋯⋯⋯⋯⋯⋯⋯⋯⋯⋯⋯⋯⋯⋯⋯⋯⋯⋯⋯⋯ 117

   2.4　结构构件配筋及速博插件简介 ⋯⋯⋯⋯⋯⋯⋯⋯⋯⋯⋯⋯⋯⋯⋯ 122

3　设备建模 ⋯⋯⋯⋯⋯⋯⋯⋯⋯⋯⋯⋯⋯⋯⋯⋯⋯⋯⋯⋯⋯⋯⋯⋯⋯⋯⋯ 125

   3.1　创建卫生洁具 ⋯⋯⋯⋯⋯⋯⋯⋯⋯⋯⋯⋯⋯⋯⋯⋯⋯⋯⋯⋯⋯⋯ 125

   3.2　创建排水系统 ⋯⋯⋯⋯⋯⋯⋯⋯⋯⋯⋯⋯⋯⋯⋯⋯⋯⋯⋯⋯⋯⋯ 130

   3.3　创建给水系统 ⋯⋯⋯⋯⋯⋯⋯⋯⋯⋯⋯⋯⋯⋯⋯⋯⋯⋯⋯⋯⋯⋯ 139

   3.4　创建教室的电气设备 ⋯⋯⋯⋯⋯⋯⋯⋯⋯⋯⋯⋯⋯⋯⋯⋯⋯⋯⋯ 151

4　场地建模 ⋯⋯⋯⋯⋯⋯⋯⋯⋯⋯⋯⋯⋯⋯⋯⋯⋯⋯⋯⋯⋯⋯⋯⋯⋯⋯⋯ 156

   4.1　创建地形表面 ⋯⋯⋯⋯⋯⋯⋯⋯⋯⋯⋯⋯⋯⋯⋯⋯⋯⋯⋯⋯⋯⋯ 156

   4.2　创建建筑地坪 ⋯⋯⋯⋯⋯⋯⋯⋯⋯⋯⋯⋯⋯⋯⋯⋯⋯⋯⋯⋯⋯⋯ 160

   4.3　创建地形子面域（道路）⋯⋯⋯⋯⋯⋯⋯⋯⋯⋯⋯⋯⋯⋯⋯⋯⋯⋯ 165

   4.4　创建场地构件 ⋯⋯⋯⋯⋯⋯⋯⋯⋯⋯⋯⋯⋯⋯⋯⋯⋯⋯⋯⋯⋯⋯ 167

5　创建族 ⋯⋯⋯⋯⋯⋯⋯⋯⋯⋯⋯⋯⋯⋯⋯⋯⋯⋯⋯⋯⋯⋯⋯⋯⋯⋯⋯⋯⋯ 170

   5.1　族简介 ⋯⋯⋯⋯⋯⋯⋯⋯⋯⋯⋯⋯⋯⋯⋯⋯⋯⋯⋯⋯⋯⋯⋯⋯⋯ 170

   5.2　创建族的基本命令 ⋯⋯⋯⋯⋯⋯⋯⋯⋯⋯⋯⋯⋯⋯⋯⋯⋯⋯⋯⋯ 171

   5.3　创建固定窗族 ⋯⋯⋯⋯⋯⋯⋯⋯⋯⋯⋯⋯⋯⋯⋯⋯⋯⋯⋯⋯⋯⋯ 182

   5.4　创建推拉窗族 ⋯⋯⋯⋯⋯⋯⋯⋯⋯⋯⋯⋯⋯⋯⋯⋯⋯⋯⋯⋯⋯⋯ 197

6 Revit 应用 ……………………………………………………………… 215

  6.1 工程量统计 ………………………………………………………… 215

  6.2 施工图出图 ………………………………………………………… 227

  6.3 导入 CAD 底图快速建模 ………………………………………… 249

  6.4 模型链接 ………………………………………………………… 252

  6.5 碰撞检查 ………………………………………………………… 255

7 Navisworks 应用 ………………………………………………………… 258

  7.1 碰撞检查 ………………………………………………………… 258

  7.2 进度模拟 ………………………………………………………… 264

下篇　BIM 典型施工应用 ………………………………………………… 271

8 施工 BIM 应用策划 ……………………………………………………… 272

  8.1 概述 ……………………………………………………………… 272

  8.2 施工 BIM 应用策划 ……………………………………………… 272

9 BIM 深化设计 …………………………………………………………… 285

  9.1 概述 ……………………………………………………………… 285

  9.2 利用 Navisworks 进行碰撞检查 ………………………………… 285

10 BIM 进度控制 …………………………………………………………… 289

  10.1 概述 …………………………………………………………… 289

  10.2 Revit 建模要求 ………………………………………………… 289

  10.3 基于 Revit、Project、Navisworks 的进度控制 ……………… 290

  10.4 基于鲁班 BIM 系统的进度控制 ……………………………… 292

  10.5 基于广联达 BIM5D 系统的进度控制 ………………………… 293

11 BIM 造价控制 …………………………………………………………… 295

  11.1 概述 …………………………………………………………… 295

  11.2 BIM 造价控制应用流程和软件方案 ………………………… 296

  11.3 BIM 建模要求 ………………………………………………… 297

  11.4 BIM 造价控制应用 …………………………………………… 300

12 BIM 与装配式施工 ……………………………………………………… 302

  12.1 概述 …………………………………………………………… 302

  12.2 什么是装配式建筑 …………………………………………… 302

  12.3 BIM 在装配式建筑设计中的应用 …………………………… 303

  12.4 BIM 在装配式建筑施工中的应用 …………………………… 305

附录　建筑工程施工 BIM 应用实训文件 ……………………………… 307

参考文献 …………………………………………………………………… 312

上篇　Revit 建模与 Navisworks 应用

1 建筑建模

Revit 建模是在模拟实际建造，与 SketchUp、3ds Max、Rhino 等软件通过形体组合来建模完全不同。Revit 是通过精确组合不同的建筑构件，如柱、墙、梁、楼板、楼梯、门、窗等，来完成建模，与实际建造高度一致。只有熟悉施工图，掌握建筑各部分的精确尺寸，了解建筑各部分材料的应用，明确建筑构件的构造做法，并将这些信息应用到模型创建中，才能够创建出一个完善、准确的 Revit 模型。本章的教学内容将结合施工图的具体要求，介绍 Revit 建筑模型的创建。

1.1 基础知识、创建轴线标高

任务说明

熟悉 Revit 2017 的界面及简单操作，创建项目的轴线及标高。

任务分析

（1）熟悉 Revit 2017 的界面；

（2）熟悉 Revit 2017 的简单操作；

（3）创建、保存项目文件；

（4）创建及修改标高、轴线。

1.1.1 Revit 2017 的界面介绍

1）Revit 2017 的启动

单击计算机桌面上 Revit 2017 快捷图标 Ⓡ 或单击 Windows"开始"菜单→"所有程序"→"Autodesk"→"Revit 2017"即可启动。

启动完成后，显示"最近使用的文件"界面，如图 1.1.1 所示。该界面主要包含项目和族两大模块，分别用于打开/创建项目文件、打开/创建族。Revit 会分别按时间顺序依次列出最近使用的项目文件和族文件的缩略图和名称，单击缩略图可打开相应的项目文件或族文件。通过查看右侧相关帮助和视频，也可以快速掌握 Revit 2017 的使用。

2）Revit 的界面

单击图 1.1.1 中的建筑样例项目，进入 Revit 的操作环境界面，如图 1.1.2 所示。Revit 2017 采用 Ribbon（功能区）工作界面，操作方便快捷。下面对界面中各功能区分别进行介绍。

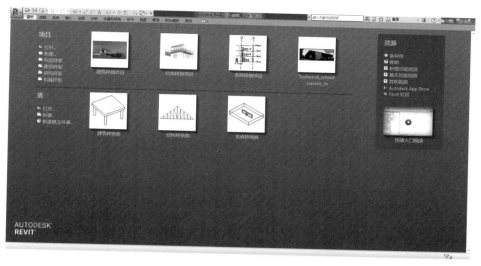

图 1.1.1

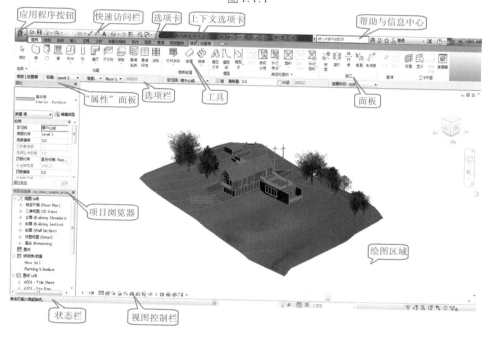

图 1.1.2

（1）应用程序按钮

单击界面左上角应用程序按钮 可打开应用程序菜单列表，如图 1.1.3 所示。

应用程序按钮包括新建、打开、保存、打印、退出 Revit 等内容。在应用程序菜单中，单击各菜单右侧的箭头可查看每个菜单项的展开其他选择项，然后单击列表中各选择项执行相应的操作。

图 1.1.3

单击应用程序菜单右下角"选项"按钮，可以打开选项对话框，如图 1.1.4 所示。"选项"对话框下包括"常规""用户界面""图形"等。用户可以根据工作需要和操作习惯自定义各个选项。例如，在"用户界面"选项中，用户可以自定义快捷键。

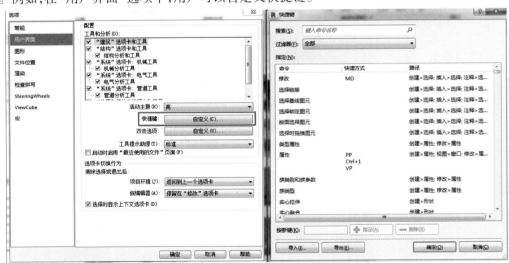

图 1.1.4

（2）快速访问工具栏

快速访问工具栏用于执行最常使用的命令，默认情况下包含"打开""保存""撤销""恢复""三维视图"等命令。

用户可以根据需要自定义快速访问栏中的工具内容。例如，在快速访问栏中创建墙工具，如图 1.1.5 所示，右键单击"墙"工具，选择"添加到快速访问工具栏"，即可将墙及其附加工具同时添加到快速访问栏中。同时,在快速访问栏中右键单击任意工具,选择"从快速访问工具栏中删除",可以将工具从快速访问栏中移除。

图1.1.5

（3）帮助与信息中心

Revit 2017 提供了非常完善的帮助文件系统,方便用户在使用中遇到问题时使用和查阅。单击"帮助与信息中心"中的"帮助" ⊘ 按钮或键盘的 F1 键,可打开查阅帮助文件。

（4）选项卡

选项卡提供了创建项目或族时所需要的全部工具,用鼠标单击选项卡的名称,可在各个选项卡中进行切换,如"建筑""结构""系统""插入"等。每个选项卡中都包含多个由各种工具组成的面板,每个面板下方都会显示该面板名称,如图 1.1.6 所示。例如,"体量和场地"选项卡由"概念体量""面模型""场地建模"和"修改场地"4 个面板组成,"面模型"面板中又包括"幕墙系统""屋顶""墙""楼板"4 个具体的工具。

图1.1.6

单击工具可以执行相应的命令,进入绘制或编辑状态。如果同一个工具中存在其他工具或命令,则会在工具图标下方显示下拉箭头,单击该箭头可以显示附加的相关工具。图1.1.7所示为墙工具中包含的附加工具。

Revit 2017 提供了 4 种不同的功能区面板显示状态。单击选项卡右侧的切换按钮 ⊡,可在"显示完整的功能区""最小化为面板按钮""最小化为面板标题"和"最小化为选项卡"状态间切换。图1.1.8所示为"最小化为面板按钮"的显示状态。

图 1.1.7

图 1.1.8

（5）上下文选项卡

在 Revit 中激活某些工具或选中图元时，该选项卡出现，颜色为绿色。该选项卡将显示与激活工具或选中图元相关的编辑、修改工具。例如，选择轴网时，Revit 2017 会自动切换至"修改｜轴网"，如图 1.1.9 所示，此时可以对轴网进行下一步编辑和修改。

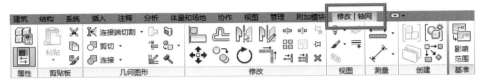

图 1.1.9

（6）选项栏

当用户选择不同的工具或图元时，选项栏中将显示与该操作相关的选项，可进行相应参数的设置和编辑。图 1.1.10 所示为使用墙工具时选项栏的设置内容。

图 1.1.10

（7）"属性"面板

当选择某工具或图元时，"属性"面板会显示该图元的类型和属性参数等。属性面板各部分的功能如图 1.1.11 所示。

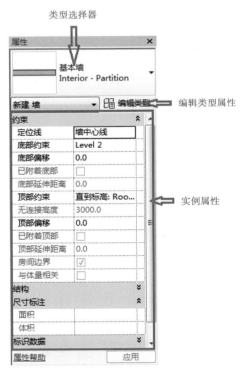

图 1.1.11

属性参数列表显示了当前选择图元的限制条件、尺寸标注等参数及其数值。用户可通过修改参数值来改变当前所选择图元的外观尺寸等。

　　单击"类型属性"按钮,系统将打开"类型属性"对话框,如图 1.1.12 所示。用户可复制、重命名对象类型,并可通过编辑其中的类型参数值来改变与选择当前图元同类型的所有图元的外观尺寸等。

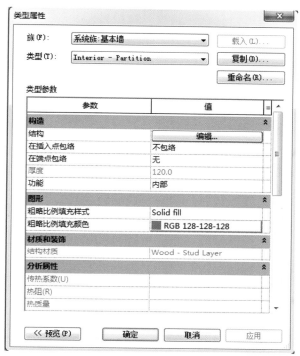

图 1.1.12

　　如果未选择任何图元,则"属性"面板上将显示当前视图的属性。在任何情况下,按快捷键"Ctrl + 1",均可打开或关闭属性面板,还可选择任意图元。单击上下文选项卡中的"属性"按钮,或在绘图区域中单击鼠标右键,在弹出的快捷菜单中选择"属性"选项将其打开。

　　(8)项目浏览器

　　项目浏览器用于组织和管理当前项目中包含的所有信息,包括项目中所有视图、明细表、图纸、族、组、链接的 Revit 模型等项目资源。展开和折叠各分支时,将显示下一层集的内容。图 1.1.13 所示为项目浏览器中包含的项目内容。

　　双击项目浏览器中的视图名称,可以打开视图;选择视图名称,右键单击该名称即可找到复制、重命名和删除等视图编辑目录。

　　在项目浏览器对话框任意栏目名称上单击右键,在弹出右键菜单中选择"搜索"选项,打开"在项目浏览器中搜索"对话框,如图 1.1.14所示。使用该对话框可在项目浏览器中对视图、族及族类型名称进行查找定位。

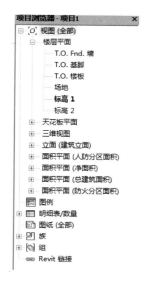

图 1.1.13

图 1.1.14

（9）状态栏

状态栏用于显示和修改当前命令操作或功能所处状态，主要包括当前操作状态、工作集状态栏、设计选项状态栏、选择基线图元等。

（10）视图控制栏

视图控制栏主要用于控制当前视图显示样式，包括视图比例、详细程度、视觉样式、打开/关闭日光路径、打开/关闭阴影、临时隐藏/隔离等工具，如图 1.1.15 所示。例如，视觉样式中提供了线框、隐藏线、着色、一致的颜色、真实和光线追踪 6 种视觉样式，其显示效果逐渐增强，但对于计算机内存占用也越来越大，用户可以根据需要选择。

图 1.1.15

（11）绘图区域

绘图区域为 Revit 2017 的主要工作界面，显示项目浏览器中所涉及的视图、图纸、明细表等相关具体内容。

在 Revit 2017 中每当切换新视图时，都将在绘图区域创建新的视图窗口，并且保留所有已经打开的其他视图。使用"视图"选项卡"窗口"面板中的平铺、层叠工具（图 1.1.16），可设置所有已打开视图的排列方式为平铺或层叠。

图 1.1.16

（12）平面视图

平面视图主要包括楼层平面视图、结构平面视图和天花板平面视图。所有视图都是沿水平方向指定标高位置对模型进行剖切，从而生成投影。但天花板平面视图与楼层平面视图观察的方向相反：天花板平面视图从剖切面的位置向上查看模型进行投影显示，而楼层平面视图从剖切面位置向下查看模型进行投影显示。结构平面视图与楼层平面视图类似，只是显示规程不一样。

（13）项目基点和测量点

每个项目都有项目基点⊗和测量点⚠，但是由于可见性设置和视图剪裁，它们不一定在所有的视图中都可见，但也无法将它们删除。

项目基点定义了项目坐标系的原点(0,0,0)，可用于在场地中确定不同单位工程的位置，也可在建模时定位建筑构件。

测量点代表现实世界中的已知点，如大地测量标记、城市规划部门给出的建筑定位点。

单击"视图"选项卡 → "图形"面板 → ▦(可见性/图形)工具，打开"可见性/图形替换"对话框,在"模型类别"选项下,向下滚动到"场地"并将其展开,勾选"测量点"和"项目基点",可使项目基点和测量点在视图中可见,如图1.1.17所示。

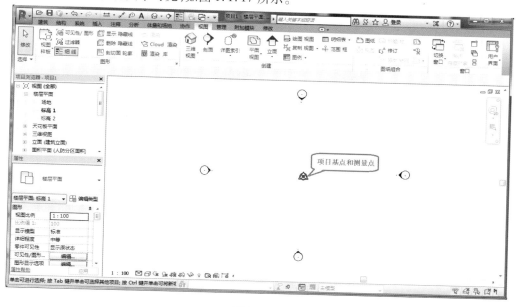

图1.1.17

1.1.2　Revit 2017 新建及保存项目文件

1)Revit 文件类型

在 Revit 中,常用的文件格式有以下几种:

(1)".rvt"项目文件

在 Revit 中,所有的设计模型、视图及信息都被存在项目文件中。项目文件包括设计所需要的建筑三维模型、平面图、立面图、剖面图及节点视图等。

(2)".rte"样板文件

样板文件中含有一定的初始参数,如构建族类型、楼层数量的设置、层高信息等。利用样板文件可以有效地在不同建模者或不同项目间传递相同的信息,提高建模效率。用户可以自建样板文件并保存为新的".rte"文件。

(3)".rfa"族文件

在 Revit 中,基本的图形单元被称为图元。例如,在项目中建立的墙、门、窗等都被称为图元,所有这些图元都是使用"族"来创建的。"族"是 Revit 设计的基础,一个"族"可以包含若干个图元。

(4)".rft"族样板文件

族样板文件中包含一定的族初始参数,其作用与样板文件类似。

2)新建项目文件

启动 Revit 2017,进入"最近使用的文件"界面。单击项目模块中的"新建"命令,或单击左上角的"应用程序按钮",在列表中选择"新建→项目"命令,弹出"新建项目"对话框,单击"浏览"按钮,选择"5#教学楼样板文件",如图1.1.18所示;单击"确定"按钮,将项目文件命名为"5#教学楼项目—建筑"。

图 1.1.18

3）项目的设置与保存

（1）设置项目信息

进入新建项目后，单击"管理"选项卡→"设置"面板→"项目信息"选项，打开如图 1.1.19 所示的项目信息对话框，输入项目信息。

（2）设置项目单位

单击"设置"面板→"项目单位"选项，打开项目单位对话框，如图 1.1.20 所示。单击"长度"→"格式"列按钮，将长度单位设置为毫米（mm）；单击"面积"→"格式"列按钮，将面积单位设置为平方米（m^2）；单击"体积"→"格式"列按钮，将体积单位设置为立方米（m^3）。

（3）设置规程

进入 F1 楼层平面视图，设置"属性"面板→"图形"→"规程"为"建筑"，如图 1.1.21 所示。

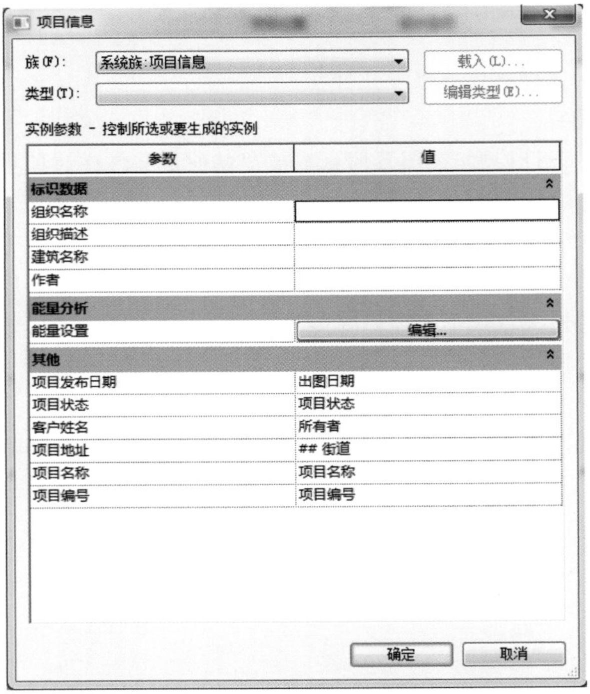

图 1.1.19

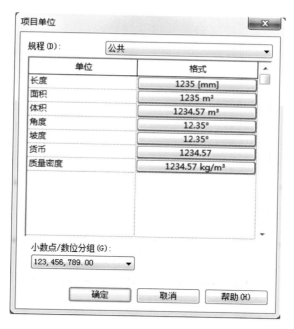

图 1.1.20

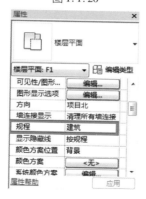

图 1.1.21

(4)设置视图范围

单击"属性"面板→"范围"→"视图范围"旁的"编辑"按钮,进入视图范围对话框,如图 1.1.22所示。

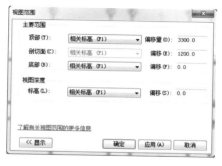

图 1.1.22

　　每个平面视图都具有"视图范围"属性,该属性也称为可见范围。视图范围控制了图元在视图中的可见性,"顶部平面"和"底部平面"表示视图范围的最顶部和最底部的位置,"剖切面"是确定剖切高度的位置,这 3 个平面定义了视图的主要范围。

　　"视图深度"是主要范围之外的附加平面,可以通过更改视图深度平面来显示"底部平面"之下的图元。在默认情况下,"视图深度"的标高与"底部平面"重合。"底部平面"不能低于"视图深度"设置的标高。图 1.1.23 展示了"视图范围"中各概念间的关系:视图范围⑦包括主要范围⑤和视图深度⑥以及各平面,即顶部平面①、剖切面②、底部平面③、视图深度平面④间相互位置关系。

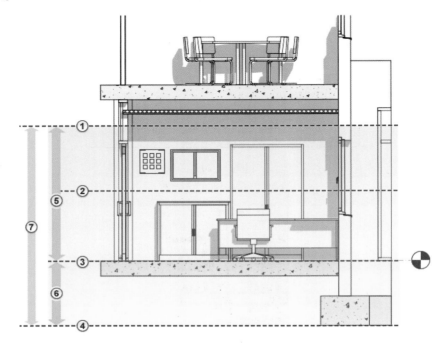

图 1.1.23

　　视图范围内的图元显示样式:低于剖切面且高于底部平面的图元,使用图元类别的投影线宽绘制这些图元;高于剖切面且低于顶部平面的图元,将不会显示在平面视图中,除非其类别是窗、橱柜或常规模型。与剖切面相交的图元,如果该图元类别允许被剖切(如墙、门窗等图元),图元将以截面的方式显示在视图中;如果该图元类别不可被剖切(如卫浴装置、机械设备类别的图元),图元将以投影的方式显示在视图中。视图深度范围内的图元将投影显示在当前视图中,图元无法被鼠标单击选中但可以被框选。

　　(5)保存项目

　　单击"应用程序按钮"→"另存为"→"项目"命令,"另存为"对话框如图 1.1.24 所示;输入文件名,例如"5#教学楼",单击对话框右下角的"选项",弹出"文件保存选项"对话框,如图1.1.25所示;设置最大备份数为 3,单击"确定"按钮,设置保存路径,单击"保存"。

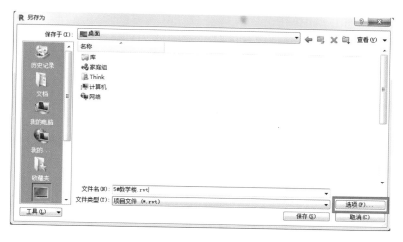

图 1.1.24

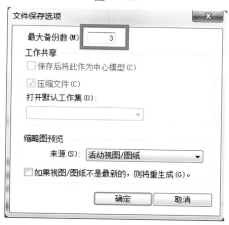

图 1.1.25

1.1.3 创建标高

1)新建标高

标高的创建和编辑,必须在立面或剖面视图中才能够进行。

(1)标高信息介绍

在项目浏览器中展开"视图"→"立面(建筑立面)",双击视图名称"南",进入南立面视图。在刚才新建的项目文件"5#教学楼项目-建筑"中默认有 F1 和 F2 两条标高信息,F1 的标高为"±0.000",F2 的标高为"3.900 m",如图 1.1.26 所示。

图 1.1.26

标高的相关信息如图 1.1.27 所示。标高端点：又称为端点拖拽点，拖动该点可以对标高线的长度进行修改。标高值：对应楼层的具体层高，单位为 m。标高名称：为楼层名称，如 F1、F2或标高 1、标高 2 等。添加弯头：点击此符号可以对标高线的端头位置进行移动。对齐锁定：锁定对齐约束线，可以将各条轴线一起锁定，打开此锁可以取消与其他轴线间的锁定关系。对齐约束线：用于绘制轴线时与已经绘制的轴线起点端点一致，在对齐锁定的时候按住标高端点空心圆圈不松开，左右滑动鼠标，可以看到对齐约束线上的所有标高都随着地动；若只想拖动某一条标高线的长度，解锁对齐约束，然后再进行拖动即可。隐藏编号：勾选框若不勾选，则隐藏该端点符号。2D/3D 范围切换：当被切换至 2D 状态后，标高端点变为实心点，所做的修改将仅影响本视图；3D 状态下，所做的修改将影响所有视图。

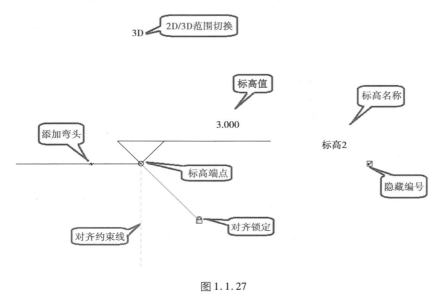

图 1.1.27

（2）绘制标高

Revit 中提供了很多绘制标高的方式，如直接绘制、复制、阵列等。

①采用直接绘制的方法绘制标高：单击"建筑"选项卡→"基准"面板→"标高"命令，打开"修改|放置标高"上下文选项卡，进入绘制标高模式。确认"绘制"面板中，绘制方式为"直线"，确认选项栏勾选"创建平面视图"，"偏移量"为 0，如图 1.1.28 所示。

图 1.1.28

确认"属性"面板，在"类型选择器"中选择"标高：上标高"，鼠标移动到 F2 标高线的上方左侧，左右移动直到看到"对齐约束线"，上下移动鼠标可以看到临时尺寸值不断变化，键入"3900"回车，如图 1.1.29 所示。从左到右绘制标高线，直到右侧重新显示对齐约束线时停止，该标高名称为"F3"，标高值为"7.800"。由于在 Revit 中标高线的名称具有继承性，如果前一条标高线的名称为"F1"，再绘制的标高线的名称即为"F2"，以此类推，也可以根据需要手动修改标高名称。F3 和 F2 的间距也可以在绘制完成 F3 后修改。

图 1.1.29

修改标高名称的方法，例如，将标高"F8"修改为"F3"：a. 双击标高名称"F8"，直接修改为"F3"，在弹出对话框"是否希望重命名相应视图"时，单击"是"；b. 单击选中标高名称"F8"，在"属性"面板中，修改"标识数据"中"名称"为"F3"，在弹出对话框"是否希望重命名相应视图"中单击"是"；c. 右键单击"项目浏览器"→"视图"→"楼层平面"→"F8"，选择"重命名"，在弹出的重命名视图对话框中修改"名称"为"F3"，单击"确定"按钮，在弹出"是否希望重命名相应标高和视图"时，单击"是"。

修改标高值的方法（如将 F3 的标高值由"7.800"修改为"7.200"）：a. 直接双击 F3 标高值"7.800"，将其修改为"7.200"；b. 单击 F3 标高，F3 和 F2 之间会出现临时尺寸标注"3900"（图1.1.30），单击临时尺寸将其修改为"3300"。

图 1.1.30

采用直接绘制的方法同样可绘制 F4、F5、F6 和 F0，如图 1.1.31 所示。

图 1.1.31

②采用复制的方法绘制标高：单击选择 F2，进入"修改|标高"上下文选项卡，在"修改"面板，选择"复制"命令<img>，确认选项栏勾选"约束"，勾选"多个"，如图 1.1.32 所示。单击标高 F2 上任意点，向上移动鼠标，可以看到临时尺寸值不断的变化，键入"3900"，回车，即可放置标高，生成标高 F3，继续向上放置 F4、F5、F6，间距分别是 3 900 mm、3 900 mm、2 700 mm，按"ESC"键退出复制命令。

图 1.1.32

继续单击 F2 标高，进入"修改|标高"上下文选项卡，在"修改"面板，选择"复制"命令<img>，确认选项栏勾选"约束"，不勾选"多个"。单击 F2 上任意点，向下移动鼠标键入"4350"并回车，放置标高。该标高值为"－450"，双击标高名称修改为"F0"，完成所有标高绘制。

复制生成的标高不会自动生成楼层平面视图，仔细观察标高符号可以看出，生成楼层平面视图的 F1、F2 的标高符号为蓝色，而复制生成的 F0、F3、F4、F5、F6 的标高符号为黑色。单击"视图"选项卡→"创建"面板→"平面视图"下的"楼层平面"按钮，如图 1.1.33 所示。弹出"新建楼层平面"对话框如图 1.1.34 所示，确定"类型"为"楼层平面"，按 Ctrl 键选择 F3、F4、F5，勾选"不复制现有视图"，单击"确定"按钮。生成 F3、F4、F5 楼层平面视图。单击"项目浏览器"中"立面（建筑立面）"→"南"，进入南立面视图，可以看到生成楼层平面视图的 F3、F4、F5 的标高符号也变为蓝色。

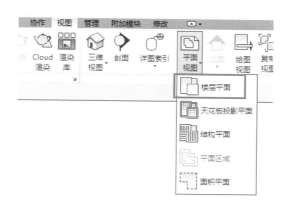

图 1.1.33

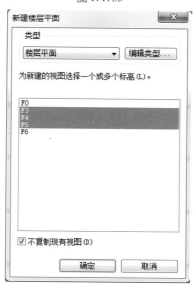

图 1.1.34

③采用阵列的方法绘制标高：由于 F1 到 F5 的层高都是 3900 mm，所以可以采用"阵列"命令绘制标高。单击选择 F2，进入"修改 | 标高"上下文选项卡，在"修改"面板，选择"阵列"命令 ，确认选项栏不勾选"成组并关联"，项目数为"4"，移动到"最后一个"，勾选"约束"，如图 1.1.35所示。

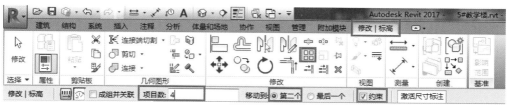

图 1.1.35

单击 F2 上任意点，向上移动鼠标，输入"15600"，单击 Enter 键，放置标高 F3、F4、F5。

在阵列中，"项目数"为"4"代表除了选中图元外，另外生成 3 个，一共 4 个图元。"移动到"

"第二个"表示移动鼠标输入的是第二个图元的位置,那么 Revit 会自动按相同的距离生成其他两个。移动到"最后一个"表示移动鼠标输入的是第四个图元的位置,那么 Revit 会自动均分在第一个和最后一个中间生成其他两个,4 个图元等间距。

阵列生成的标高也不会生成楼层平面视图。

2)编辑标高

由于 F0 和 F1 距离比较近,可以对 F0 添加弯头或采用下标高形式。

(1)添加弯头

单击选择 F0,再单击"添加弯头"符号,如图 1.1.36 所示,可以防止由于两条标高过近导致标高信息重合。

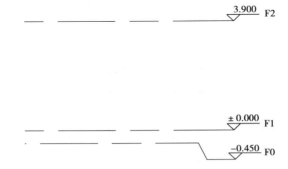

图 1.1.36

如果需要取消添加弯头,选中 F0,如图 1.1.37 所示,拖动圆点 a 到圆点 b 的位置即可取消。

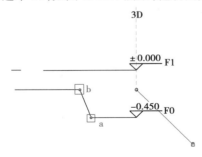

图 1.1.37

(2)采用下标高

选中 F0,在"属性"面板中,选择"下标高",然后单击"应用",F0 变成下标高形式,如图 1.1.38所示。

图 1.1.38

1.1.4 创建、编辑轴网

1）创建轴网

在 Revit 中，轴网只要在任意一个平面视图中绘制一次，其他平面和立面、剖面视图中将自动显示。轴网的绘制方法跟标高的相同，可以采取直接绘制、复制和阵列等工具绘制。

进入 F1 楼层平面视图，绘图区域有北南西东（上下左右）4 个立面符号，轴网就绘制在立面符号中间的区域里。

单击"建筑"选项→"基准"面板→"轴网"命令 ，打开"修改|放置轴网"上下文选项卡，进入放置轴网模式；在"绘制"面板中选择"直线" ，选项栏中"偏移量"为"0"。

在"属性"面板的"类型选择器"中选择默认轴网为"6.5 mm 编号"，在立面符号中间的区域左侧从上到下绘制第一条垂直轴线，修改编号为"1"。

接着用"复制"命令创建 2—10 号轴线：单击选择 1 号轴线，进入"修改|轴线"上下文选项卡，单击"修改"面板中"复制"命令，确定选项栏中勾选"约束"和"多个"。移动光标选择 1 号轴线任意点，然后水平向右移动光标，键入"6000"后回车即复制了 2 号轴线，轴线编号自动命名为"2"。保持光标位于新复制的轴线右侧，分别键入"9600""9600""3600""9600""3600""9600""9600""6000"，键入一次回车一次，这样就复制了 3—10 号轴线。完成情况如图 1.1.39 所示。

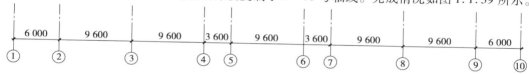

图 1.1.39

继续单击"建筑"选项→"基准"面板→"轴网"命令，绘制字母轴网 A—F，间距分别为 1500，7200，3000，7200，1500，完成绘制后的轴网如图 1.1.40 所示，确保轴网在 4 个立面符号范围内，保存项目文件。

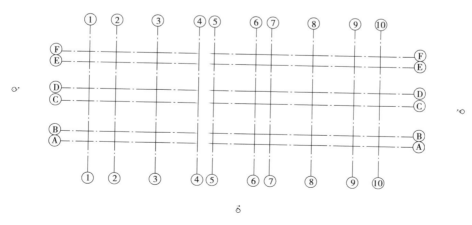

图 1.1.40

2）编辑轴网

轴网绘制完成后，可以切换至立面视图，立面视图中也会出现对应的轴网。

进入"南"立面视图，此时轴网轴号的标注为一端标注，如果需要在轴网两端标注，可以点击轴网的隐藏编号，让另一端的标注显示出来；也可选中任意轴网，在"属性"面板中，单击"编辑类型"，进入"类型属性"对话框，设置"类型参数"中"图形"下面的"非平面视图符号（默认）"为"两者"（图 1.1.41），使立面视图中两端的轴网标注都显示出来。

图 1.1.41

在南立面视图中，单击任意轴网，显示对齐约束线，拖动轴网的端点上下移动可以改变轴网的长度，用同样的方法也可以拖动标高，使标高和轴网相交。

标高和轴网是建筑模型创建的基础，各个建筑构件都要以标高和轴网来进行定位。为了避免后面操作过程中，标高轴网被误移动，在创建完成标高轴网后必须将其锁定。进入 F1 楼层平面视图，框选全部的轴网，进入"修改|轴网"上下文选项卡，在"修改"面板中单击"锁定"，或按快捷键"PN"即可锁定轴网（图 1.1.42），轴网锁定后将不会被选中也就不会移动了。

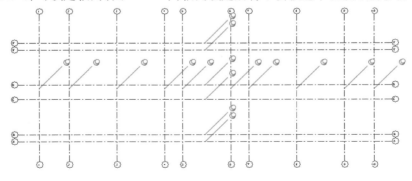

图 1.1.42

如果需要解除轴网锁定,可框选全部的轴网,进入"修改|轴网"上下文选项卡,在"修改"面板中单击"解锁" ,或按快捷键"UP"即可解除锁定。

1.2 创建建筑柱、墙

任务说明
定义柱、墙的类型,创建柱、墙。

任务分析
(1)定义柱、墙的类型;
(2)创建柱、墙的各种方法。

1.2.1 创建 F1 建筑柱

1)定义建筑柱

①进入 F1 楼层平面视图,单击"构建"面板"柱"下拉列表"建筑柱"工具,进入建筑柱放置模式。自动切换至"修改|放置柱"上下文选项卡。

②确认"属性"面板中"类型选择"列表中当前柱名称为"M - 矩形柱 - 457 × 475 mm"(注:软件命名如此,尺寸的准确标注应为 457 mm × 475 mm)。如图 1.2.1 所示,单击"属性"面板中"编辑类型"按钮,打开"类型属性"对话框。

③如图 1.2.2 所示,在"类型属性"对话框中,单击"复制"按钮,在弹出的"名称"对话框中输入"F1_KZ_500 × 500"作为新类型名称,完成后单击"确定"按钮,返回"类型属性"对话框。

图 1.2.1

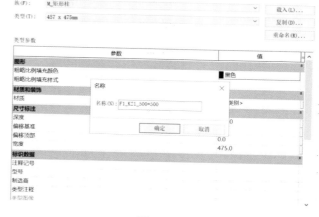

图 1.2.2

④如图 1.2.3 所示,单击"材质"单元格中 按钮,打开材质浏览器,在"项目:材质"选项栏中选择"混凝土,现场浇注灰色"材质,完成后单击"确定"按钮,返回"类型属性"对话框。

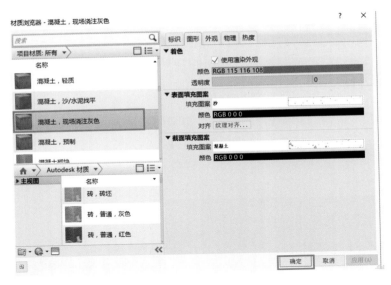

图 1.2.3

⑤修改"尺寸标注"选项栏中"深度"和"宽度"的值均为 500 mm,如图 1.2.4 所示。完成后单击"确定"按钮,退出"类型属性"对话框,完成设置。

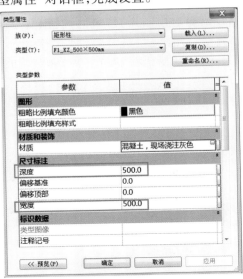

图 1.2.4

用相同的方法可创建截面尺寸为 400 mm × 500 mm 的矩形柱 F1_KZ_400 × 500。

2) 放置建筑柱

①定义完柱后即可进入放置柱模式,确认"属性"对话框中柱的类型为"F1_KZ_500 × 500"(图 1.2.5),不勾选"放置后旋转"选项,修改建筑柱的生成方式为"高度",在其后的下拉列表中选择建筑柱到达的标高为 F2。

图 1.2.5

②按照结构施工图中柱的定位,在相应位置放置建筑柱。由于教学楼的结构布置是前后、左右对称的,因此可以先放置左上角部分柱体,然后使用"镜像"工具逐步生成所有柱,如图1.2.6所示。

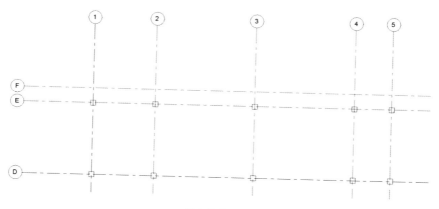

图 1.2.6

③放置柱时,优先捕捉轴网交点作为放置点。这样放置后,柱的位置与建施图有一定偏差,需要进行调整。使用"修改"面板中的"偏移"工具,将建筑柱的位置调整至对应的位置,如图1.2.7—图1.2.9所示。

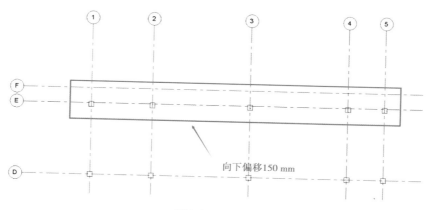

向下偏移150 mm

图 1.2.7

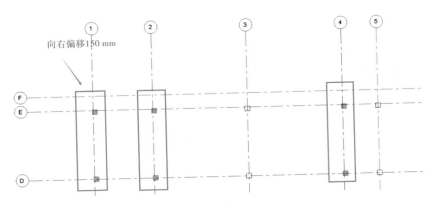

图 1.2.8

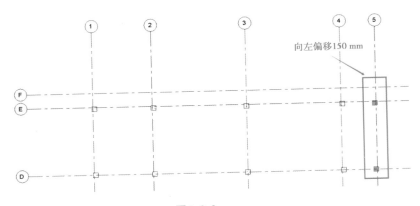

图 1.2.9

④绘制参照平面作为对称轴。如图 1.2.10 所示,使用"参考平面"工具,在 F1 楼层平面视图中间绘制两个参照平面作为镜像的对称轴,完成情况如图 1.2.11 所示。

图 1.2.10

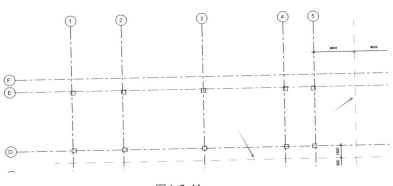

图 1.2.11

⑤从左上角向下框选所有建筑柱,使用"修改面板"中"镜像-对称轴"命令,选择5轴、6轴间的参考平面为对称轴,完成建筑柱的左右镜像,如图1.2.12所示。

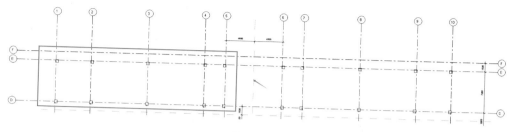

图1.2.12

⑥从左上角向下框选所有建筑柱,使用"镜像-对称轴"命令,选择C轴、D轴间的参考平面为对称轴,完成建筑柱的上下镜像,如图1.2.13所示。

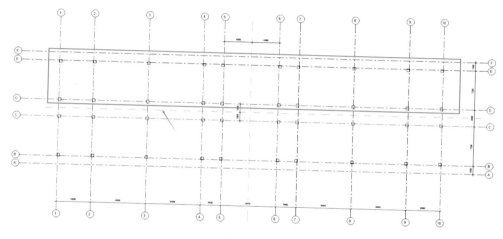

图1.2.13

⑦在E轴向下偏移2000 mm的位置放置两个"F1_KZ_400×500"柱,如图1.2.14所示。

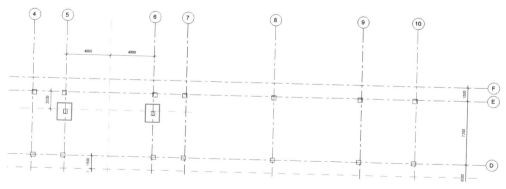

图1.2.14

⑧选择所有外墙柱,在"属性"对话框中修改"底部偏移"值为-450 mm。

至此,F1建筑柱的创建完成。完成后的三维视图如图1.2.15所示。其他楼层的建筑柱创建将会在下节继续进行介绍。

图 1.2.15

1.2.2 创建 F1 墙体

Revit 提供的墙创建工具包括"墙:建筑""墙:结构""面墙"3 种。"墙:建筑"主要用于在建筑墙体中创建非结构墙体;"墙:结构"的用法与"墙:建筑"基本相同,但是用"墙:结构"创建的墙体可以在结构专业中为墙图元指定受力计算模型,并为墙体配置钢筋,因此,"墙:结构"工具可以用于创建剪力墙图元;"面墙"则主要使用体量面来创建异型墙体。在本章的教学楼墙体创建中,主要使用的是"墙:建筑"工具。

1)准备工作

(1)材质设置

在 Revit 中,材质的设置会对所创建模型的三维表现和渲染漫游产生很大的影响,材质设置的主要工作内容在材质浏览器中进行。

①材质浏览器由三大部分构成,如图 1.2.16 所示。第 1 部分(左上)是项目材质库,内置当前项目中可用已定义的材质;第 2 部分(左下)是 Autodesk 材质库,内置种类繁多的各种备用材质;第 3 部分(右侧)是材质编辑器,材质的修改、编辑都是通过材质编辑器实现的。

②有时候打开材质浏览器,可能只有第 1 部分的项目材质库,这时可通过如图 1.2.17 所示的操作打开 Autodesk 材质库和材质编辑器。

③在项目中进行材质定义时,只能选择项目材质库中已有的材质,如其中的材质不满足项目需求,可通过以下两种方式向项目材质库中添加新的材质:

a. Autodesk 材质库中已有满足项目需求的材质(图 1.2.18),可选定该材质,单击右上角"添加"按钮,将此材质添加至项目材质库中进行使用;也可选定该材质,然后双击鼠标左键进行添加。

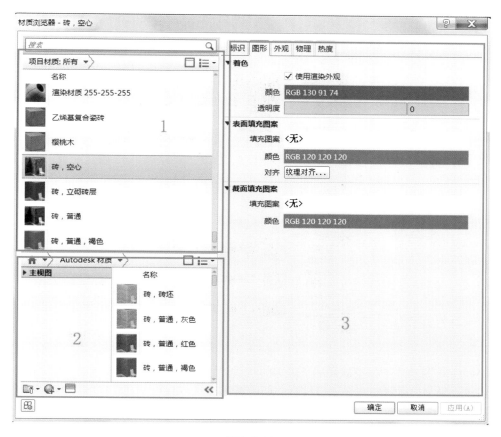

图 1.2.16

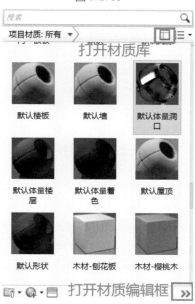

图 1.2.17

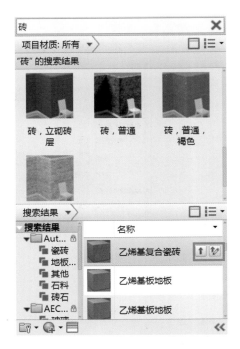

图 1.2.18

　　b. Autodesk 材质库中没有满足项目需求的材质,可以新建材质。如图 1.2.19 所示,单击左下角"创建并复制材质"按钮,在项目材质中创建新的材质,并通过重命名和修改材质编辑框中各种参数,对其进行新的定义。

图 1.2.19

　　④在"材质编辑器"中,可以对所选择的材质进行更进一步的定义。材质编辑器编辑的内容主要有"标识""图形""外观"3 个选项,必要时还可以增加"物理""热度"两个选项。"标识"选项是对材质的文字说明。"图形"选项用于定义材质在图元着色模式下的表现,包括颜色、透明度、立面视图中该图元的表面填充图案样式、被剖切时的截面填充图案样式等。"外观"选项用于定义材质在图元真实模式下及渲染时的表现,一般通过贴图方式来表现真实的外观。"图形"选项定义的材质在真实模式下及渲染时是无效的;同样,"外观"选项定义的材质在着色模式下也是无效的。

图 1.2.20

　　(2)墙体构造设置

　　在实际施工中墙体可能包括很多构造层,如砌体、抹灰、面砖、涂料等。在 Revit 中,通过族类型编辑器中"编辑部件"对话框中各功能层的定义来设置墙体构造做法。如图 1.2.20 所示,在"编辑部件"对话框的"功能"列表中共提供了 6 种墙体构造功能:结构[1]、衬底[2]、保温层/空气层[3]、面层 1[4]、面层 2[5]、涂膜层(通常用于防水涂层,厚度必须为 0),可以定义实际施工中墙体的每个构造层。

　　构造功能名称后方括号内的数字,例如"结构[1]",表示墙与墙连接时,墙各层之间连接的优先级别。方括号中的数字越大,表示其连接的优先级越低。当墙连接时,Revit 会试图连接功能相同的墙功能层,但优先级别为 1 的会最先连接,而优先级别为 5 的将最后连接。

2)定义墙体类型

在创建墙体前需要先根据施工图对墙体进行定义。施工图中,教学楼项目的墙体分为 3 类:外墙、内墙和女儿墙。外墙为 200 mm 厚空心砖,卫生间内墙为 200 mm 厚空心砖,卫生间内隔墙为 120 mm 厚空心砖,其他内墙为 200 mm 厚加气混凝土砌块;外墙外侧为面砖饰面,卫生间墙面为瓷砖饰面,其他墙面为抹灰及涂料饰面。为了符合实际建造,可规定外墙模型的构造分为 3 层,从外到内依次为 50 mm 厚外墙面砖面层、200 mm 厚空心砖核心层、20 mm 厚内抹灰面层;为了简化建模,可规定其他墙体模型不分层,卫生间内隔墙模型为 120 mm 厚,其他内墙模型均为 200 mm 厚。墙体定义完成后应进行命名,命名的原则见本书附录的附表 2。

(1)定义 F1 空心砖 200 mm 厚外墙(F1_WQ_200)

①进入 F1 楼层平面视图(图 1.2.21),单击"建筑"选项卡"构建"面板中的"墙"下拉列表,在列表中选择"墙:建筑"工具,自动切换至"修改 – 放置墙"上下文选项卡。

②单击"属性"面板中"编辑类型"按钮,打开"类型属性"对话框。如图 1.2.22 所示,在"类型属性"对话框中,确认族类型为"系统族:基本墙 常规 – 200 mm",单击类型列表后的"复制"按钮,在"名称"对话框中输入"F1_WQ_200"作为新墙体类型名称。单击"确定"按钮,返回"类型属性"对话框,为基本墙族创建了"F1_WQ_200"的族类型。

图 1.2.21

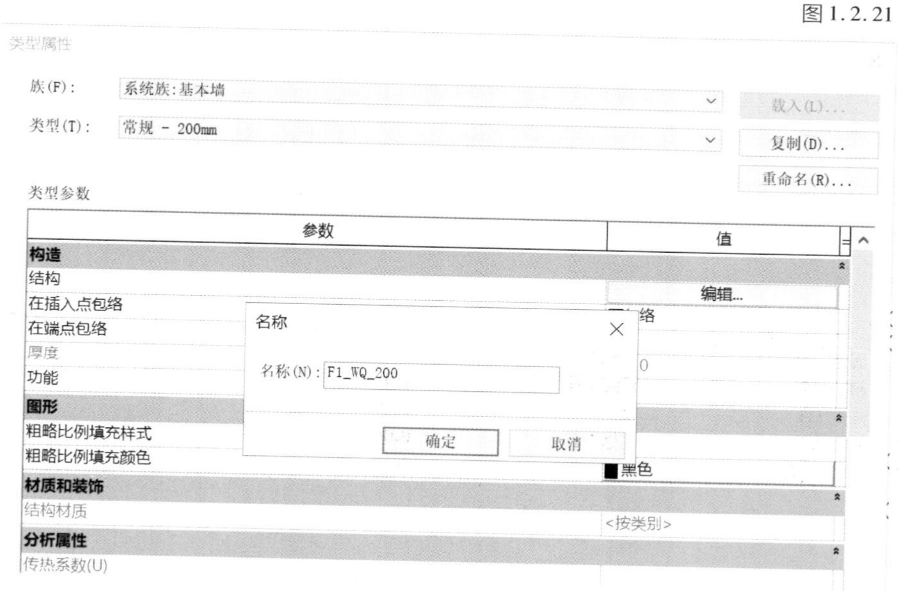

图 1.2.22

③如图 1.2.23 所示,单击类型参数框中"结构"参数后的"编辑"按钮,进入"编辑部件"对话框。该对话框用于定义墙体的构造。

图 1.2.23

④如图 1.2.24 所示，单击"编辑部件"对话框中"插入"按钮两次，在层列表中将插入两个新层，新层默认功能为"结构[1]"且厚度为 0.0。

层

外部边

	功能	材质	厚度	包络	结构材质
1	**核心边界**	**包络上层**	**0.0**		
2	结构 [1]	<按类别>	0.0		☐
3	结构 [1]	<按类别>	0.0		☐
4	结构 [1]	默认	200.0		☑
5	**核心边界**	**包络下层**	**0.0**		

内部边

插入(I)	删除(D)	向上(U)	向下(0)

图 1.2.24

⑤单击编号 2 的墙构造层，该行高亮。单击"向上"选项按钮，向上移动该层直到编号 1。再单击编号 3 的墙构造层，单击"向下"选项按钮，向下移动该层直到编号 5。

⑥如图 1.2.25 所示，单击编号 1"功能"单元格，在下拉列表中选择"面层 2[5]"，再单击该行"厚度"单元格，修改其厚度为 50 mm；单击编号 5"功能"单元格，在下拉列表中选择"面层1[4]"，再单击该行"厚度"单元格，修改其厚度为 20 mm。

层

外部边

	功能	材质	厚度	包络	结构材质
1	面层 2 [5]	<按类别>	50.0	☑	
2	**核心边界**	**包络上层**	**0.0**		
3	结构 [1]	默认	200.0		☑
4	**核心边界**	**包络下层**	**0.0**		
5	面层 1 [4]	<按类别>	20.0	☑	

图 1.2.25

⑦单击编号 1"材质"单元格 按钮，进入"材质浏览器"对话框（图 1.2.26），在搜索框中输入"瓷砖"，在项目材质库中没有这个材质，但在 Autodesk 材质库中搜索出"瓷砖，机制"材质，单击右侧箭头将材质添加到项目材质库中，在项目材质库选择"瓷砖，机制"，并单击鼠标右键选择"重命名"，修改其名称为"教学楼外墙砖，白色"，在右侧"外观"面板中单击"图像"命令下拉列

表,选择"颜色",修改为白色,完成后单击"确定"按钮,返回"编辑部件"对话框;然后用同样的方法修改编号3"材质"类别为"砖,空心"和编号5"材质"类别为"灰泥"。

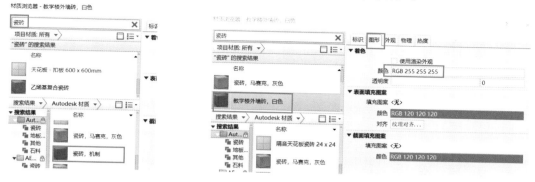

图1.2.26

⑧完成后单击"确定"按钮,返回"类型属性"对话框,注意此时"构造"参数列表中墙厚度已变为270 mm。

（2）定义F1空心砖200 mm卫生间内墙（F1_NQ1_200）

返回"类型属性"对话框,复制"F1_WQ_200"并重命名为"F1_NQ1_200",单击"结构"参数后的"编辑"按钮,进入"编辑部件"对话框,单击编号1的墙构造层,该层高亮。单击"删除"按钮,该墙构造层被删除。再用同样的方法删除编号5的墙构造层（图1.2.27）,完成后单击"确定"按钮。

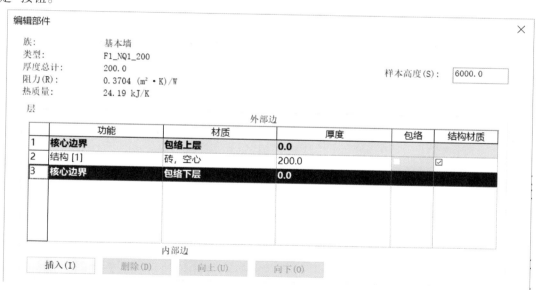

图1.2.27

（3）定义F1空心砖120 mm厚卫生间内隔墙（F1_NQ1_120）

返回"类型属性"对话框,复制"F1_NQ1_200"并重命名为"F1_NQ1_120",单击"结构"参数后的"编辑"按钮,进入"编辑部件"对话框,修改编号2"厚度"为120 mm,完成后单击"确定"按钮。

（4）定义 F1 加气混凝土 200 mm 厚内墙（F1_NQ2_200）

返回"类型属性"对话框，复制"F1_NQ1_200"并重命名为"F1_NQ2_200"，单击"结构"参数后的"编辑"按钮，进入"编辑部件"对话框，单击编号 2"材质"单元格 ⋯ 按钮，进入"材质浏览器"对话框，在项目材质：所有列表中选择"混凝土砌块"材质；确认编号 2"厚度"为 200 mm，完成后单击"确定"按钮。

3）创建 F1 外墙

①进入 F1 楼层平面视图。单击"建筑"选项卡"构建"面板中"墙→墙：建筑"工具，进入建筑墙绘制状态。如图 1.2.28 所示，在"属性"面板类型选择器下拉列表中选择"F1_WQ_200"墙类型。

②如图 1.2.29 所示，确认"绘制"面板中墙的绘制方式为"直线"。

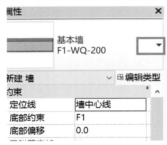

图 1.2.28   图 1.2.29

③如图 1.2.30 所示，修改"修改|放置墙"上下文选项栏中墙的生成方式为"高度"，确定高度的标高为"F2"，定位线为"核心层中心线"，确认勾选"链"选项，确认"偏移量"为 0。

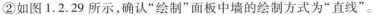

图 1.2.30

④移动光标至 1 轴和 B 轴的交点处，当捕捉到轴线交点时单击鼠标左键作为墙绘制起点；沿竖直方向向上移动光标至 1 轴和 E 轴的交点，单击鼠标左键，第一段墙体绘制完成。再继续向右移动光标，依次捕捉 4 轴和 E 轴的交点、4 轴和 F 轴的交点、5 轴和 F 轴的交点、5 轴和 E 轴的交点。

⑤继续上述方式绘制其他墙体，确认绘制时所有的墙体起点、终点均与各轴线相交，绘制完成结果如图 1.2.31 所示。注意所有墙体应沿顺时针方向绘制。

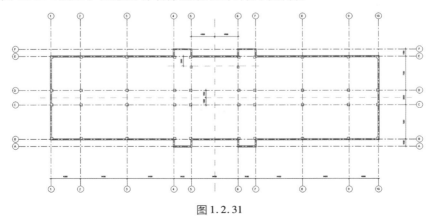

图 1.2.31

⑥选中任意外墙后单击右键,在右键菜单中选择:选择"全部实例 > 在视图中可见",即可选中 F1 楼层平面视图中所有 F1_WQ_200,修改"属性"对话框中"底部偏移"值为 - 450 mm,如图 1.2.32 所示。至此,教学楼 F1 外墙创建完成。

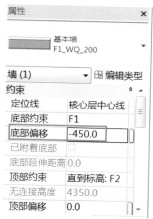

图 1.2.32

⑦打开三维视图,在"视图控制栏"的"视觉样式中"选择"着色"模式。如图 1.2.33 所示,查看外墙墙身是否有内外反转的现象。由于外墙的类型属性定义中,内外墙构造层的材质定义不同,因此在"着色"模式下,内外墙体的颜色显示不同,如果存在内外墙反转的情况,可以选中该墙图元,墙体旁边会出现"反转"符号 ⇆,单击该符号或者单击空格键即可反转该墙体。

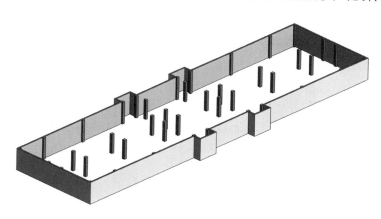

图 1.2.33

4)创建 F1 内墙

(1)创建 F1 左侧卫生间内墙

①切换至 F1 楼层平面视图,使用"墙:建筑"工具。在"属性"面板中选择当前墙类型为"F1_NQ1_200";确认绘制方式为直线;确认墙的生成方式为"高度",到达标高为"F2";确认定位线为"墙中心线";确认偏移量为 0;勾选"链"选项。

②单击"建筑"选项卡"工作平面"面板中的"参考平面"工具,确认绘制方式为直线。如图 1.2.34 所示,绘制卫生间处的参考平面,距离 1 轴 3 600 mm。

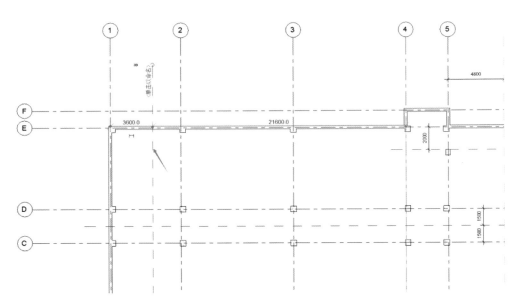

图 1.2.34

③确认墙处于创建模式(图 1.2.35),拾取 1 轴与 C 轴的交点作为起点,再分别拾取参考平面与 C 轴的交点、参考平面与 B 轴的交点,完成 F1 左侧卫生间内墙创建。

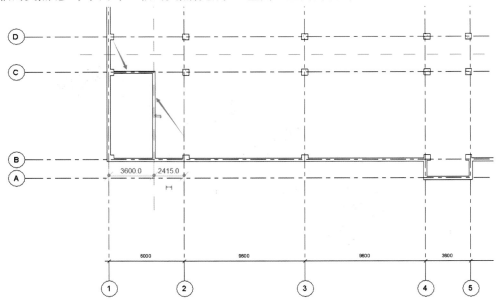

图 1.2.35

(2)创建 F1 左侧卫生间内隔墙

①使用参考平面工具(图 1.2.36),在距离 C 轴下方 2 100 mm 处绘制参考平面。

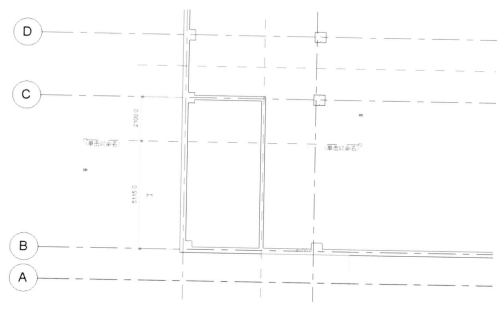

图 1.2.36

②使用"墙:建筑"工具。在"属性"面板中选择当前墙类型为"F1_NQ_120";确认绘制方式为直线;确认墙的生成方式为"高度",到达标高为"F2";确认定位线为"墙中心线";确认偏移量为0;勾选"链"选项。在左侧属性面板中,修改"底部偏移"值为"-20",再修改"顶部偏移"值为"-20"(按照施工图,卫生间楼板标高为该楼层标高-20 mm,所以内隔墙的底标高、顶标高须做相应调整)。左侧卫生间内隔墙创建完成如图1.2.37所示。

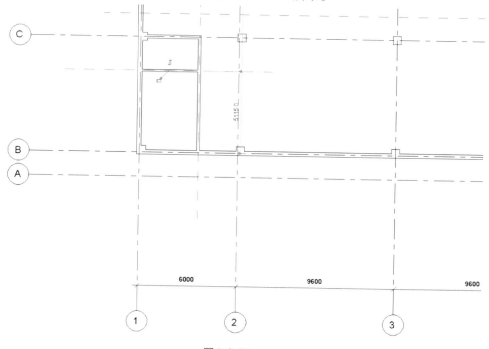

图 1.2.37

（3）创建 F1 左侧其他内墙

①使用"墙：建筑"工具。在"属性"面板中选择当前墙类型为"F1_NQ2_200"；确认创建方式为直线；确认墙的生成方式为"高度"，到达标高为"F2"；确认定位线为"墙中心线"；确认偏移量为0；勾选"链"选项。如图1.2.38所示，创建教学楼 F1 楼层左半部分的内墙。

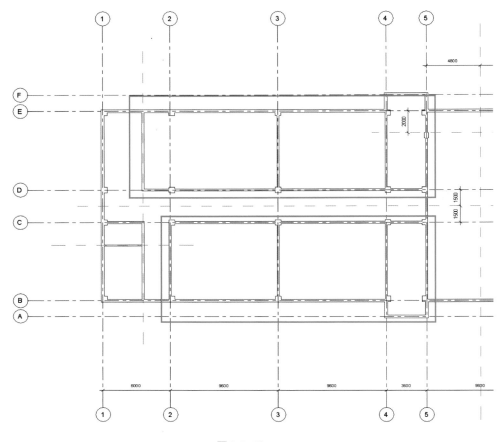

图 1.2.38

②对照建施图可知，内墙部分墙体并未与轴线轴心对齐，因而需要进行偏移。如图1.2.39所示，使用"修改"面板的"偏移"工具，将1、2号内墙向上偏移150 mm，3号内墙向下偏移150 mm。

（4）将左侧所有内墙镜像至右侧

①选中所有内墙。如图1.2.40所示，光标放置在右下角，按住鼠标左键不放，向左上方进行拖动直至选中左半部分所有内墙（从右向左的框选将把框线之内及框线接触的构件均选中），此时，被选中的构件高亮。单击"选择"面板"过滤器"选项，只保留"墙"被选中，如图1.2.41所示。

②镜像内墙。如图1.2.42所示，单击"修改"面板中"镜像－拾取轴"命令，选取绘制的对称轴线，将左侧已创建的所有内墙镜像至右侧。

至此，完成了 F1 所有墙体创建，如图1.2.43所示。

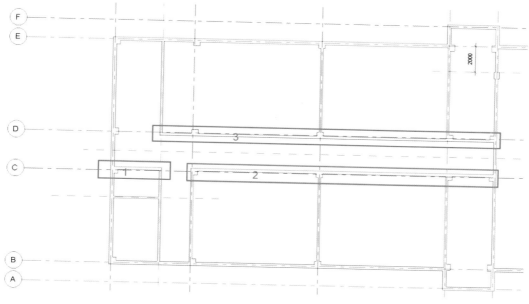

图 1.2.39

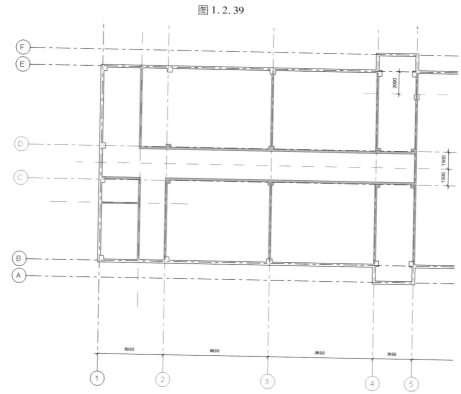

图 1.2.40

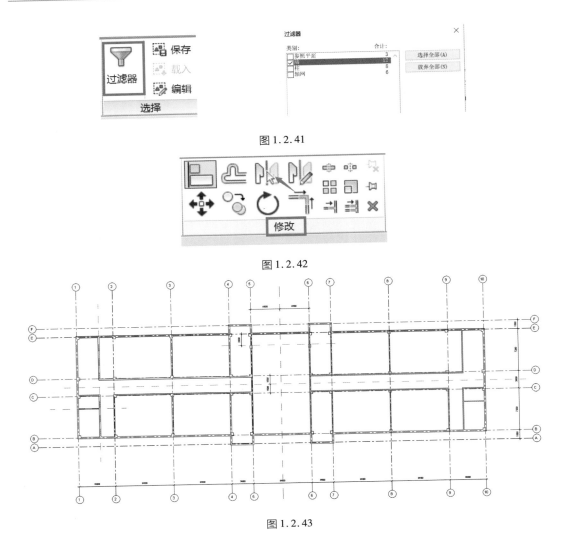

图 1.2.41

图 1.2.42

图 1.2.43

1.2.3 创建其他楼层墙体及建筑柱

在本项目中,F2 至 F4 墙体、建筑柱与 F1 楼层基本一致,除了采用新建的方式创建其他 3 层墙体和建筑柱外,还可采用将 F1 的墙体和建筑柱复制到其他楼层标高再修改完成的方式来提高建模效率。

1)复制 F1 墙柱至 F2

①切换至 F1 楼层平面视图,从左上角空白处向右下角框选所有的墙体,使用"过滤器"工具,选择所有的墙体及建筑柱。

②如图 1.2.44 所示,单击"剪贴板"中的"复制到剪贴板"工具,将所选图元复制到剪贴板。

③再单击"剪贴板"中的"粘贴"工具下拉列表,在列表中选择"与选定标高对齐"选项,弹出"选择标高"对话框,选择 F2(图 1.2.45),单击"确定"按钮,完成墙体的复制。

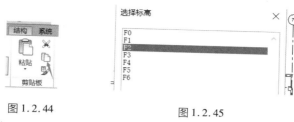

图 1.2.44   图 1.2.45

2)修改 F2 墙柱参数为标准层参数

（1）修改外墙柱标高

由于 F1 中外墙的墙体及建筑柱向下偏移了 450 mm,在复制粘贴至 F2 楼层时,它们仍向下偏移 450 mm,造成 F1、F2 楼层外墙的墙体及建筑柱重叠,因此需对其进行修改。进入 F2 楼层平面视图,框选全部墙体,在"属性"对话框中修改"底部偏移"值为 0,如图 1.2.46 所示;用同样的方式修改 F2 中所有建筑柱的"底部偏移"值为 0。

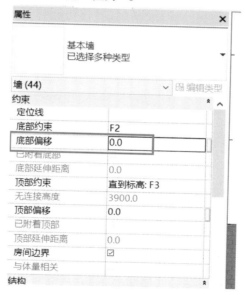

图 1.2.46

（2）增加内墙

对照施工图可以发现 F2 楼层中 5、6 轴与 C 轴间有内墙,此处与 F1 楼层有所不同,需增加墙体,如图 1.2.47 所示。

（3）修改 F2 外墙材质并重命名

①重命名。选中 F2 中所有"F1_WQ_200",进入族"编辑类型"对话框,复制"F1_WQ_200"并重命名为"F2_WQ_200",如图 1.2.48 所示。注意:切不可直接选择"重命名",否则所有的(包括 F1 上的)"F1_WQ_200"都将被更改为"F2_WQ_200"。单击"确定"按钮,完成 F2 外墙重命名。

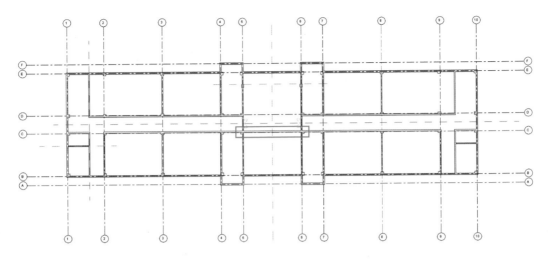

图 1.2.47

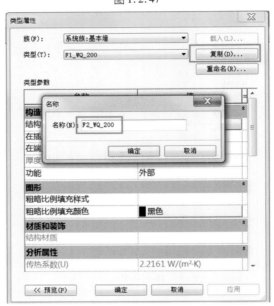

图 1.2.48

②修改外墙材质。按照施工图,F2 外墙为褐色面砖,不同于 F1 外墙的白色面砖,因此需复制并修改 F2 外墙面砖材质为"教学楼外墙砖,褐色"。进行材质修改之前,必须进行材质资源的复制。若不复制,则"F1_WQ_200""F2_WQ_200"的名称虽然不一样,但材质还是一样。首先复制"教学楼外墙砖,白色"并重命名为"教学楼外墙砖,褐色",然后选中"教学楼外墙砖,褐色",进入其材质编辑器的外观栏,单击右上角的"复制此资源"按钮(图 1.2.49),最后进入材质编辑器的图形栏,修改其着色颜色为褐色(RGB 130 72 45),如图 1.2.50 所示。外墙材质这样修改后,在着色模式下,F1、F2 将显示不同的颜色,但由于没有修改其材质外观的参数,在真实模式下,F1、F2 外墙的表现将是一致的。

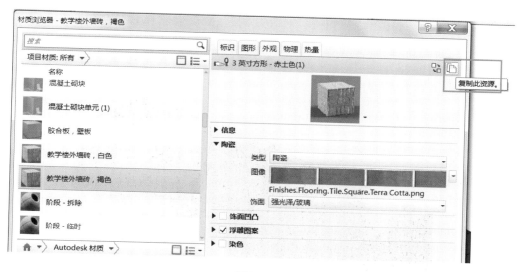

图 1.2.49

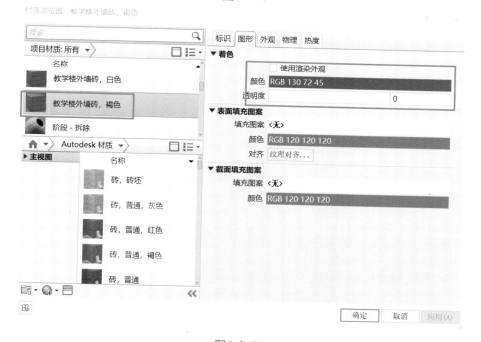

图 1.2.50

（4）重命名 F2 内墙

分别选中"F1_NQ1_200""F1_NQ1_120""F1_NQ2_200"，将其复制并重命名为"F2_NQ1_200""F2_NQ1_120""F2_NQ2_200"。

（5）重命名 F2 建筑柱

选中所有"F1_KZ_500×500"建筑柱，复制并重命名为"F2_KZ_500×500"；采用同样的方式重命名为"F1_KZ_400×500"。

3）复制 F2 墙柱至 F3、F4

选中 F2 楼层中所有墙体及建筑柱，将其复制到剪贴板，在"粘贴"工具下拉列表中选择"与选定标高对齐"选项,在弹出的"选择标高"对话框中按住 Ctrl 键,选择 F3、F4,单击"确定"按钮,完成对 F3、F4 楼层墙体及建筑柱的复制,然后分别将它们重命名。

至此,完成了 F1 至 F4 楼层的全部墙体创建。切换至三维视图,模型完成效果如图 1.2.51 所示。

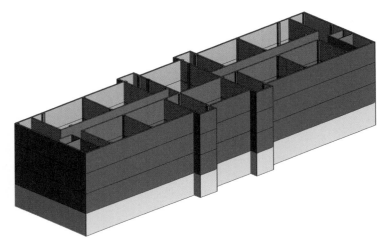

图 1.2.51

1.3 创建门、窗

定义门、窗的类型,创建门、窗。

(1)定义门、窗的类型;
(2)创建门、窗的各种方法。

1.3.1 创建 F1 门

①进入 F1 楼层平面视图。单击"建筑"选项卡"构件"面板中"门"命令,进入"修改 | 放置门"上下文选项卡。在"属性类型"对话框下拉列表中选择"平开门 – 木质单扇 MM – 1",并确认激活"标记"面板中"在放置时进行标记"选项,如图 1.3.1 所示。(如果不激活"在放置时进行标记"选项,则放置门后不显示门的标记。)

图 1.3.1

②适当放大视图至 C 轴和 2 轴交点处,移动光标至 2 轴右侧的内墙,沿墙的方向预览放置

门,鼠标沿轴线上下移动,门的开启方向将会上下改变,门开启左右方向的改变可以通过空格键进行转换。如图1.3.2所示,单击鼠标放置门,设置门边到柱边的距离为200 mm。(注:在修改门边距需要移动尺寸边界线时,可以选中尺寸界线控制点,然后通过TAB键在墙的中心线、内部面和外部面之间切换参照点。)

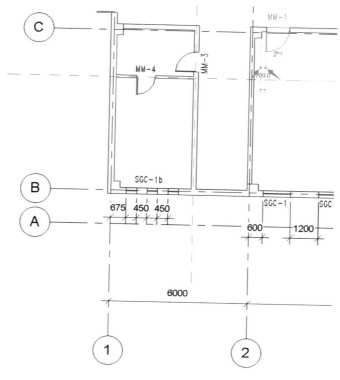

图1.3.2

③如图1.3.3所示,采用同样的步骤沿C轴和D轴内墙分别在2轴、3轴、4轴附近放置"MM-1",门边到柱边或垂直的墙边距离均为200 mm。

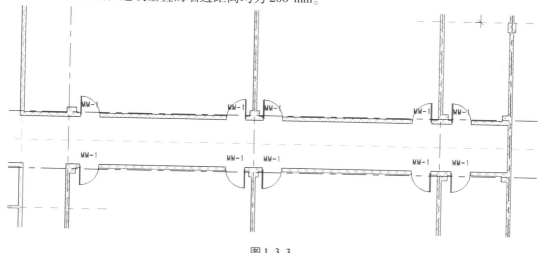

图1.3.3

④按 Esc 键返回"修改丨放置门"上下文选项卡,在"属性类型"对话框中重新选择门的类型为"平开门–木质双扇 MM–2"。如图 1.3.4 所示,在 1 轴与 C 轴、D 轴中放置门"MM-2"。

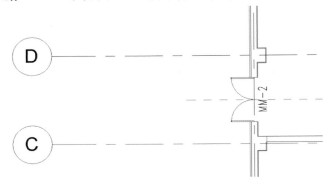

图 1.3.4

⑤按 Esc 键返回"修改丨放置门"上下文选项卡,在"属性类型"对话框中修改门类型为"平开门–木质单扇 MM–3",在图 1.3.5 所示位置处放置"平开门–木质单扇 MM–3"。

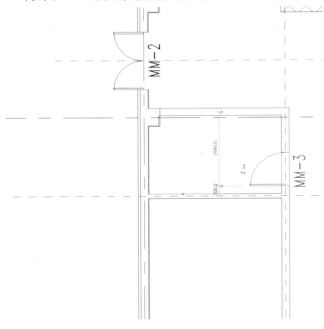

图 1.3.5

⑥按 Esc 键返回"修改丨放置门"上下文选项卡,在"属性类型"对话框中修改门类型为"平开门–木质单扇 MM–4"。根据图纸,该处楼板标高较楼层标高低 20 mm,因此在左侧面板中修改"底部偏移"值为"–20",放置"MM–4",如图 1.3.6 所示。

⑦按 Esc 键返回"修改丨放置门"上下文选项卡,在"属性类型"对话框中修改门类型为"平开门–铝合双扇门 1 LM–1"(图 1.3.7)。在 B 轴和 5 轴、6 轴间放置第一扇门"LM–1",选中门"LM–1",使用"修改"面板中"复制"命令,确认"修改/门"面板中"多个"命令被选中,以 5 轴和 B 轴的交点为复制原点,以门"LM–1"右侧端点为插入点向右依次复制生成第二、第三扇门"LM–1"。

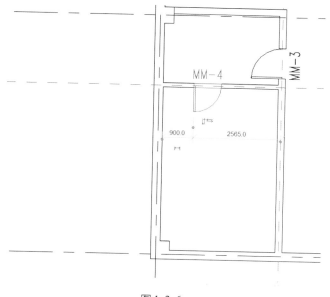

图 1.3.6

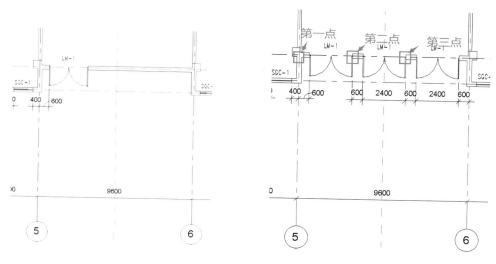

图 1.3.7

⑧按 Esc 键返回"修改|放置门"上下文选项卡,在"属性类型"对话框中修改门类型为"平开门-铝合双扇门 2 LM-2"。如图 1.3.8 所示,在 E 轴和 5 轴、6 轴间放置第一扇门"LM-2",选中门"LM-2",在"修改"面板中选择"阵列"命令。如图 1.3.9 所示,修改"项目数"为"3",选择"移动到第二个",选择 5 轴和 E 轴交点为移动起点,门"LM-2"右侧端点为第二点,生成其他两扇"LM-2"门。

⑨按 Esc 键返回"修改|放置门"上下文选项卡,在"属性类型"对话框中修改门类型为"防火门-双扇 $F_{甲}-1$"。如 1.3.10 所示,在 5 轴和 C 轴、D 轴间放置门"$F_{甲}-1$"。

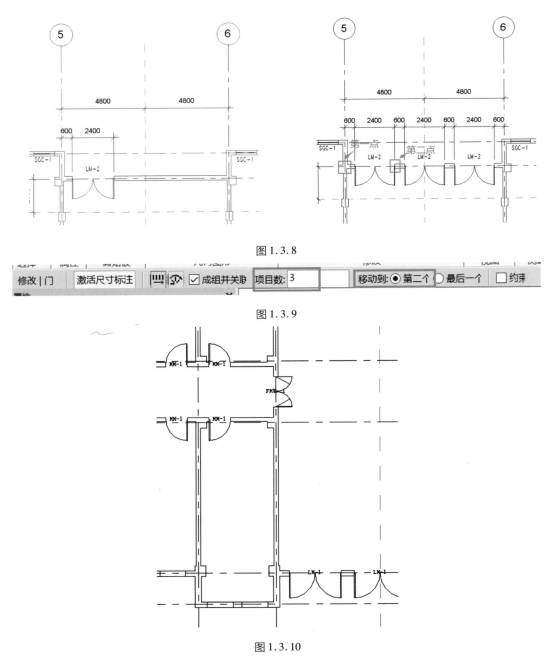

图 1.3.8

图 1.3.9

图 1.3.10

⑩框选所有门"MM－1""MM－2""MM－3""MM－4""$F_{甲}$－1",使用"修改"面板中"镜像－拾取轴"工具,选取 5 轴、6 轴间参考平面为镜像轴。至此,一层门全部创建完成,如图 1.3.11 所示。

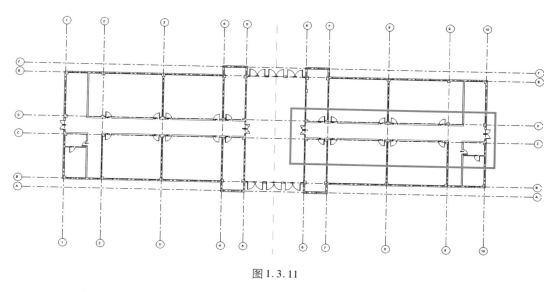

图 1.3.11

1.3.2 创建 F1 窗

①单击"建筑"选项卡"构件"面板中"窗"命令,进入"修改|放置窗"上下文选项卡。在"属性类型"对话框下拉列表中选择"塑钢窗－三层双列 SGC－1",并确认激活"标记"面板中"在放置时进行标记"选项。确认当前族类型为"SGC－1",修改"属性"面板"底高度"值为"900"。如图 1.3.12 所示,移动光标至 B 轴与 2 轴、3 轴间外墙处,单击放置窗图元。

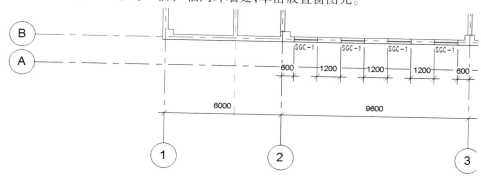

图 1.3.12

②框选 2 轴、3 轴间所有窗 SGC－1 及窗标记,使用复制命令,选取 2 轴上任意一点为复制起点,选取 3 轴任意一点为粘贴点进行粘贴。再选择窗 SGC－1,放置于 4 轴、5 轴间,如图 1.3.13 所示。

③按 Esc 键返回"修改|放置窗"上下文选项卡,在"属性类型"对话框中修改窗类型为"塑钢窗－固定窗 1 SGC－1a",修改"属性"面板"底高度"值为"2700"。如图 1.3.14 所示,移动光标至 B 轴与 1 轴、2 轴间外墙处,单击放置窗图元。(注:在放置窗 SGC－1a 时,由于其底部高度为 2 700 mm,没有被剖切到,因此放置后在平面图中没有显示,需切换至三维视图进行查看。如需调整边距,可以先设置其底部高度为 1 100 mm,待修改边距后再调整其底高度为 2 700 mm。)

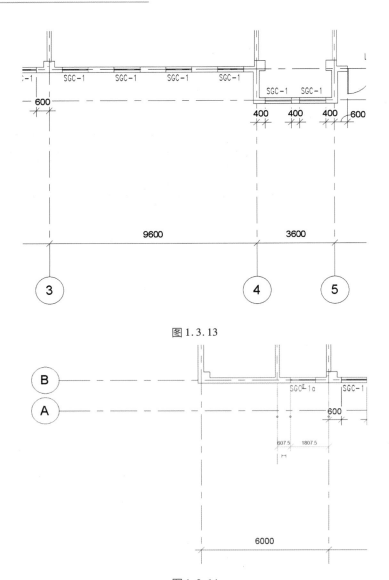

图 1.3.13

图 1.3.14

④按 Esc 键返回"修改|放置窗"上下文选项卡,在"属性类型"对话框中修改窗类型为"塑钢窗 - 固定窗 1SGC - 1b",修改"属性"面板"底高度"值为"1050"。如图 1.3.15 所示,移动光标至 B 轴与 1 轴、2 轴间外墙处,单击放置窗图元。(注:在放置窗 SGC - 1b,由于底部高度为 1 050 mm,未被剖切到,仍然在平面视图中无法显示,可以使用上一步相同的方法进行操作。)

⑤切换至南立面视图,如图 1.3.16 所示。对照建筑施工图,F1 楼层应有 3 排窗"SGC - 1b"。因此,在相同位置处应再放置两排窗"SGC - 1b"。

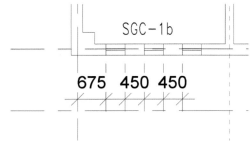

图 1.3.15

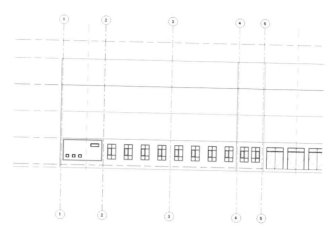

图 1.3.16

⑥确认处于南立面视图,框选三扇窗"SGC-1b",使用"复制"命令,向上进行粘贴,并修改其底部高度值为1 950 mm,完成后的图形如图1.3.17所示。

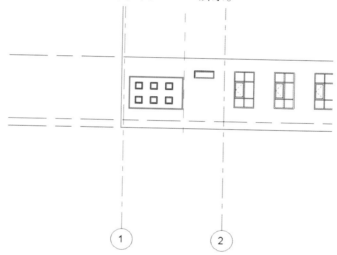

图 1.3.17

⑦重复步骤⑥,创建第三排窗"SGC-1b",注意修改其窗底部标高为"2850"。

⑧切换至 F1 楼层平面视图,单击"建筑"选项卡"构件"面板中"窗"命令,进入"修改|放置窗"上下文选项卡。在"属性类型"对话框中修改窗类型为"GC-01",修改"属性"面板"底高度"值为"1200"。如图1.3.18所示,移动光标至5轴与B轴、C轴间外墙处,单击放置窗图元。

⑨如图1.3.19所示,用相同的方法创建完成F1其他窗,完成后可切换至三维视图进行查看(也可以使用镜像等命令进行操作)。

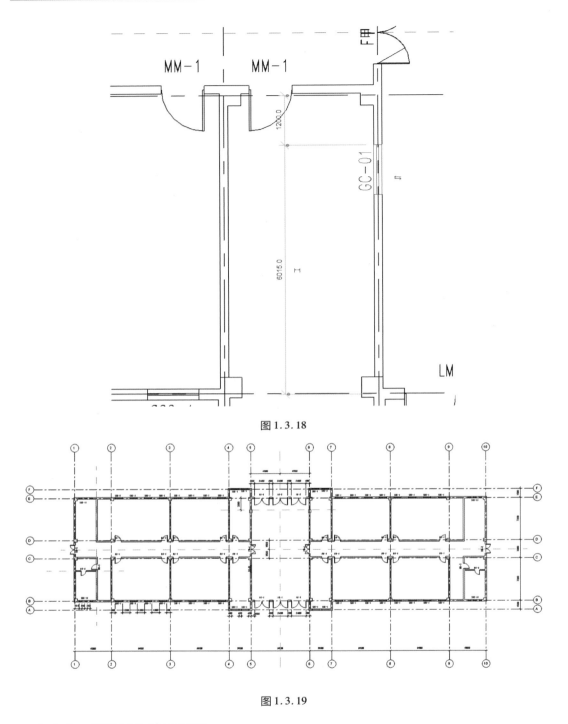

图 1.3.18

图 1.3.19

1.3.3　创建其他楼层门窗

①切换至 F1 楼层平面视图,框选 F1 楼层所有图元,然后打开"过滤器"工具(图 1.3.20),只勾选"窗""窗标记""门""门标记",然后单击"确定"按钮。

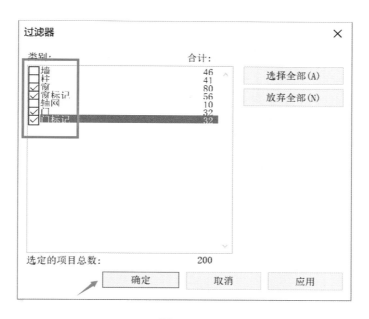

图 1.3.20

②单击"剪贴板"面板中"复制到剪贴板"工具,然后单击"粘贴"下拉菜单中的"与选定的视图对齐",将弹出"选择视图"对话框。

③如图 1.3.21 所示,在"选择视图"对话框中选择"楼层平面:F2",然后单击"确定"按钮。

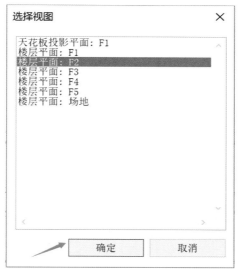

图 1.3.21

④切换至 F2 楼层平面视图(图 1.3.22),已将 F1 所有门窗粘贴至 F2。(注:SGC - 1b 和 SGC - 1a 在框选时不一定被全部选中,因此复制至 2 楼后,需打开三维视图进行检查并补绘完整。)

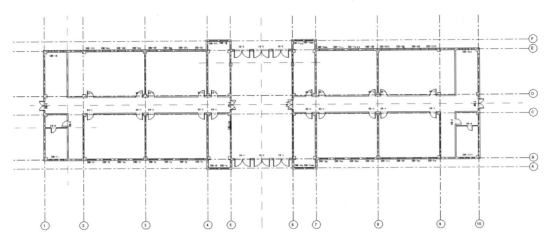

图 1.3.22

⑤对照建施图,F2 楼层的门窗设置与 F1 楼层不完全相同,找到与 F1 楼层设置不同的门窗图元,将其删除,如图 1.3.23 所示。

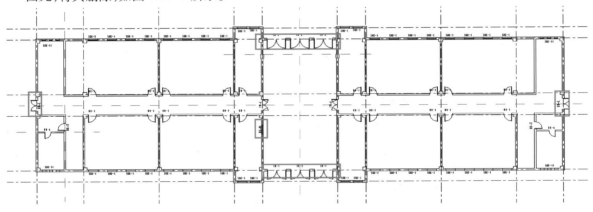

图 1.3.23

⑥F2 中窗"SGC - 1"的底部高度为 950 mm、窗"SGC - 1a"的底部高度为 2 750 mm,与 F1 处不同,需要进行修改。在视图中选中任一窗"SGC - 1",单击鼠标右键,在弹出的列表中选择"选择全部实例"→"在视图中可见",在 F2 楼层平面视图中所有窗"SGC - 1"被选中,在左侧属性对话框中修改底部高度为 950 mm;使用相同的方法修改窗"SGC - 1a"的底部高度为 2 750 mm。

⑦使用"窗"工具,选择族类型为"SGC - 1c",修改底部高度为 950 mm 并确认"标记"面板"在放置时进行标记"按钮被激活。如图 1.3.24 所示,移动光标至 1 轴与 C 轴、D 轴间外墙处,单击放置窗图元。

⑧按 Esc 键返回"修改|放置窗"上下文选项卡,在"属性类型"对话框中修改窗类型为"SGC - 3",修改"属性"面板"底高度"值为 950 mm。如图 1.3.25 所示,移动光标至 B 轴与 5 轴、6 轴间外墙处,单击放置窗图元。

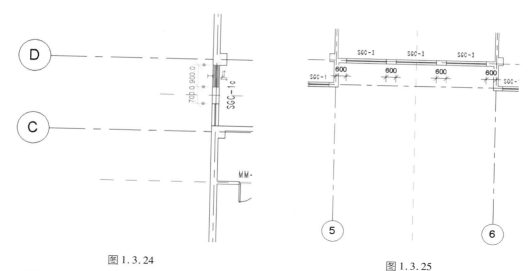

图 1.3.24　　　　　　　　　　　　　　　　图 1.3.25

⑨按 Esc 键返回"修改丨放置窗"上下文选项卡,在"属性类型"对话框中修改窗类型为"SGC-2",修改"属性"面板"底高度"值为 0。如图 1.3.26 所示,移动光标至 E 轴与 5 轴、6 轴间外墙处,单击放置窗图元。

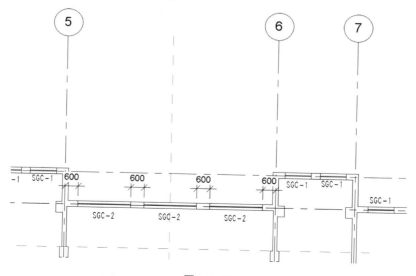

图 1.3.26

⑩按 Esc 键返回"修改丨放置窗"上下文选项卡,在"属性类型"对话框中修改窗类型为"SGC-1",修改"属性"面板"底高度"值为 950 mm。如图 1.3.27 所示,移动光标至 1 轴与 B 轴、E 轴间外墙处,单击放置窗图元。

⑪使用"门"工具,选择族类型为"MM-1",确认"标记"面板"在放置时进行标记"按钮被激活。如图 1.3.28 所示,移动光标至 C 轴与 5 轴、6 轴间内墙处,单击放置门图元。

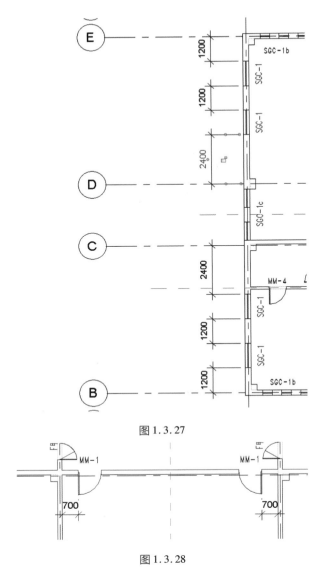

图 1.3.27

图 1.3.28

⑫用相同的方法布置完成 F2 的其他门窗,完成后切换至三维视图,如图 1.3.29 所示。

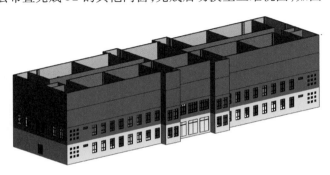

图 1.3.29

⑬F3 楼层和 F4 楼层的门窗设置和 F2 楼层完全一样,可以通过选择 F2 的所有门窗后复制到剪贴板并使用"与选定的标高对齐"命令,使其对齐粘贴至其他标高的相同位置。再切换至三维视图补绘完成未复制窗,完成后如图 1.3.30 所示。至此,完成整栋教学楼的门窗创建。保存项目文件。

图 1.3.30

1.4　创建建筑楼板

任务说明

创建建筑楼板。

任务分析

(1)创建 F1 建筑楼板;

(2)创建 F2、F3、F4 建筑楼板。

Revit 提供了 4 个和楼板相关的命令:"建筑楼板""结构楼板""面楼板""楼板边缘"。"建筑楼板"和"结构楼板"的使用方式相同,可以在草图模式下,通过拾取墙或使用"线"工具绘制封闭轮廓线来创建。"面楼板"主要用于体量楼层的楼板创建。"楼板边缘"主要用于生成一些楼板的附属设施,如室外楼板的台阶等。

按照施工图,F2—F4 的结构楼板在不同位置处厚度不同,如图 1.4.1 所示,在卫生间处楼板厚度 $l_1 = 110$ mm,主入口楼梯间处楼板厚度 $l_2 = 120$ mm,其他位置楼板厚度为 100 mm。

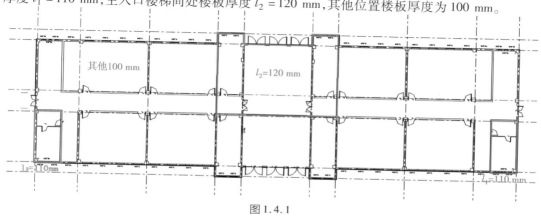

图 1.4.1

按照施工图,卫生间楼板标高比其他地方标高低 20 mm,卫生间结构楼板以上构造层因为要考虑防水和装饰,厚度为 90 mm;其他位置的构造层只考虑装饰,厚度均为 50 mm。也就是说,卫生间建筑楼板的总厚度为 110 mm(结构楼板)+90 mm(防水层、装饰层)=200 mm,主入口楼梯间建筑楼板总厚度为 120 mm(结构楼板)+50 mm(装饰层)=170 mm,其他位置建筑楼板总厚度为 100 mm(结构楼板)+50 mm(装饰层)=150 mm,如图 1.4.2 所示。

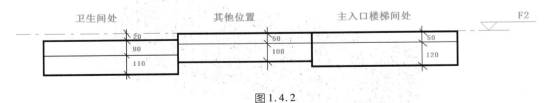

图 1.4.2

按照施工图,F1 没有现浇混凝土结构楼板,其施工方法为素土夯实后浇筑混凝土垫层,在垫层上施工防水层及装饰层,因此 F1 建筑楼板厚度参照 F2 进行设置:卫生间的建筑楼板厚度设置为 90 mm,其他位置的建筑楼板厚度设置为 50 mm,如图 1.4.3 所示。

图 1.4.3

1.4.1　创建 F1 建筑楼板

1)F1 50 mm 厚建筑楼板创建

进入 F1 楼层平面视图,单击"建筑"选项卡→"构建"面板→"楼板"工具下拉列表,在列表中选择"楼板:建筑"命令,进入"修改|创建楼层边界"界面,如图 1.4.4 所示。此模式为绘制草图模式,只能进行楼板边界的绘制。需要在完成绘制后单击"完成编辑模式" ✔ 或者"取消编辑模式" ✖ 才能退出当前命令,否则无法进行下一命令的操作。

图 1.4.4

单击"属性"面板→"类型选择器"下拉列表→选择"常规楼板 – 400 mm",单击"编辑类型",进入"类型属性"对话框,单击"复制",弹出"名称"对话框,命名为"F1_LBM_50",单击"确定"按钮。确认"类型属性"中的"功能"为"内部",如图 1.4.5 所示。

单击"类型参数"中"结构"后面的"编辑"按钮,进入楼板的"编辑部件"对话框,单击第二行"结构[1]",修改其"厚度"为"50",单击材质中"按类别",后面出现材质选择按钮 ⬚,进入"材质浏览器",选择"砖,铺设材料",如图 1.4.6 所示。单击"确定",返回"编辑部件"对话框,单击"确定"后再次单击"确定",返回楼板创建界面。

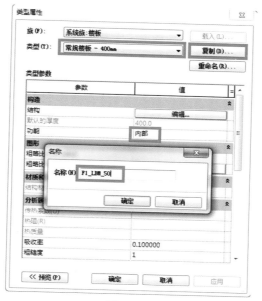

图 1.4.5

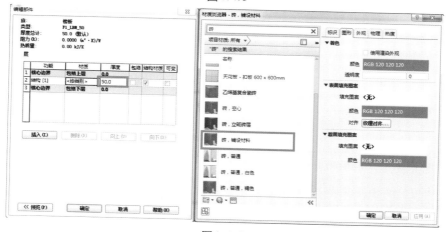

图 1.4.6

确定"属性"面板中"约束"中"标高"为"F1",自标高的高度偏移为0,如图 1.4.7 所示。

图 1.4.7

在"绘制"面板中,选择"直线" ✏ 或"拾取墙" ▚ 来绘制楼板边界线。

选择"直线" ✏ 可以直接绘制。如果在选项栏中设置偏移量,绘制出与确定位置有一定偏移的直线。

选择"拾取墙" ▚ ,单击拾取墙体可以直接沿着墙生成直线(单击墙的外边界会沿外边界生成直线,单击墙的内边界会沿内边界生成直线)。如果在选项栏中设置偏移量,在单击拾取外墙外边界时,会生成与外边界有一定偏移的直线。若在选项栏中勾选"延伸到墙中(至核心层)",则拾取外墙外边界时,生成的直线在墙中至核心层外侧的位置;拾取外墙内边界时,生成的直线在墙中至核心层内侧的位置。

为了不影响建筑立面和三维视图的效果,沿外墙外边界绘制的楼板边界线通常向外墙内侧有一定量的偏移,偏移量可自定。

选择"拾取墙" ▚ ,确认选项栏中"偏移"为 − 20 mm,勾选"延伸到墙中(至核心层)",依次点击所有的外墙外边界,结合"直线" ✏ 、"修剪/延伸为角" ⌐ 等工具,绘制闭合图形,如图1.4.8所示。

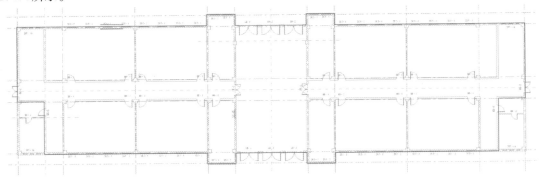

图 1.4.8

确定完成的边界图形为闭合状态,单击"模式"中完成编辑模式按钮"√",弹出如图 1.4.9 所示的对话框,单击"是",完成第一层除卫生间以外 50 mm 厚建筑楼板的创建,保存项目文件。

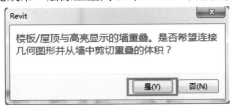

图 1.4.9

2)F1 卫生间建筑楼板创建

进入 F1 楼层平面视图,单击"建筑"选项卡→"构建"面板→"楼板"工具下拉列表,在列表中选择"楼板:建筑"命令,进入"修改|创建楼层边界"界面。

单击"属性"面板→"编辑类型"按钮,进入"类型属性"对话框,以"F1_LBM_50"为基础,单击"复制",弹出"名称"对话框,命名为"F1_LBM_90",单击"确定"按钮。确认"类型属性"中的"功能"为"内部",如图 1.4.10 所示。单击"类型参数"中"结构"后面的"编辑"按钮,进入楼板的"编辑部件"对话框,单击"结构[1]",修改其"厚度"为"90",材质为"砖,铺设材料",如图1.4.11所示。

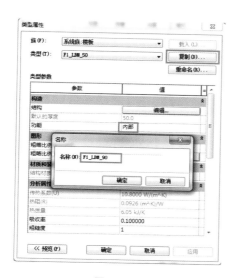

图 1.4.10

图 1.4.11

单击"确定"后再次单击"确定",返回楼板创建界面。设置"属性"面板中"约束"中"标高"为"F1",自标高的高度偏移为"−20",如图 1.4.12 所示。

在"绘制"面板中选择"直线"或"拾取墙",配合使用"修剪/延伸为角"等工具,在如图1.4.13所示的位置处,绘制闭合矩形。

图 1.4.12

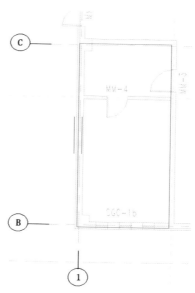

图 1.4.13

由于卫生间西东(左右)两侧对称分布,可以采用"镜像"命令创建另一侧卫生间建筑楼板。框选左侧闭合矩形,在"修改"面板中单击"镜像 − 拾取轴" ,然后单击位于 5 轴、6 轴正中的参照平面,即完成镜像,生成右侧卫生间建筑楼板边界,如图 1.1.14 所示。

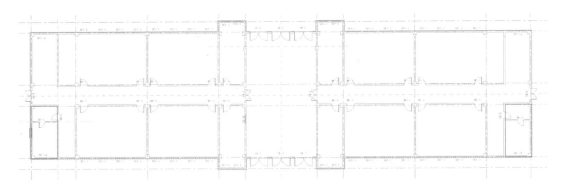

图 1.4.14

确定完成的两个矩形都为闭合状态,单击"模式"中完成编辑模式按钮"√"。完成 F1 卫生间建筑楼板的创建,保存项目文件。

1.4.2 创建 F2 建筑楼板

1)F2 主入口楼梯间建筑楼板创建

进入 F2 楼层平面视图,单击"建筑"选项卡→"构建"面板→"楼板"工具下拉列表,在列表中选择"楼板:建筑"命令,进入"修改|创建楼层边界"界面。

单击"属性"面板中"编辑类型"按钮,进入"类型属性"对话框,以"F1_LBM_90"为基础,单击"复制",弹出"名称"对话框,命名为"F2_LB1_120",单击"确定"按钮。确认"类型属性"中的"功能"为"内部",如图 1.4.15 所示。

图 1.4.15

单击"类型参数"中,"结构"后面的"编辑"按钮,进入楼板的"编辑部件"对话框,单击第二行"结构[1]",修改其"厚度"为120 mm,单击材质中的选择按钮Ⅲ,进入"材质浏览器",搜索"钢筋混凝土",选择"混凝土-现场浇注钢筋混凝土",并确认其"截面填充图案"为钢筋混凝土图例,如图1.4.16所示。单击"确定"按钮,返回"编辑部件"对话框。

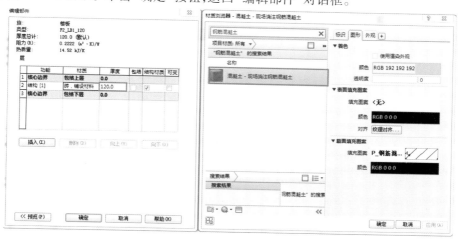

图1.4.16

单击"插入"命令,将出现新的"结构[1]",单击"向上"按钮,将新插入行移动至"核心边界-包络上层"之上,单击"结构[1]",后方出现下拉按钮,选择"面层1[4]",修改其厚度为50 mm,选择其"材质"为"砖,铺设材料",单击"确认"按钮。

单击"预览",确认"编辑部件"对话框中的材质构造层(图1.4.17),勾选"结构[1]"层的"结构材质",单击"确定"后再次单击"确定",返回楼板创建界面。确定"属性"面板"约束"中"标高"为"F2",自标高的高度偏移为0,如图1.4.18所示。

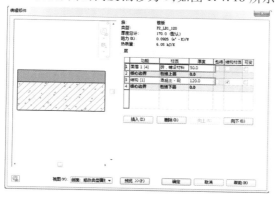

图1.4.17　　　　　　　　　　　　　　　图1.4.18

在"绘制"面板中,选择"边界线",方式为"拾取墙"，确认选项栏中"偏移"为"-20",勾选"延伸到墙中(至核心层)"。分别拾取4轴上E轴和F轴之间的外墙外边界,F轴上4轴和5轴之间的外墙外边界,5轴上E轴和F轴之间的外墙外边界,E轴上5轴和6轴之间的外墙外边界,6轴上E轴和F轴之间的外墙外边界,F轴上6轴和7轴之间的外墙外边界,7轴上E轴和F轴之间的外墙外边界。继续选择"边界线"绘制方式为"直线"，确认选项栏中勾选"链","偏移量"为0,不勾选半径,绘制成闭合图形,如图1.4.19所示。

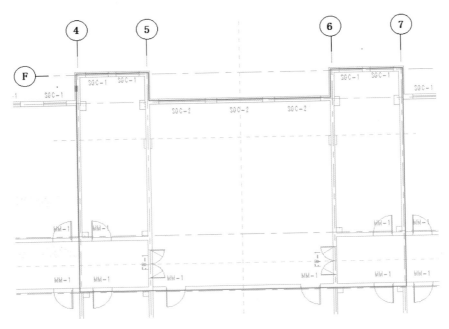

图 1.4.19

在完成的边界图形为闭合状态,单击"模式"中完成编辑模式按钮"√",弹出如图 1.4.20 所示对话框,单击"否";继续弹出"楼板/屋顶与高亮显示的墙重叠。是否希望连接几何图形并从墙中剪切重叠的体积?"对话框,单击"是",可生成 F2 层主入口楼梯间楼板。

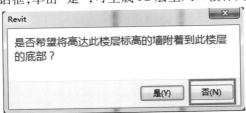

图 1.4.20

2)F2 卫生间建筑楼板创建

单击"建筑"选项卡→"构建"面板→"楼板"工具下拉列表,在列表中选择"楼板:建筑"命令,进入"修改|创建楼层边界"界面。

单击"属性"面板→"编辑类型"按钮,进入"类型属性"对话框,以"F2_LB1_120"为基础,单击"复制",弹出"名称"对话框,命名为"F2_LB2_110",单击"确定"按钮。确认"类型属性"中的"功能"为"内部",如图 1.4.21 所示。

单击"类型参数"中"结构"后面的"编辑"按钮,进入楼板的"编辑部件"对话框,单击"结构[1]",修改其"厚度"为 110 mm,材质为"混凝土-现场浇注钢筋混凝土",单击"面层 1[4]",修改其"厚度"为 90 mm,材质为"砖,铺设材料"。如图 1.4.22 所示,勾选"结构[1]"层的"结构材质",单击"确定"后再次单击"确定",返回楼板创建界面。设置"属性"面板中,"约束"中"标高"为"F2",自标高的高度偏移为"–20",如图 1.4.23 所示。

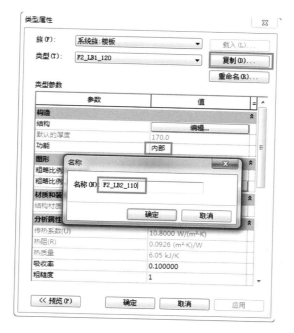

图 1.4.21

图 1.4.22

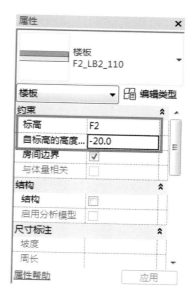

图 1.4.23

　　采用"绘制"中"直线"或"拾取墙",配合使用"修剪/延伸为角""镜像"等命令,绘制如图1.4.14所示的左右两个封闭矩形。

　　确定图形为闭合状态,单击"模式"中完成编辑模式按钮"√";弹出"是否希望将高达此楼层标高的墙附着到此楼层的底部?"对话框,单击"否";继续弹出"楼板/屋顶与高亮显示的墙重叠。是否希望连接几何图形并从墙中剪切重叠的体积?"对话框,单击"是"。F2 卫生间建筑楼板创建完成。

3) F2 其他楼板创建

单击"建筑"选项卡→"构建"面板→"楼板"工具下拉列表,在列表中选择"楼板:建筑"命令,进入"修改|创建楼层边界"界面。

单击"属性"面板→"编辑类型"按钮,进入"类型属性"对话框,以"F2_LB1_120"为基础,单击"复制",命名为"F2_LB1_100",单击"确定"按钮。确认"类型属性"中的"功能"为"内部",如图 1.4.24 所示。

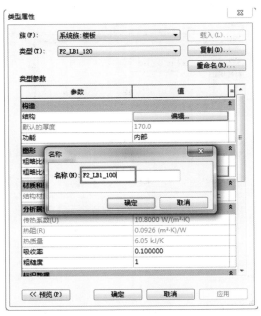

图 1.4.24

单击"类型参数"中,"结构"后面的"编辑"按钮,进入楼板的"编辑部件"对话框,单击"结构[1]",修改其"厚度"为 100 mm,材质不变,"面层 1[4]"材质厚度都不变。如图 1.4.25 所示,单击"确定"后再次单击"确定",返回楼板创建界面。设置"属性"面板中,"约束"中"标高"为"F2",自标高的高度偏移为 0,如图 1.4.26 所示。

图 1.4.25

图 1.4.26

在"绘制"面板中选择"直线"或"拾取墙",配合使用"修剪/延伸为角"等工具,在如图1.4.27所示的位置处,绘制闭合图形。

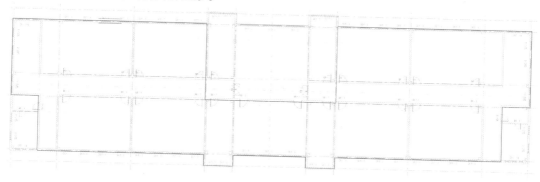

图 1.4.27

确定图形为闭合状态,单击"模式"中完成编辑模式按钮"√";弹出"是否希望将高达此楼层标高的墙附着到此楼层的底部?"对话框,单击"否";继续弹出"楼板/屋顶与高亮显示的墙重叠。是否希望连接几何图形并从墙中剪切重叠的体积?"对话框,单击"是"。F2 其他位置建筑楼板创建完成。

1.4.3 创建 F3、F4 建筑楼板

由于 F3、F4 建筑楼板与 F2 建筑楼板除了命名不一致以外,其他信息均相同。因此,可以采用复制的方式创建 F3、F4 建筑楼板。进入 F2 楼层平面视图,框选全部模型,打开过滤器(图1.4.28),仅勾选楼板,单击"确定"按钮,选中 F2 的 3 块建筑楼板。

在"剪切板"面板中单击"复制到剪切板",激活"从剪切板中粘贴" ,单击下拉列表中"与选定的标高对齐",弹出"选择标高"对话框,按 Ctrl 键同时选中 F3、F4,如图 1.4.29 所示。单击"确定",将 F2 的建筑楼板复制到 F3 和 F4 中。

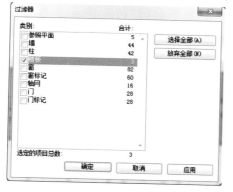

图 1.4.28

图 1.4.29

进入 F3、F4 楼层平面视图,复制并重命名所有的建筑楼板,这样就完成了 F3、F4 建筑楼板的创建。

所有建筑楼板创建完成后,进入三维视图,框选整个 5 号教学楼模型,打开过滤器,仅勾选"楼板",选中所有建筑楼板。在视图控制栏中,单击"临时隐藏/隔离"命令 ,在列表中选择

65

"隔离图元",将所有的建筑楼板隔离出来,如图 1.4.30 所示。可在三维视图中,从各个角度进行检查。

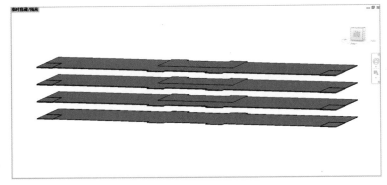

图 1.4.30

在三维视图中,继续单击"临时隐藏/隔离",在列表中选择"重设临时隐藏/隔离",即可恢复显示整个 5 号教学楼模型。保存项目文件。

1.5 创建屋面

任务说明

创建坡屋面及其附属的女儿墙和排水沟。

任务分析

(1)创建屋面女儿墙;
(2)创建坡屋面;
(3)创建排水沟并设置排水坡度。

Revit 提供了迹线屋顶、拉伸屋顶、面屋顶、玻璃斜窗等多种创建屋面的方式。其中,迹线屋顶的创建方法与楼板类似,即通过在楼层平面视图中绘制屋面的投影轮廓边界的方式创建屋面,在迹线中指定屋面坡度可形成复杂的坡屋面。对于一些复杂形式的屋面还可以通过内建模型或新建族的方式来创建。

按照施工图,5 号教学楼的屋面由坡屋面、女儿墙、沿坡屋面四周设置的1%坡度排水沟3部分组成。本节屋面的创建顺序:女儿墙→坡屋面→排水沟。

1.5.1 创建屋面女儿墙

屋面女儿墙采用内建模型方式创建。内建模型是在当前项目的关联环境内创建的族,该族仅存在于本项目文件中,而不能载入其他项目文件。

进入 F5 楼层平面视图,在"属性"面板中,确定"基线"设置为:"范围:底部标高"为"F4","范围:顶部标高"为"F5","基线方向"为"俯视",如图 1.5.1 所示。这样在 F5 楼层平面视图中可以看到 F4 墙体轮廓,方便后期绘制女儿墙路径。

图 1.5.1

单击"建筑"选项卡→"构建"面板→"构件"工具下的"内建模型"命令🗐,在弹出的"族类别和族参数"对话框中,选择"墙"(图 1.5.2),单击"确定"按钮。

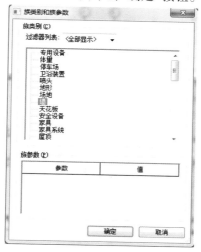

图 1.5.2

弹出"名称"对话框(图 1.5.3),为内建墙族命名为"5#教学楼-屋顶女儿墙",单击"确定"按钮。

图 1.5.3

进入族编辑器模式。单击"创建"选项→"形状"面板→"放样"工具 🗇,进入"修改 | 放样"

上下文选项卡,单击"放样"面板中"绘制路径"工具 ⟨⟩ 绘制路径 ,进入"修改 | 放样 > 绘制路径"上下文选项卡,使用"绘制"面板中"直线"命令 ╱,在选项栏中勾选"链","偏移量"为 0,不勾选"半径",沿着 5 号教学楼的外墙外边缘绘制路径,如图 1.5.4 所示。

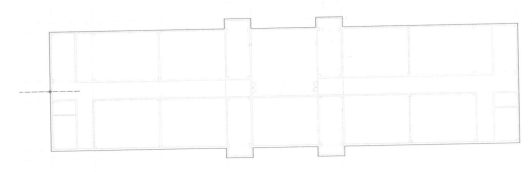

图 1.5.4

单击"模式"面板→完成编辑模式 ✅,返回"修改 | 放样"上下文选项卡。

单击"放样"面板,"编辑轮廓"命令 ✏️ 编辑轮廓,弹出"转到视图"对话框,单击选择"立面:南"(图 1.5.5),单击"打开视图",切换至南立面视图,进入"修改 | 放样 > 编辑轮廓"绘图模式。

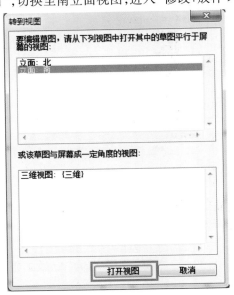

图 1.5.5

选择"绘制"面板中的"直线"命令,在 F5 标高和 1 轴处绘制女儿墙的轮廓,如图 1.5.6 所示。

设置"属性"面板"材质和装饰"中"材质"为"白色涂料"(图 1.5.7),单击"应用"。单击"模式"面板→"完成编辑模式" ✅,返回"修改 | 放样"上下文选项卡,单击"模式"面板→"完成编辑模式" ✅,继续单击"在位编辑器"面板中"完成模型"命令 ✅ 完成模型,完成放样,保存项目。女儿墙效果如图 1.5.8 所示。

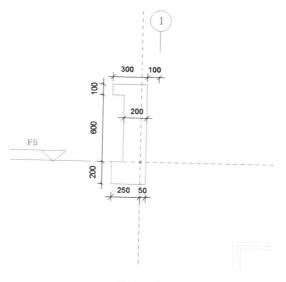

图1.5.6

图1.5.7

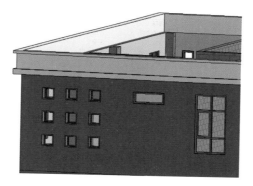

图1.5.8

1.5.2　创建坡屋面

教学楼的坡屋面主要由坡屋面、局部4个小平屋面及坡屋顶上的屋脊组成。

1）创建坡屋面

（1）生成坡屋面

进入F5楼层平面视图，单击"建筑"选项卡→"构建"面板→"屋顶"工具下"迹线屋顶" 迹线屋顶，进入"修改|创建屋顶迹线"上下文选项卡，进入草图模式，确认在选项栏中勾选"定义坡度""悬挑"为0，不勾选"延伸到墙中（至核心层）"。

在"属性"面板中，"类型选择器"中选择屋面类型为"坡屋100-小青瓦屋面（有保温隔热）"，设置"约束"中"底部标高"为"F5"，"自标高的底部偏移"为－100 mm，如图1.5.9所示。

单击"编辑类型"，打开"类型属性"对话框，在"类型参数"中，单击"结构"后的"编辑"按钮，进入"编辑部件"对话框，如图1.5.10所示。确认"结构[1]"厚度为100 mm，材质为"混凝土－现场浇注钢筋混凝土"，"面层1[4]"厚度为100 mm，材质为"小青瓦"。

图 1.5.9

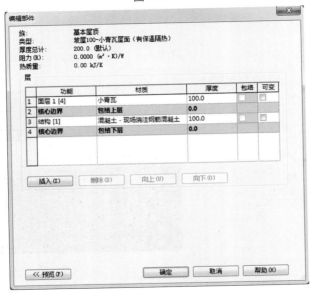

图 1.5.10

单击"确定"后再次单击"确定",返回创建屋顶迹线的草图模式。在"绘制"面板,确认为"边界线" 边界线,绘制方式为"矩形" ,沿着女儿墙的内边界线从左上角到右下角绘制矩形,如图 1.5.11 所示。

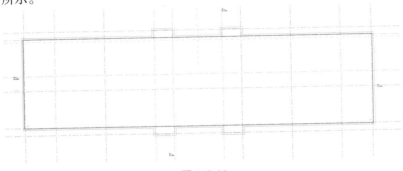

图 1.5.11

单击任意边界线,均可显示对应方向上屋面的坡度,点击即可以修改坡度,分别修改纵向和横向的坡度如图1.5.12所示。

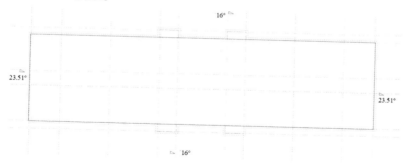

图1.5.12

单击"模式"面板→"完成编辑模式"✔,即完成坡屋顶的创建。

(2)附着F4层柱和内墙到坡屋面

按照施工图,F4墙柱的顶标高需要按照坡屋面的标高进行调整。进入东立面视图,从左上角到右下角框选,选中"F4"层所有构件,如图1.5.13所示。

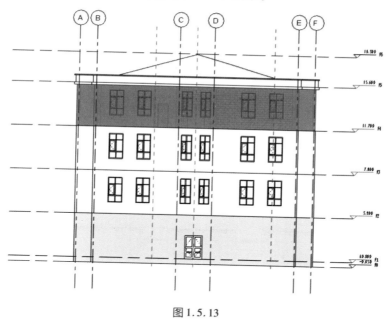

图1.5.13

进入"修改|选择多个"上下文选项卡,单击"选择"面板"过滤器"按钮 ▼,弹出"过滤器"对话框,选择"柱",如图1.5.14所示。

单击"确定"按钮,进入"修改|柱"上下文选项卡,在"修改柱"面板中,选择"附着顶部/底部"按钮 ,确认选项栏中"附着柱"为"顶","附着对正"为"最大相交",如图1.5.15所示。然后单击屋面,完成附着柱到屋面。

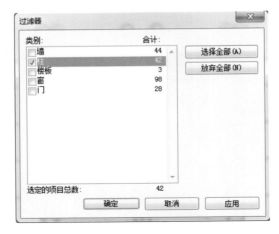

图 1.5.14

图 1.5.15

进入 F4 楼层平面视图,按 Ctrl 键,选择 F4 层所有内墙,如图 1.5.16 所示。进入"修改|墙"上下文选项卡,同时双击打开东立面视图,在"修改墙"面板中,单击"附着顶部/底部"按钮,确认选项栏中"附着墙"为"顶部"。单击屋面,完成 F4 内墙附着到屋面。

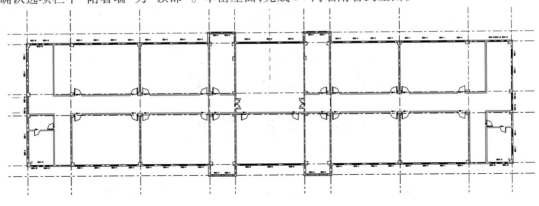

图 1.5.16

2)创建局部平屋面

按照施工图,如图 1.5.17 所示的 4 个位置是平屋面。

这 4 个平屋面可以用楼板命令来创建。进入 F5 楼层平面视图,单击"建筑"选项卡→"构建"面板→"楼板"工具下拉列表,在列表中选择"楼板:建筑"命令,进入"修改|创建楼层边界"界面。

在"属性"面板中,单击"编辑类型",进入"类型属性"对话框,以"F4_LB1_100"为基础,单击"复制",命名为"F5_WMB_100",单击"确定"按钮,如图 1.5.18 所示。

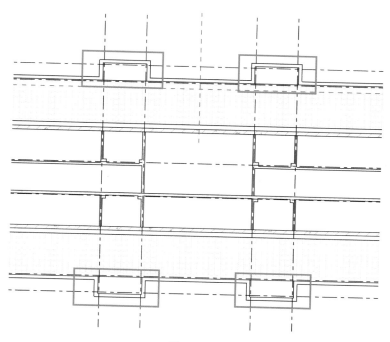

图 1.5.17

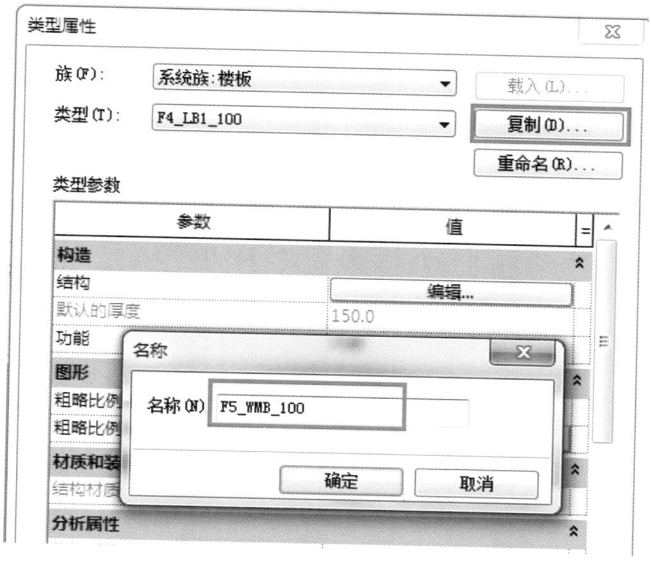

图 1.5.18

　　返回"类型属性"对话框,单击"类型参数"中的"结构"后面的"编辑"按钮,进入"编辑部件"对话框,确定"结构[1]"厚度为 100 mm,材质为"混凝土-现场浇注钢筋混凝土","面层1[4]"厚度为 100 mm,材质为"混凝土,沙/水泥找平",如图 1.5.19 所示。单击"确定"按钮,返回"类型属性"对话框,修改"功能"为"外部",再单击"确定"按钮,返回绘制草图模式。

　　设置"属性"面板中"标高"为"F5","自标高的高度偏移"为 100 mm,如图 1.5.20 所示。

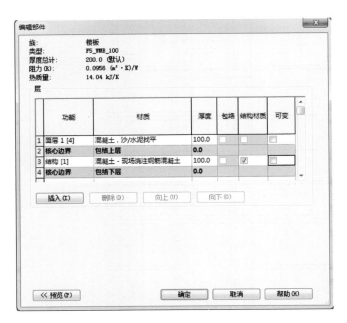

图 1.5.19

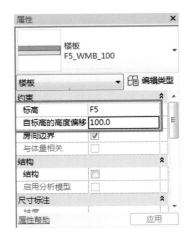

图 1.5.20

在"绘制"界面中,确认选择"边界线"⬚边界线、"矩形"⬚绘制,确认选项栏中"偏移量"为 0,不勾选"半径",绘制如图 1.5.21 所示的 4 块屋面板边界线。

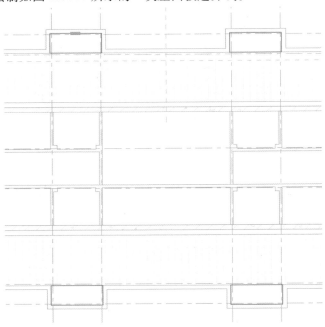

图 1.5.21

单击"模式"中"完成编辑模式"按钮✓,弹出"是否希望将高达此楼层标高的墙附着到此 楼层的底部"对话框,单击"否"。平屋面创建完成。

3）创建屋脊

进入三维视图，单击"结构"选项→"结构"面板→"梁"工具，进入"修改|放置梁"上下文选项卡，在"属性"面板中，从"类型选择器"下拉列表中选择梁类型为"屋脊"→"屋脊线"，选项栏中勾选"三维捕捉"，设置参数如图1.5.22所示，确认"Z轴对正"为"底"。

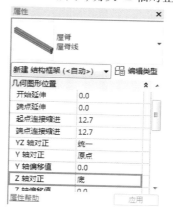

图1.5.22

捕捉端点如图1.5.23所示，然后捕捉到另一个端点，创建完成的屋脊线效果如图1.5.24所示。

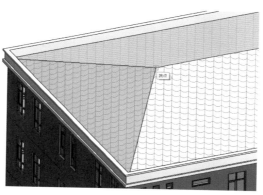

图1.5.23

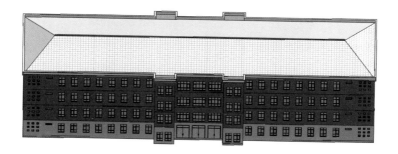

图1.5.24

1.5.3　创建屋面排水构

5 号教学楼的屋面排水沟主要由排水沟、设置在排水沟处的屋面上人检修孔组成。排水沟创建完成后，还需要按照施工图的要求，调整其排水坡度。

1) 创建排水沟

实际施工中，屋面排水沟是在坡屋面四周通过填充轻质材料，然后设置一定的排水坡度形成。为了在效果上满足要求，采用楼板命令来创建。

进入 F5 楼层平面视图，单击"建筑"选项卡→"构建"面板→"楼板"工具下拉列表，在列表中选择"楼板:建筑"命令，进入"修改|创建楼层边界"界面。

在"属性"面板中，单击"编辑类型"，进入"类型属性"对话框，以"F5_WMB_100"为基础，单击"复制"，命名为"F5_PSG_100"，单击"确定"按钮。

返回"类型属性"对话框，单击"类型参数"中的"结构"后面的"编辑"，进入"编辑部件"对话框，确定"结构[1]"厚度为 100 mm，材质为"混凝土，沙/水泥找平"，切记勾选"可变"，以便后面为楼板添加坡度，同时删除"面层 1[4]"行，如图 1.5.25 所示。单击"确定"按钮，返回"类型属性"对话框，修改"功能"为"外部"，再次单击"确定"按钮，返回绘制草图模式。

图 1.5.25

设置"属性"面板中"标高"为"F5"，"自标高的高度偏移"为 300 mm，如图 1.5.26 所示。

确定"绘制"面板，选择"边界线"，采用"直线"命令，确认选项栏勾选"链"，"偏移量"为 0，不勾选"半径"。沿着 5 号教学楼女儿墙内侧绘制如图 1.5.27 所示的排水沟楼板边界线。

单击"模式"中"完成编辑模式"按钮 ✔，弹出"是否希望将高达此楼层标高的墙附着到此楼层的底部"对话框，单击"否"。

图 1.5.26

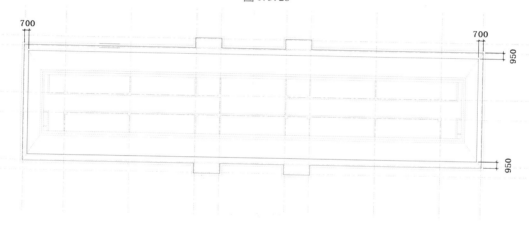

图 1.5.27

2）创建屋面上人检修孔

（1）创建竖井开洞

5 号教学楼的屋面属于不上人屋面,因此需要设置上人检修孔。按照施工图,检修孔的尺寸为 800 mm × 800 mm,采用竖井洞口的命令创建。为了准确定位洞口的位置,可以在 F4 楼层平面视图进行洞口轮廓的绘制。

进入 F4 楼层平面视图,单击"建筑"选项卡→"洞口"面板→"竖井"命令 ,进入"修改 | 创建竖井洞口草图"编辑模式,设置"属性"面板中"底部约束"为"F5","底部偏移"为 – 200 mm,"顶部约束"为"未连接","无连接高度"为 800 mm,如图 1.5.28 所示。

确认在"绘制"面板中选择"边界线",绘制方式为"直线",绘制如图 1.5.29 所示的正方形轮廓。

单击"模式"中"完成编辑模式"按钮 ,完成竖井洞口的创建。

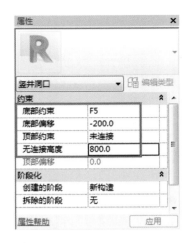

图 1.5.28

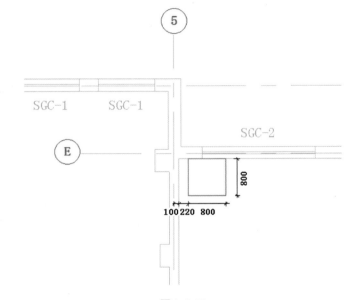

图 1.5.29

（2）创建上人孔挡墙

进入 F5 楼层平面视图，单击"建筑"选项卡→"构建"面板→"墙"工具下拉列表中的"墙：建筑"命令，进入"修改|放置墙"上下文选项卡，在"属性"面板中"类型选择器"中选择"基本墙"→"常规-200 mm"，单击"编辑类型"，打开"类型属性"对话框，以"常规-200 mm"为基础复制，命名为"屋面上人孔挡墙-220 mm"，单击"确定"按钮。继续在"类型参数"中设置"功能"为"外部"，单击"结构"后面的"编辑"，打开"编辑部件"对话框，设置"结构[1]"厚度为 220 mm，如图 1.5.30 所示。

在"属性"面板中继续设置，"约束"中"定位线"为"面层面：内部"，"底部约束"为"F5"，"底部偏移"为 0，"顶部约束"为"未连接"，"无连接高度"为 600 mm，如图 1.5.31 所示。

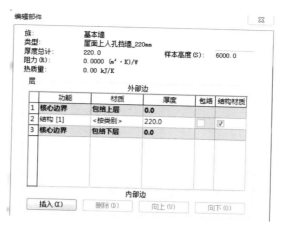

图 1.5.30

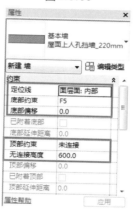

图 1.5.31

在如图 1.5.32 所示的位置处沿着洞口边界创建四面挡墙,使挡墙的内边缘与洞口对齐。屋面上人孔及挡墙创建完成效果如图 1.5.33 所示。

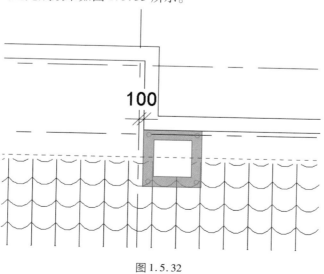

图 1.5.32

图 1.5.33

3）调整排水沟坡度

按照施工图，5 号教学楼的排水沟根据其雨水落水口的位置，设置了排水分区，分区内的排水沟底设置 1% 的排水坡度。通过在楼板上使用"添加分割线"和"修改子图元"的命令来创建排水沟坡度。

进入 F5 楼层平面视图，单击选中屋面，进入"修改|放置屋顶"，在视图控制栏中，单击"临时隐藏/隔离" 🌣，在列表中选择"隐藏图元"，在隐藏屋面的情况下对排水沟修改子图元。

选中排水沟楼板，进入"修改|楼板"上下文选项卡，单击"形状编辑"面板中"添加分割线"命令 ✏ 添加分割线，在如图 1.5.34 所示的位置处添加分割线。雨水管所在的位置在 1 轴、3 轴、5 轴、6 轴、8 轴、10 轴处，以及 C 轴、D 轴中间。那么需要在 1 轴、3 轴中间添加分割线，8 轴、10 轴中间添加分割线，C 轴、D 轴中间添加分割线，同时在 3 轴、4 轴中间，7 轴、8 轴中间以及 5 轴、6 轴中间添加分割线。可以预先生成参照平面，以方便添加分割线。

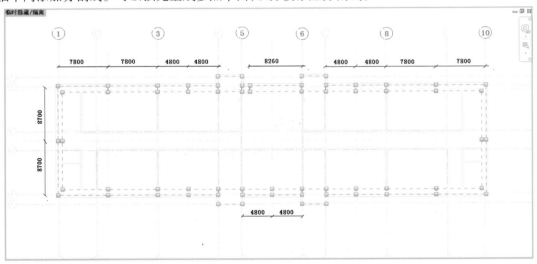

图 1.5.34

完成添加分割线后,按 Esc 键退出添加分割线。在"修改|楼板"选项卡下,单击"编辑形状"面板中"修改子图元"工具 。如图 1.5.35 所示,单击任意点可显示它的高程为 0,因为楼板为水平,默认楼板顶面所有点为 0,单击可修改它的数值,来改变楼板的形状厚度,从而控制 1% 的坡度。由于在设置楼板"结构[1]"时勾选了"可变",所以修改各个分割点的高程、楼板的形状将发生变化,形成坡度。

图 1.5.35

分别点击各点修改其高程,如图 1.5.36 所示。

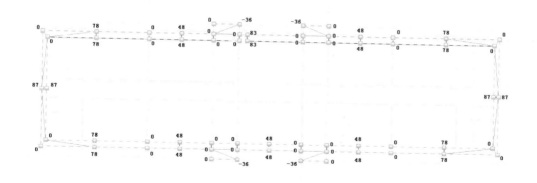

图 1.5.36

完成后按 Esc 退出修改楼板。单击视图控制栏"临时隐藏/隔离" ,在列表中选择"重设临时隐藏/隔离",即可显示屋面。进入三维视图中,查看排水沟和设置坡度后的效果。保存项目文件。

1.6　创建楼梯、洞口、栏杆

任务说明

创建楼梯、竖井洞口和栏杆。

任务分析

(1)根据施工图,用"草图"命令创建两侧楼梯;

（2）根据施工图,用"构件"命令创建中部楼梯;

（3）创建楼梯处的竖井洞口;

（4）创建楼梯顶层的栏杆。

1.6.1 用"草图"命令创建两侧楼梯

进入 F1 楼层平面视图,单击功能区"建筑"选项卡→"楼梯"→"楼梯（按草图）"，进入楼梯创建模式,如图 1.6.1 所示。

图 1.6.1

按照施工图中的尺寸,在 F1 左侧楼梯间处绘制 4 条参照平面:其中,左侧垂直参照平面到 1 轴的距离为 912.5 mm,是梯段宽度的一半（812.5 mm）与外墙结构层厚度的一半（100 mm）之和;右侧垂直参照平面距左侧参照平面的距离为 1775 mm;下边水平参照平面到 D 轴的距离为 1190 mm,为第一跑起跑及第二跑结束的位置;上边水平参照平面距下边参照平面的距离为 3360 mm,为第一跑结束及第二跑起跑的位置,完成情况如图 1.6.2 所示。

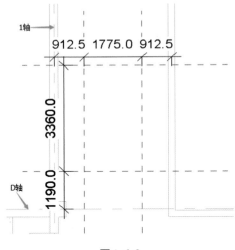

图 1.6.2

在属性栏中设置楼梯参数:在"类型选择器"中选择"整体浇筑楼梯","底部标高"为"F1","顶部标高"为"F2",偏移量均为 0,"多层顶部标高"为"无","宽度"为 1625 mm,"所需踢面数"为 26 个,"实际踏板深度"为 280 mm,如图 1.6.3 所示。

绘制楼梯草图:选择"绘制"面板中的"梯段" "直线" 命令,移动光标至刚才所绘参照平面左下交点处,当参照平面亮显并提示"交点"时,单击鼠标左键捕捉交点作为第一跑的起点;向上垂直移动光标到上边参照平面亮显时（此时右下角显示灰色小字"创建了 13 个踢面,剩余 13 个"）,单击鼠标左键作为第一跑的结束位置,系统自动绘制出第一跑梯段草图。

图 1.6.3

移动光标至刚才所绘参照平面右上交点处,当参照平面亮显并提示"交点"时,单击鼠标左键捕捉交点作为第二跑的起点;向下垂直移动光标到下边参照平面亮显时(或下边参照平面下方空白处,此时右下角显示灰色小字"创建了 26 个踢面,剩余 0 个"),单击鼠标左键,系统会自动创建休息平台和第二跑梯段草图,如图 1.6.4 所示。

编辑休息平台边界:选择"对齐"⬚命令,将休息平台上边线与墙边线对齐;选择"边界"⬚边界"直线"⬚命令,左上角沿柱子边线绘制边界线,并用"修剪"⬚命令去除多余线段。休息平台边界线修改完成后的效果如图 1.6.5 所示。

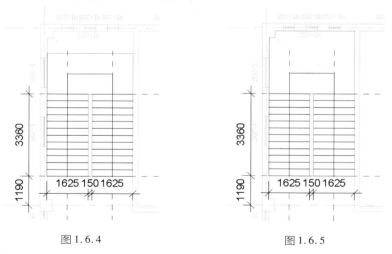

图 1.6.4　　　　　　　　　　图 1.6.5

设置栏杆扶手:选择"工具"面板"栏杆扶手"命令,从对话框下拉列表中选择扶手类型为"900 mm 圆管",位置为"踏板",单击"确定"按钮,完成栏杆扶手的设置。

单击"完成"✔命令,楼梯创建完成,如图 1.6.6 所示。梯段两侧自动生成栏杆扶手,但本楼梯靠墙一侧并不需要栏杆扶手,所以需要手动删除靠墙一侧栏杆扶手(图1.6.7),选中靠墙一侧栏杆扶手,单击"删除"命令即可。

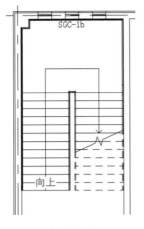
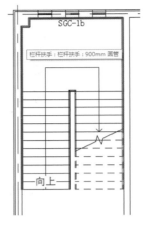

图1.6.6   图1.6.7

进入三维视图,利用"剖面框"命令,观察刚才所绘楼梯(图1.6.8)。由于此楼梯其他楼层的参数与一层相同,故其他楼层楼梯不需重新创建,只需选中楼梯,修改属性栏"多层顶部标高"为"F4"(图1.6.9),即可自动生成其他楼层楼梯,如图1.6.10所示。

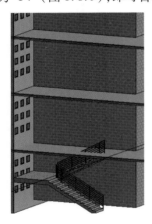

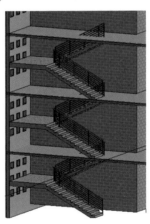

图1.6.8   图1.6.9   图1.6.10

由于本建筑的对称性,右侧楼梯可在楼层平面视图中利用"镜像"命令完成。

1.6.2　用构件命令创建中部楼梯

1)创建 F1 楼梯

进入 F1 楼层平面视图,单击功能区"建筑"选项卡→"楼梯"→"楼梯(按构件)",进入楼梯创建模式。

(1)绘制参照平面

按照施工图的尺寸,在 F1 中部楼梯间绘制 5 条参照平面:其中,左侧垂直参照平面到墙边线的距离为 1200 mm,是左右分梯梯段宽度的一半;右侧垂直参照平面到两边墙边线的距离均为 4700 mm;最下边水平参照平面到 D 轴的距离为 220 mm,为第一跑的起跑位置;中间水平参照平面距离 D 轴的距离为 2740 mm,为左右分梯结束的位置;上边水平参照平面距离 D 轴的距离为 4700 mm,为第一跑结束的位置。完成情况如图 1.6.11 所示。

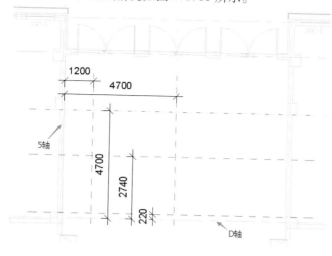

图 1.6.11

(2)创建楼梯

在属性栏设置楼梯参数:在"类型选择器"选择"整体浇筑楼梯","底部标高"为"F1","顶部标高"为"F2",偏移量均为 0,"所需踢面数"为 25 个,"实际踏板深度"为 280 mm,如图 1.6.12 所示。

绘制梯段草图:鼠标选择"梯段" 梯段 "直梯" 命令,移动光标至刚才所绘参照平面右下交点处,当参照平面亮显并提示"交点"时,单击鼠标左键捕捉交点作为第一跑的起点位置;向上垂直移动光标到最上边参照平面亮显时,单击鼠标左键作为第一跑的结束位置,系统自动创建第一跑梯段草图。

移动光标至刚才所绘参照平面左上交点处,当参照平面亮显并提示"交点"时,单击捕捉交点作为左侧分梯的起点位置;向下垂直移动光标到中间参照平面亮显时(或中间参照平面下方空白处)单击鼠标左键,完成绘制,系统自动创建休息平台和第二跑梯段草图,如图 1.6.13 所示。单击键盘上的 Esc 键退出梯段命令。

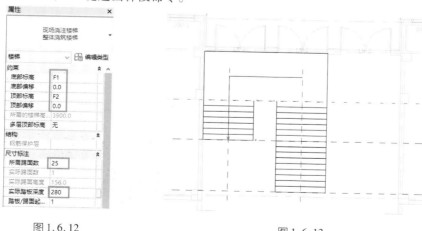

图 1.6.12   图 1.6.13

绘制平台草图:选中刚才创建的休息平台,单击"删除"命令删除平台;选中第一跑楼梯,修改宽度为4300 mm,选中左侧分梯,修改宽度为2400 mm,并用"镜像"  命令将其复制到右侧作为右侧分梯;选择"平台"、"草图"命令,进入绘制平台模式。选择"边界"、"矩形"命令,修改平台属性栏"相对高度"参数为2652 mm,沿楼梯上方墙内边线绘制矩形平台边界(图1.6.14),然后单击"完成"命令。

图 1.6.14

设置栏杆扶手:选择"工具"面板"栏杆扶手"命令,从对话框下拉列表中选择扶手类型为"900 mm 圆管",位置为"踏板",单击"确定"按钮,完成栏杆扶手的设置,如图1.6.15所示。

图 1.6.15

单击"完成"命令生成楼梯,删除靠墙一侧栏杆扶手,楼梯创建完成,如图1.6.16所示。进入三维视图,利用剖面框观察刚才所绘楼梯,如图1.6.17所示。

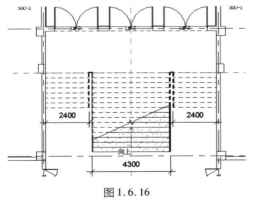

图 1.6.16

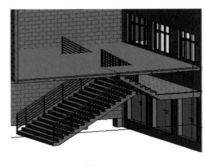

图 1.6.17

2）创建 F2—F4 楼梯

进入 F2 楼层平面视图，单击功能区"建筑"选项卡→"楼梯"→"楼梯（按构件）"，进入楼梯创建模式。

在属性栏设置楼梯参数：在"类型选择器"中选择"整体浇筑楼梯"，"底部标高"为"F2"，"顶部标高"为"F3"，偏移量均为 0，"多层顶部标高"为"F4"，"所需踢面数"为 26 个，"实际踏板深度"为 280 mm，如图 1.6.18 所示。

图 1.6.18

按照施工图尺寸绘制梯段及平台草图（图 1.6.19），注意平台属性栏"相对高度"设置为1950 mm，栏杆扶手设置与首层相同，单击"完成" ✓ 命令生成楼梯，删除靠墙一侧栏杆扶手，楼梯创建完成，如图 1.6.20 所示。进入三维视图，勾选属性栏"剖面框"，调整到合适角度观察刚才所创建的楼梯，如图 1.6.21 所示。

图 1.6.19

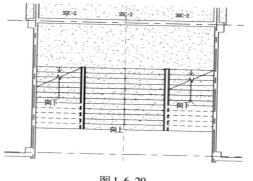

图 1.6.20

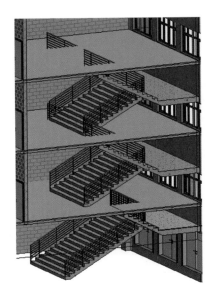

图 1.6.21

1.6.3 创建竖井洞口

楼梯创建完成后,可发现楼梯处的楼板并未自动开洞,这就需要在相应的位置创建竖井洞口实现对楼板的开洞。

1)两侧楼梯处创建竖井洞口

进入 F2 楼层平面视图,单击功能区"建筑"选项卡→"洞口"→"竖井",进入绘制草图模式,如图 1.6.22 所示。

图 1.6.22

在"绘制"功能区选择"边界线" ![边界线图标] "矩形" ![矩形图标] 命令,按照楼梯轮廓绘制左侧楼梯间竖井洞口草图,如图 1.6.23 所示。在属性栏设置竖井洞口参数:"底部约束"为"F2","底部偏移"为 −200 mm(此处也可设置为 −300、−400 等数值,其目的是使竖井向下穿透 F2 楼板但未到达 F1 楼板),"顶部约束"为"F4","顶部偏移"为 0(此处也可设置为 100、200 等数值,其目的是使竖井向上穿透 F4 楼板即可),如图 1.6.24 所示。

进入三维视图,勾选"剖面框",调整到合适的角度查看刚才所绘竖井洞口,如图 1.6.25 所示。

由于本建筑具有对称性,右侧楼梯间竖井洞口仍然可利用"镜像"命令完成。

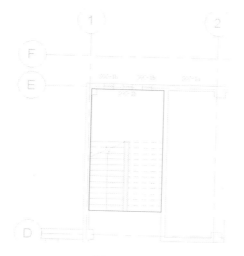

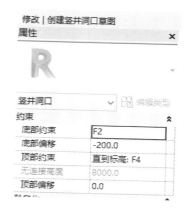

图 1.6.23　　　　　　　　　　　　　图 1.6.24

图 1.6.25

2）中部楼梯处创建竖井洞口及楼板开洞

中部楼梯的开洞在平面位置上，F2 与 F3、F4 不同，因此该处的开洞必须分两次进行。本节将分创建竖井洞口及楼板开洞两种方式，介绍开洞方法。

（1）中部楼梯 F3—F4 创建竖井洞口

进入 F3 楼层平面视图，单击功能区"建筑"选项卡→"洞口"→"竖井"，进入绘制草图模式。在"绘制"功能区选择"边界线" 边界线 "矩形" 命令，按照中部楼梯轮廓绘制竖井洞口草图，如图 1.6.26 所示。在属性栏设置竖井洞口参数："底部约束"为"F3"，"底部偏移"为 −200 mm，"顶部约束"为"F4"，"顶部偏移"为 0，如图 1.6.27 所示。单击"完成" 命令，完成竖井洞口的创建。

89

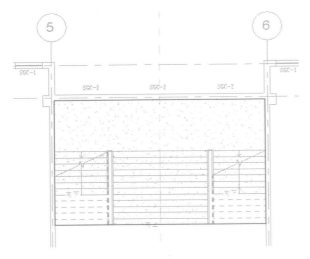

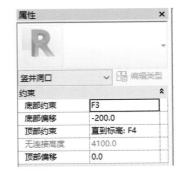

图 1.6.26   图 1.6.27

（2）中部楼梯 F2 楼板处开洞

进入 F2 楼层平面视图。单击功能区"建筑"选项卡→"洞口"→"按面"，鼠标变成"十"字选择状态，单击选择中部楼梯处的楼板，进入绘制草图模式。在"绘制"功能区选择"直线"命令，按照 F2 层楼梯轮廓绘制竖井洞口草图，如图 1.6.28 所示。单击"完成"命令，完成楼板开洞。

进入三维视图，勾选"剖面框"，调整到合适的角度查看刚才所创建竖井洞口及楼板开洞情况，如图 1.6.29 所示。

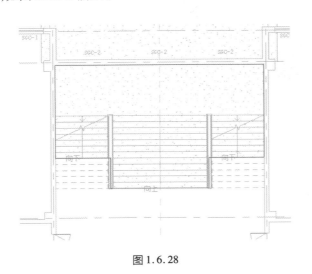

图 1.6.28   图 1.6.29

1.6.4　创建栏杆

按照施工图，在楼梯顶层需要设置保护栏杆。进入 F4 楼层平面视图，单击功能区"建筑"选项卡→"楼梯坡道"→"栏杆扶手"→"绘制路径"命令，进入绘制草图模式，如图 1.6.30 所示。

90

图 1.6.30

在属性"栏类型选择器"中选择"栏杆扶手:900 mm 圆管"类型。找到左侧楼梯需加设栏杆处,在"绘制"区选择"直线"✏️命令,绘制栏杆路径(图 1.6.31),单击"完成"✔️命令,栏杆扶手创建完成。

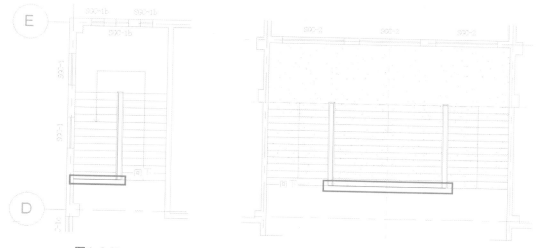

图 1.6.31

图 1.6.32

中部楼梯顶层栏杆扶手与上述方法相同。绘制草图如图 1.6.32 所示,单击"完成"✔️命令,栏杆扶手创建完成。对于中部楼梯来说,除了顶层需加设栏杆外,F2 层楼板开洞处也需要加设栏杆,选择 F2 平面视图,用上述相同方法绘制草图(图 1.6.33),单击"完成"✔️命令,栏杆扶手创建完成。再次重复以上操作,绘制草图如图 1.6.34 所示,单击"完成"✔️命令,栏杆扶手创建完成。

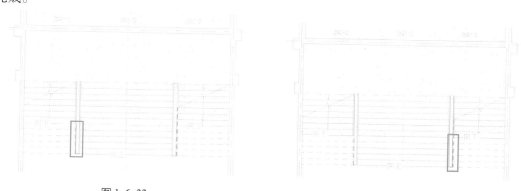

图 1.6.33

图 1.6.34

注意:以上 F2 层的两段栏杆扶手必须分两次单独创建。由于用"绘制路径"命令创建栏杆扶手时,栏杆扶手的路径草图必须是一条单一且连接的线。如果要将栏杆扶手分为几个部分,需创建多个单独的栏杆扶手。

进入三维视图,利用剖面框观察刚才所绘栏杆扶手。中部楼梯加设的栏杆扶手如图 1.6.35 所示。

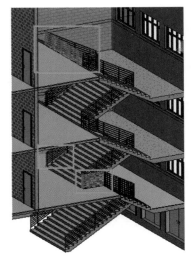

图 1.6.35

由于本建筑具有左右对称性,右侧楼梯栏杆可以利用"镜像"命令完成。

1.7 创建入口台阶、坡道、雨篷

任务说明

创建入口台阶、坡道、雨篷。

任务分析

(1)创建入口台阶;

(2)创建主入口处带栏杆的坡道;

(3)创建主入口处雨篷;

(4)创建侧门入口处玻璃雨篷。

1.7.1 创建入口台阶

Revit 中没有专用的"台阶"命令,建模中可以采用创建内建族、构件族、楼板边缘甚至楼梯等方式创建各种台阶模型。本节讲述用"楼板边缘"命令创建台阶的方法。

1)创建主入口处台阶

进入 F1 楼层平面视图,单击功能区"建筑"选项卡→"楼板"→"楼板:建筑"命令,进入创建楼板草图模式。

定义楼板类型与创建墙体的方法一样,首先在"属性"面板的类型选择器中选择类型"楼板:常规楼板-400 mm",然后单击"编辑类型",打开"类型属性"对话框;在"类型属性"对话框中,单击类型列表后的"复制",在"名称"对话框中输入"F1_SWLB_430"作为新建楼板类型的名称;单击"确定"按钮返回"类型属性"对话框,如图1.7.1所示。单击"类型属性"对话框中"结构"参数后的"编辑",进入"编辑部件"对话框,如图1.7.2所示。在"编辑部件"对话框中,将结构层的材质修改为"混凝土,现场浇筑灰色",厚度修改为430 mm,单击"确定"按钮返回"类型属性"对话框,如图1.7.3所示。再次单击"确定"按钮关闭"类型属性"对话框。

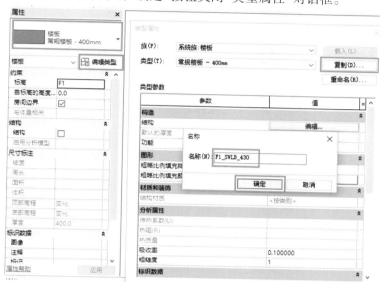

图1.7.1

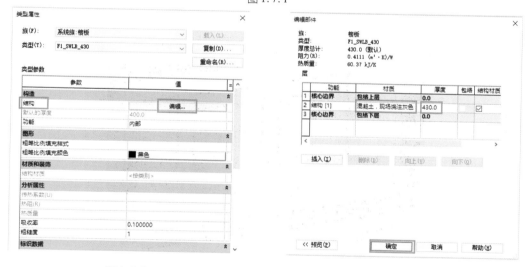

图1.7.2　　　　　　　　　　　　　　　　图1.7.3

　　确认属性栏类型选择器中选择的类型为"F1_SWLB_430",然后设置参数"标高"为"F1","自标高的高度偏移"为 -20 mm,如图1.7.4所示。

　　绘制楼板轮廓,选择"绘制"面板"边界线"中的"矩形"命令,在建筑物南侧绘制如图1.7.5所示的楼板轮廓,单击"完成" ✔ 按钮生成楼板。完成后的室外楼板如图1.7.6所示。

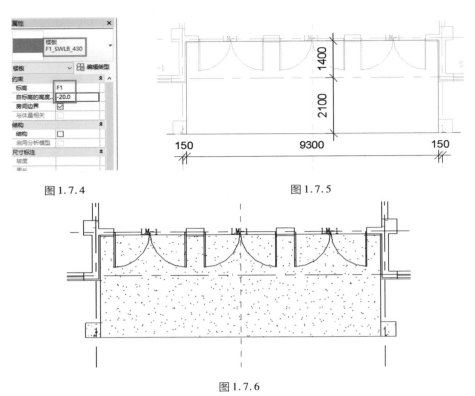

图 1.7.4　　　　　　　　　　　　　　　　图 1.7.5

图 1.7.6

添加楼板台阶,进入三维视图,单击功能区"建筑"选项卡→"楼板"→"楼板:楼板边"命令,在属性栏的类型选择器中选择"室外阶梯"类型。移动光标到楼板南侧的水平下边缘,当边线高亮显示时单击鼠标放置楼板边缘,生成的台阶如图 1.7.7 所示。

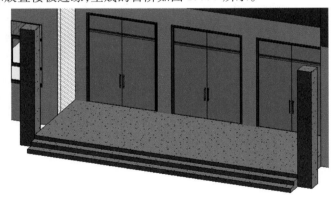

图 1.7.7

由于本建筑的对称性,北侧入口的台阶利用"镜像"命令完成。

2)创建两侧入口台阶

侧入口台阶的创建方法与前述创建主入口处台阶的方法相同,其楼板轮廓如图 1.7.8 所示。完成后的西侧入口台阶如图 1.7.9 所示。

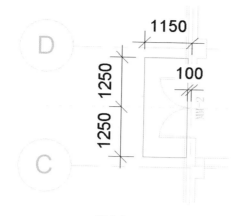

图 1.7.8　　　　　　　　　　　　　　　图 1.7.9

　　创建侧入口台阶挡墙,进入 F1 楼层平面视图,单击功能区"建筑"选项卡→"墙"命令,在属性栏类型选择器中选择"侧门入口台阶挡墙-500 mm"墙类型,设置参数如图 1.7.10 所示,然后在西侧入口处绘制如图 1.7.11 所示挡墙。西侧入口台阶及挡墙完成情况如图 1.7.12 所示。

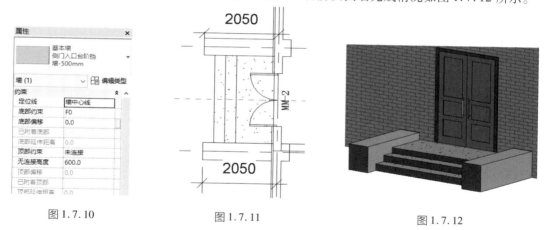

图 1.7.10　　　　　　　　　图 1.7.11　　　　　　　　　图 1.7.12

　　由于本建筑具有对称性,东侧入口的台阶及挡墙可以利用"镜像"命令完成。

1.7.2　创建主入口坡道

　　在 Revit 模型创建中,坡道的创建方法和"楼梯"命令非常相似,可通过绘制坡道草图来创建坡道。

　　进入 F1 楼层平面视图,单击功能区"建筑"选项卡→"楼梯坡道"→"坡道"命令,进入坡道草图绘制模式。

1）参数设置

　　在属性栏的类型选择器中选择类型为"坡道 1","底部标高"为"F0","底部偏移"为"0","顶部标高"为"F1","顶部偏移"为 - 20 mm,宽度为 1200 mm,如图 1.7.13 所示。

2）绘制坡道草图

　　选择"绘制"面板中的"梯段"![梯段]"直线"![直线]命令,移动光标到绘图区域南侧主入口附近的空白处,从左向右拖拽光标绘制坡道梯段,此时会自动创建一个长 5160 mm、宽 1200 mm 的矩形草图,编辑矩形草图使其长为 5400 mm,宽度不变。完成后选中所绘坡道草图线,将其移动到如图 1.7.14 所示位置,单击"完成"命令,创建的坡道如图 1.7.15 所示。

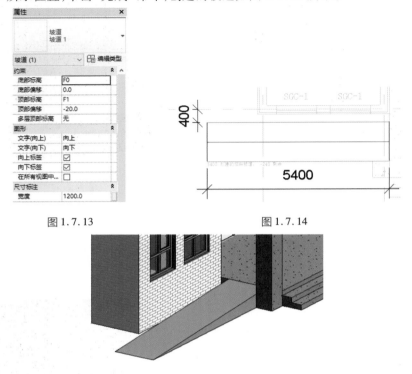

图 1.7.13 图 1.7.14

图 1.7.15

3) 创建坡道处栏杆扶手

首先应创建坡道上的栏杆扶手。在三维视图下,单击功能区"建筑"选项卡→"楼梯坡道"面板→"栏杆扶手"→"放置在主体上"命令,设置属性栏参数如图 1.7.16 所示,设置"修改"选项卡"位置"面板为"踏板"(图 1.7.17),选中刚刚创建的坡道,则坡道两侧自动生成栏杆扶手,如图 1.7.18 所示。

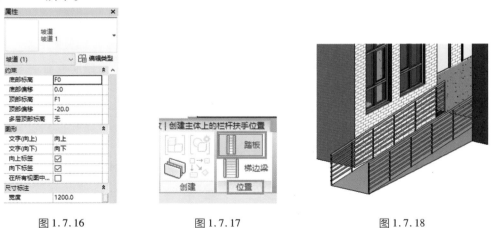

图 1.7.16 图 1.7.17 图 1.7.18

4)创建坡道外栏杆扶手

进入 F1 楼层平面视图,单击功能区"建筑"选项卡→"楼梯坡道"→"栏杆扶手"→"绘制路径"命令,进入绘制草图模式。在属性栏类型选择器中选择"栏杆扶手:900 mm 圆管"类型,设置"底部标高"为"F0","底部偏移"为 0,在"绘制"面板中选择"直线"⬚命令,绘制栏杆路径(图1.7.19),单击"完成"生成栏杆扶手;用同样的方法绘制如图 1.7.20 所示的路径,设置属性栏"底部标高"为"F0","底部偏移"为 0,单击"完成"生成栏杆扶手;再次用同样的方法绘制如图1.7.21 所示的路径,设置属性栏"底部标高"为"F1","底部偏移"为 – 20 mm,单击"完成"生成栏杆扶手。完成后的栏杆扶手如图 1.7.22 所示。

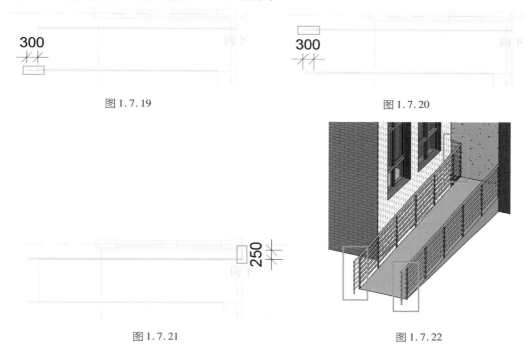

图 1.7.19　　　　　　　　　　　　　　　图 1.7.20

图 1.7.21　　　　　　　　　　　　　　　图 1.7.22

由于用"绘制路径"命令创建栏杆扶手时,栏杆扶手的路径草图必须是一条单一且连接的线,以上 3 段栏杆扶手必须分 3 次单独创建。如果要将栏杆扶手分为几个部分,需创建多个单独的栏杆扶手。

由于本建筑具有对称性,南侧入口处的另一坡道及北侧入口处的坡道均可利用"镜像"命令完成。

1.7.3　创建雨篷

1)主入口处雨篷
（1）定义雨篷板

与前述创建室外楼板的方法一样,首先在"属性"面板的类型选择器中选择类型 "楼板:常规楼板-400 mm",然后单击"编辑类型",打开"类型属性"对话框;在"类型属性"对话框中,单击类型列表后的"复制",在"名称"对话框中输入"F2_YPB1_100"作为新建楼板类型的名称;单击"确定"按钮返回"类型属性"对话框;单击"类型属性"对话框中"结构"参数后的"编辑",进入"编辑部件"对话框;在"编辑部件"对话框中,将结构层的材质修改为"混凝土,现场浇筑灰色",

厚度修改为"100",单击"确定"按钮返回"类型属性"对话框;再次单击"确定"按钮关闭"类型属性"对话框。

（2）绘制雨篷板轮廓线

进入 F2 楼层平面视图。单击功能区"建筑"选项卡→"楼板"→"楼板:建筑"命令,进入绘制楼板草图模式。选择"绘制"面板中的"矩形"命令,在南侧主入口处绘制如图 1.7.23 所示的楼板轮廓线。

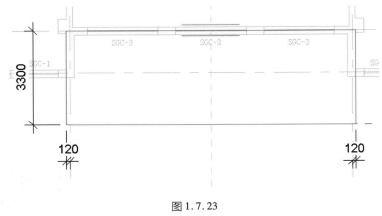

图 1.7.23

（3）参数设置

在属性栏的类型选择器中选择类型为"F2_YPB1_100","标高"为"F2","自标高底部的高度偏移"为 –650 mm,如图 1.7.24 所示。单击"完成" ✔ 命令,此时跳出"是否希望将高达此楼层标高的墙附着到此楼层的底部?"对话框（图 1.7.25）,选择"否",完成楼板的创建,如图 1.7.26 所示。将楼板下的两根柱子利用"附着"命令附着于楼板下方。

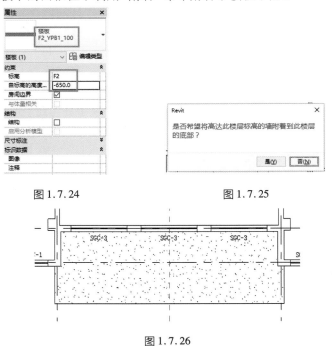

图 1.7.24　　　　　　图 1.7.25

图 1.7.26

（4）添加雨篷装饰边线

进入三维视图,调整合适位置观察刚才创建的楼板,单击功能区"建筑"选项卡→"楼板"→"楼板:楼板边"命令,在属性栏的类型选择器中选择"雨篷轮廓"类型。移动光标至楼板南侧水平下边缘线,在边线高亮显示时单击鼠标放置楼板边缘。用同样的方法放置左右两侧楼板边缘。创建的雨篷如图 1.7.27 所示。

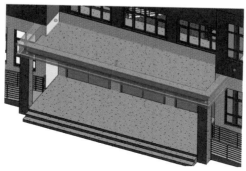

图 1.7.27

（5）编辑雨篷装饰边线

以上创建的雨篷装饰边线左右两侧均穿过外墙伸进了房间,需要进行调整。进入 F2 楼层平面视图,选择刚刚创建的雨篷装饰边线(图 1.7.28),竖直向下拖拽其墙内一端的端点,使其与外墙边线对齐(图 1.7.29),即完成编辑。

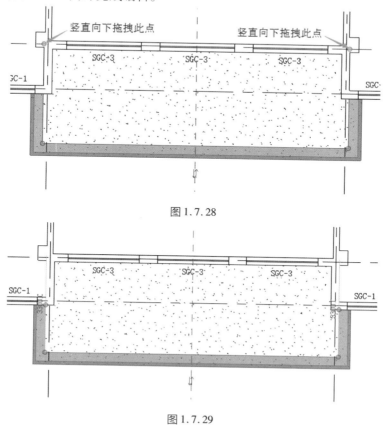

图 1.7.28

图 1.7.29

由于本建筑具有对称性,北侧入口处的雨篷利用"镜像"命令完成。

2) 创建侧入口处玻璃雨篷

侧入口处玻璃雨篷由顶部玻璃和支撑钢梁两部分组成。顶部玻璃使用"迹线屋顶"中的"玻璃斜窗"创建,支撑钢梁使用内建模型方式创建。

(1) 创建顶部玻璃

进入 F1 楼层平面视图,单击功能区"建筑"选项卡→"屋顶"→"迹线屋顶"命令,进入绘制屋顶草图模式,在左侧入口处绘制如图 1.7.30 所示的平屋顶轮廓线。

在选项栏取消勾选"定义坡度" □定义坡度 选项,属性栏类型选择器选择"玻璃斜窗",并设置参数"底部标高"为"F1","自标高的底部偏移"为 3000 mm(图 1.7.31),单击"完成" ✔ 命令。创建的玻璃雨篷如图 1.7.32 所示。

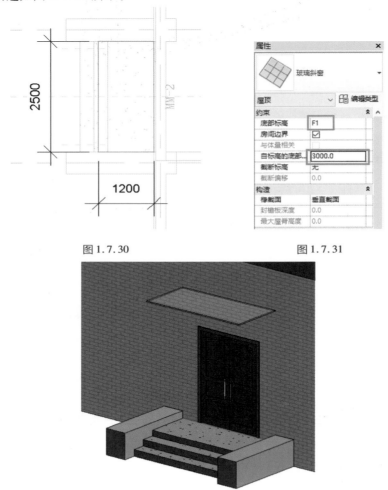

图 1.7.30　　　　　　　　　　　图 1.7.31

图 1.7.32

完成创建后会发现,在 F1 楼层平面视图中无法观察到刚刚创建的玻璃斜窗,这是由于该构件不在该平面视图的视图范围之内。进入 F1 楼层平面视图,设置平面视图属性栏,"范围"→"视图范围",如图 1.7.33 所示,将剖切面的偏移量设置为 3000 mm,单击"确定"按钮(图

1.7.34），此时 F1 楼层平面视图中已可观察到之前创建的玻璃斜窗。

图 1.7.33

图 1.7.34

（2）创建支撑钢梁

支撑钢梁由外挑 T 形钢梁和横向矩形钢梁组成。

①创建外挑 T 形钢梁。在项目浏览器中，选择 F1 平面视图。单击功能区"建筑"选项卡→"构件"→"内建模型"命令，如图 1.7.35 所示。在跳出的"族类别和族参数"对话框中选择适当的族类（本例中选为"屋顶"），命名为"玻璃雨篷—T 形钢梁"，如图 1.7.36、图 1.7.37 所示，进入族编辑器模式。

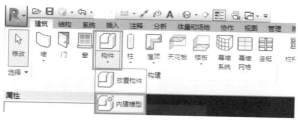

图 1.7.35

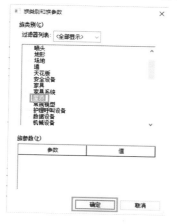

图 1.7.36

图 1.7.37

101

选择"拉伸"命令:单击功能区"创建"选项卡→"形状"→"拉伸"命令,如图 1.7.38 所示。

图 1.7.38

设置工作平面:单击"创建"选项卡→"工作平面"→"设置"命令(图 1.7.39),在弹出的"工作平面"对话框中选择"拾取一个平面"(图 1.7.40);在 F1 平面视图中单击拾取玻璃雨篷的左侧边线(图 1.7.41),在弹出的"转到视图"对话框中选择"立面:西",单击"打开视图"切换至西立面视图,如图 1.7.42 所示。

图 1.7.39

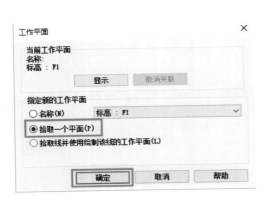

图 1.7.40

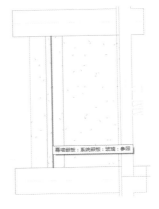

图 1.7.41

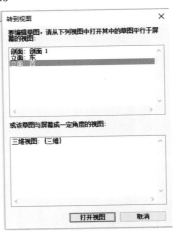

图 1.7.42

Revit 中的每个视图都有相关的工作平面。在某些视图(如楼层平面、三维视图、图纸视图)中,工作平面是自动定义的。而在其他视图(如立面和剖面视图)中,必须自定义工作平面。工作平面必须用于某些绘制操作(如创建拉伸屋顶)和在视图中启用某些命令,如在三维视图中启用旋转和镜像。

绘制 T 形钢梁轮廓:在西立面视图选择"直线" 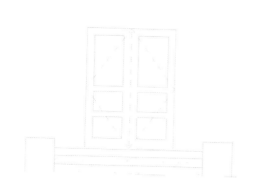 命令,在玻璃雨篷下方绘制如图 1.7.43 所示 T 形钢梁的轮廓线,具体尺寸如图 1.7.44 所示。

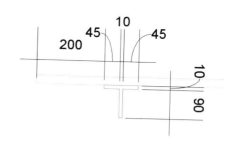

图 1.7.43　　　　　　　　　　　　　　　　　　　图 1.7.44

参数设置:在属性栏中设置"拉伸终点"为 -1200 mm(玻璃斜窗的宽度),"拉伸起点"为 0,"材质"选择为"钢",如图 1.7.45 所示。完成设置后单击"完成"命令,再单击"完成模型"命令,创建的 T 形钢梁如图 1.7.46 所示。

图 1.7.45

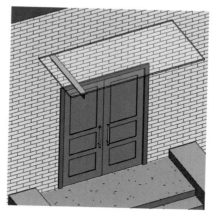

图 1.7.46

利用"阵列"命令复制 T 形钢梁:进入 F1 楼层平面视图,首先绘制两条参照平面作为阵列的起点和终点(图 1.7.47),选择刚完成的 T 形钢梁,单击"修改"工具栏"阵列" 命令,选项栏参数设置如图 1.7.48 所示,移动光标单击捕捉如图 1.7.47 所示上方的参照平面作为阵列起点,再垂直移动光标单击捕捉如图 1.7.47 所示下方的参照平面作为阵列终点,阵列结果如图1.7.49所示。

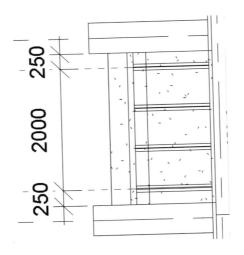

图 1.7.47

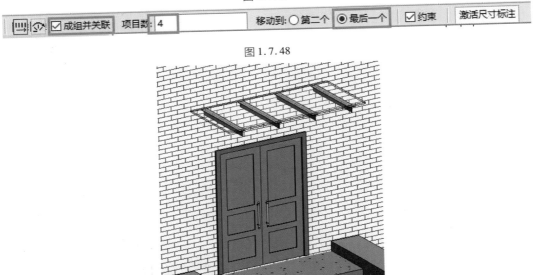

图 1.7.48

图 1.7.49

②创建横向矩形钢梁。横向矩形钢梁的创建仍然利用内建模型的拉伸命令创建,方法与上述 T 形钢梁的方法相同。

进入 F1 楼层平面视图,单击功能区"建筑"选项卡→"构件"→"内建模型"命令,在弹出的"族类别和族参数"对话框中选择"屋顶",新建模型命名为"玻璃雨篷—方钢梁",进入族编辑器模式。单击功能区"创建"选项卡→"形状"→"拉伸"命令。

设置工作平面:在 C 轴与 D 轴之间绘制一条横向参照平面,使其距两轴距离相等,如图 1.7.50 所示。单击"创建"选项卡→"工作平面"→"设置"命令,在弹出的"工作平面"对话框中选择"拾取一个平面";在 F1 楼层平面视图中单击拾取刚才所绘参照平面,弹出"转到视图"对话框选择"立面:南",单击"打开视图"切换至南立面视图。

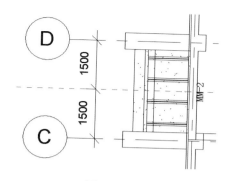

图 1.7.50

绘制方钢梁轮廓:在南立面视图选择"绘制"面板中的"矩形" ⬜ 命令,在 T 形钢梁下方绘制如图 1.7.51 所示方钢梁的轮廓线,具体尺寸如图 1.7.52 所示。

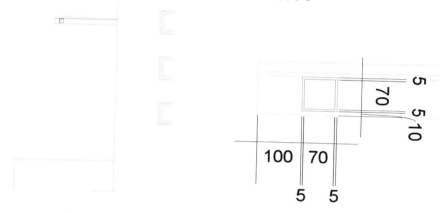

图 1.7.51　　　　　　　　　　　　　图 1.7.52

在属性栏设置"拉伸终点"为 - 995 mm(两端 T 形钢梁肋板间距的一半),"拉伸起点"为 995 mm,"材质"选择为"钢"。单击"完成"命令,再单击"完成模型"命令,方钢梁创建完成。

至此,西侧入口处的玻璃雨棚全部创建完成。完成后的效果如图 1.7.53 所示。

图 1.7.53

由于本建筑具有对称性,东侧入口处的玻璃雨篷及支撑钢梁可以利用"镜像"命令完成。

2 结构建模

常规结构建模可以先创建基础，然后依次向上创建柱、梁、板等构件，最后完成模型，但这种方式将导致构件的定位工作量大增（尤其是基础和竖向构件），而这些定位工作在建筑建模时早已完成。在实际工作中，基本的顺序是建筑设计→结构设计。因此，本章的教学内容将遵循这个基本顺序，介绍如何利用已有的建筑模型方便、快捷地创建结构模型。需要注意的是，在这种方法下，结构模型的创建顺序可能与实际的施工顺序不一样。

2.1 创建结构柱墩及 F1 结构柱

任务说明

利用建筑模型中建筑柱的位置创建柱墩及结构柱。

任务分析

（1）在建筑柱的辅助下快捷创建柱墩；

（2）在建筑柱的辅助下快捷创建结构柱。

2.1.1 准备工作

打开已完成的建筑模型，删掉除 F1 建筑柱之外的所有构件（注意不要删除轴网和标高）。将此时的文件另存为样板文件备用，命名为"5#教学楼结构样板文件"，如图2.1.1 所示。

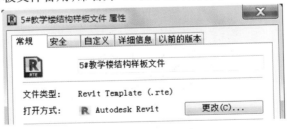

图2.1.1

利用5#教学楼结构样板文件，新建"5#教学楼项目-结构"项目文件。在立面视图中添加标高 F-1，高度为 -2.0 m，确认所有轴网及标高均已锁定。

单击"视图"选项卡→"平面视图"→"结构平面"，把对话框中的所有平面都选上，然后单击"确定"按钮，将新建各结构平面视图，其与建筑建模时的楼层平面视图是相互独立的，如图2.1.2所示。与建筑建模的工作是在"楼层平面视图"中进行不同，结构建模的工作将在"结构平面视图"中完成。

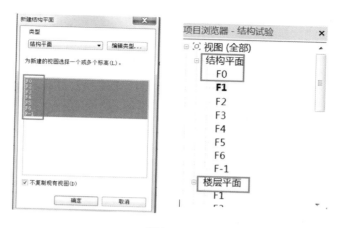

图 2.1.2

进入 F1 结构平面视图,确认属性中的规程为"结构"(其他各结构平面视图均如此),如图 2.1.3 所示。Revlt 的规程是以某种"专业特征"来控制视图显示的,可以把规程理解为视图的"专业"属性。同一张视图,在不同的规程下,显示样式会有所不同。例如:在结构规程中只显示结构墙,非结构墙将被自动隐藏;被遮挡的模型构件会以虚线形式显示(如板下的梁);此外,还会显示当前规程下视图标记,如剖面符号、立面符号或详图索引符号等。

图 2.1.3

单击"详图"面板→"载入族",打开"结构"→"柱"→"混凝土"文件夹,将正方形结构柱族和矩形结构柱族载入。

2.1.2　创建 F1 结构柱

施工图共有两种尺寸的结构柱,分别为 500 mm × 500 mm 和 400 mm × 500 mm。

1)定义 F1 结构柱

单击"结构"面板→"柱",选择一个正方形柱复制后,将其尺寸修改为 $b=500$ mm,$h=500$ mm,并将其命名为"F1_KZ_500 × 500",在"标识数据—注释记号"处,填写柱混凝土等级 C30,如图 2.1.4 所示。用相同的方法准备好"F1_KZ_400 × 500"。

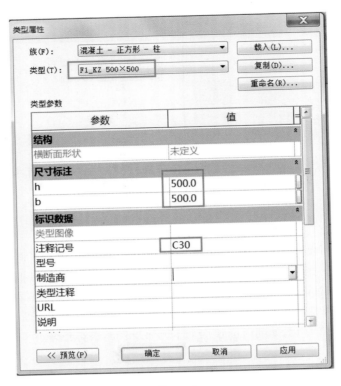

图 2.1.4

2) 放置 F1 结构柱

进入 F1 结构平面视图,选择"F1_KZ_500×500",设置"高度"至 F2,单击"在柱处"(将以保留在 F1 结构平面视图中的建筑柱作为新建结构柱的定位依据),如图 2.1.5 所示。框选所有500 mm×500 mm 建筑柱即可自 F1 向上生成所有"F1_KZ_500×500"。同理,选择 F1_KZ_400×500,设置"高度"至 F2,选中"在柱处",点选两个 400 mm×500 mm 建筑柱即可自 F1 向上生成两个"F1_KZ_400×500"。

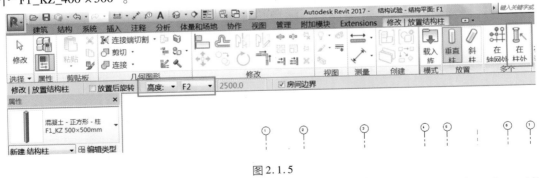

图 2.1.5

框选所有的柱,在过滤器中选中结构柱(图 2.1.6),将其顶部标高偏移设置为 −50 mm(图2.1.7),其底部标高偏移将在后期进行调整。

按照施工图里的命名,将各 F1 结构柱分别重命名为"F1_KZ1_500×500""F1_KZ12_400×500"。至此,完成 F1 所有结构柱的创建。

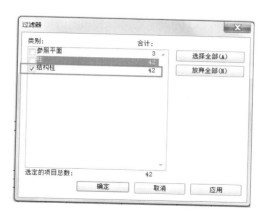

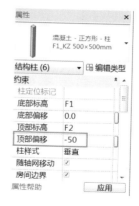

图 2.1.6

图 2.1.7

2.1.3　创建结构柱墩

按照施工图,基础与结构柱间增设有结构柱墩。结构柱墩的尺寸为结构柱的尺寸每边增加150 mm,因此结构柱墩有两种尺寸:800 mm × 800 mm 和 700 mm × 800 mm。结构柱墩长度统一为 2300 mm。

1)定义结构柱墩

单击"结构"面板→"柱",选择一个正方形柱复制后,将柱的尺寸修改为 $b = 800$ mm, $h = 800$ mm,并将其命名为"F0_ZD_800 × 800",在"标识数据—注释记号"处,填写柱墩混凝土等级 C30,如图 2.1.8 所示。用相同的方法准备好"F0_ZD_700 × 800"。

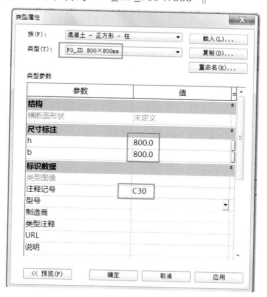

图 2.1.8

2)放置结构柱墩

进入 F1 结构平面视图,同结构柱创建一样,选择"F0_ZD_800 × 800",设置"深度"至"未连接",深度值为 500 mm,选中"在柱处"(以保留在 F1 结构平面视图中的建筑柱作为新建结构柱墩的定位点),如图2.1.9所示。框选所有500 mm×500 mm建筑柱即可自F1向下生成所有"F0_ZD_800×800",长度为500 mm。同理,点选两个400 mm×500 mm建筑柱即可自F1向下生成"F0_ZD_700×800",长度为500 mm。结构柱墩实际长度后期再进行调整。

图2.1.9

本节创建的结构柱墩及F1结构柱的平面尺寸已满足施工图要求,其底标高和顶标高将在下一节调整至与施工图一致。

2.2 创建基础并调整结构柱墩及 F1 结构柱

任务说明
按照施工图创建基础并根据基础调整结构柱墩及F1结构柱。

任务分析
(1)定义独立基础及筏板基础模型;
(2)放置独立基础及筏板基础模型;
(3)根据基础顶标高,调整结构柱墩及F1结构柱的底标高和顶标高。

2.2.1 定义独立基础及筏板基础

按照施工图,5#教学楼的基础形式有两种:一种是独立基础(包括单柱基础和双柱基础),一种是筏板基础。基础底标高统一为-2.0 m。

1)定义独立基础
单击"结构"选项卡→"基础"面板→"独立",如图2.2.1所示。

图2.2.1

启动命令后,在属性面板类型选择器下拉菜单中选择合适的独立基础类型。如果找不到合适的类型,可以在"编辑类型"中通过复制的方法创建新类型,或者可以载入外部族文件。本工程为坡形截面独立基础,可通过载入外部族来操作,如图2.2.2所示。

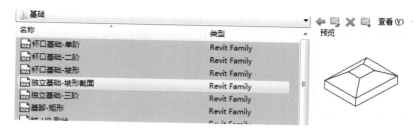

图 2.2.2

以"独立基础-DJ-DJ1"为例,坡形截面独立基础的类型参数如图 2.2.3 所示,设置完成后的模型即与施工图中的 DJ1 尺寸一致。

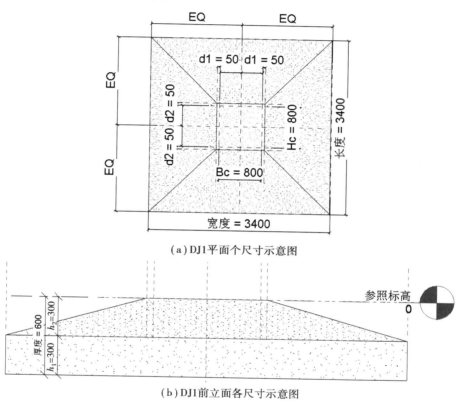

(a)DJ1平面个尺寸示意图

(b)DJ1前立面各尺寸示意图

图 2.2.3

按照施工图,5#教学楼的独立基础有两类共 8 种。其中,"独立基础-DJ"共有 6 种,其命名和参数如图 2.2.4(a)～(f)所示;"独立基础-DJP"共有 2 种,其命名和参数如图 2.2.4(g)～(h)所示。按照这些参数设置完成后,即创建了对应的独立基础。在施工图中,基础 DJPa、DJPb 与其他独立基础形状一致,但顶部增设有混凝土矩形梁($b = 900$ mm,$h = 700$ mm),可以进入其族文件中添加该矩形梁,这里就不再详述。以上各独立基础在样板文件中均已载入,可以在项目族库中直接取用。

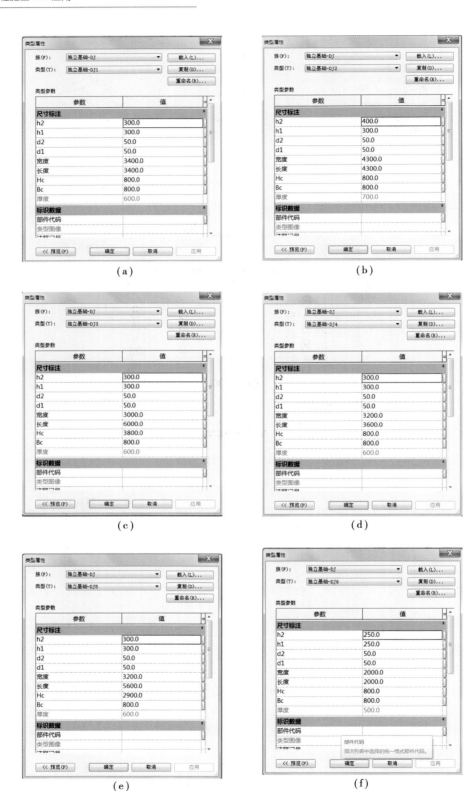

（a）　　　　　　　　　　　　（b）

（c）　　　　　　　　　　　　（d）

（e）　　　　　　　　　　　　（f）

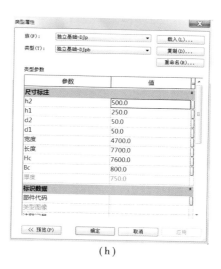

（g）　　　　　　　　　　　　　　　（h）

图 2.2.4

2）定义筏板基础模型

为了简化操作,样板文件中已将筏板基础模型创建完成并存在"组"中(图 2.2.5),可以直接使用。在 Revit 中,可将项目中的一个或多个图元组成组,组中的图元将作为组实例存于项目中。修改任意一个组实例,所有组实例都将自动修改。使用组避免了重复操作,可以提高模型创建效率。

该筏板基础也可自行绘制,可以用两层基础板(400 mm + 700 mm)连接的方法来创建,绘制好后如图 2.2.6 所示,具体方法不再赘述。

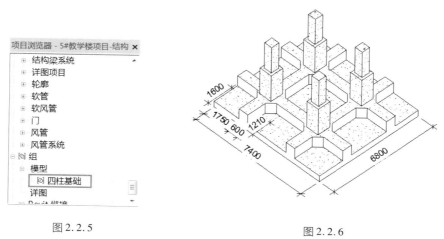

图 2.2.5　　　　　　　　　　　　　　　图 2.2.6

2.2.2　放置基础并调整基础标高

1）放置单柱基础

进入 F-1 结构平面视图,将"结构平面—基线—范围:底部标高"属性设为 F0(图 2.2.7),将看到之前创建的柱墩。单击"修改 | 放置独立基础"选项卡,选择 DJ1,选中"在柱处"(图 2.2.8),点选 1 轴/E 轴交点处的柱墩,将以该柱墩为定位依据放置 DJ1,用这种方式完成所

有单柱基础 DJ1、DJ2、DJ4、DJ6 的放置。

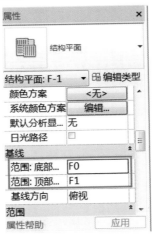

图 2.2.7

图 2.2.8

2) 放置双柱基础和筏板基础

双柱基础 DJ3、DJ5、DJPa、DJPb 以及筏板基础,是无法用单柱进行定位的,可以按照施工图中基础的位置绘制参照平面,依据参照平面进行基础定位。

3) 调整基础标高

所有基础均放置完成后,进入立面视图,用对齐方式将所有基础的底标高对齐至 F-1,如图 2.2.9 所示。

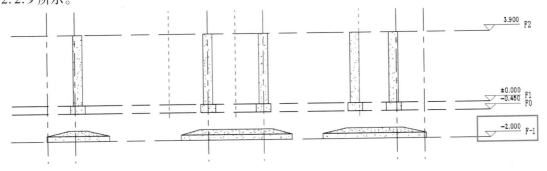

图 2.2.9

2.2.3 调整结构柱墩及 F1 结构柱的标高

按照施工图的要求:基础的底标高固定为 -2 m;不同基础的高度不同,基础顶标高将随着基础的不同而变化;所有结构柱墩的长度均为 2300 mm,其底标高为基础顶标高;F1 结构柱的底标高即对应结构柱墩的顶标高。

因此,结构柱墩的底标高和顶标高必须根据其所在的基础进行调整,F1 结构柱底标高也必须根据其对应的柱墩顶标高进行调整。

进入三维视图,选择一个基础,单击"注释"→"高程点",利用高程注释工具测出其顶标高为 -1400 mm(图 2.2.10),则将对应的结构柱墩底部偏移调整为 -1400 mm,顶部偏移调整为 900 mm(柱墩的长度就是 2300 mm,注意确认其底部标高和顶部标高的值均为 F1),如图 2.2.11所示。对应 F1 结构柱底部偏移调整为 900 mm(依据柱墩顶标高调整,注意确认其底部标高的值为 F1)。其余结构柱墩及 F1 结构柱均可按此方法调整就位。

鉴于本建筑左右对称,可以把左侧的基础、结构柱墩、F1 结构柱全部完成后镜像到右侧,可以极大减轻建模工作量。

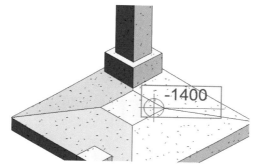

图 2.2.10

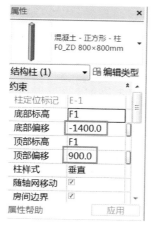

图 2.2.11

图 2.2.12

进入 F1 结构平面视图,框选所有柱,在过滤器中选中"柱"(图 2.2.13),这些柱都是建筑柱,其辅助创建结构柱的使命已完成,将其全部删除,剩余的 84 个"结构柱",一半是结构柱墩,一半是 F1 结构柱。

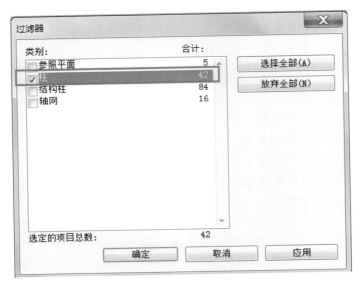

图 2.2.13

2.2.4　创建 F2、F3、F4 结构柱

将 F1 结构柱直接复制到 F2、F3、F4,创建 F2、F3、F4 结构柱,但要调整其标高。F2、F3、F4 结构柱的底标高均应调整为对应楼层标高 − 50 mm,F2、F3 结构柱柱顶标高均应调整为对应楼层标高 − 50 mm。由于 F4 之上为坡屋面斜梁,所以 F4 的结构柱顶标高并不一致,可在完成坡屋面梁的创建后,用结构柱附着梁的方式完成 F4 柱顶标高调整。需要注意的是,按照实际施工要求,F4 柱的柱顶标高应与梁顶标高一致,如图 2.2.14 所示。

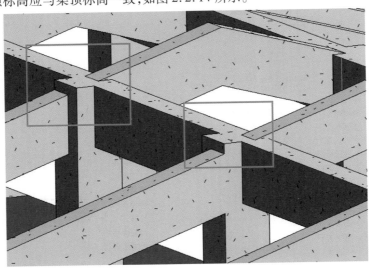

图 2.2.14

2.3　创建结构梁、板

任务说明

创建模型中的结构梁及结构楼板。

任务分析

（1）创建基础连系梁；

（2）创建楼层结构梁；

（3）创建结构楼板。

2.3.1　创建结构梁

类似于创建结构柱，创建结构梁需要先载入结构梁族，打开"结构"→"框架"→"混凝土"文件夹，载入其中的"混凝土-矩形梁"族文件。

1）创建基础连系梁

按照施工图，基础连系梁的顶标高为 −0.5 m。因此，进入 F0 结构平面视图，创建并重命名"F0_JLL1_250 × 500""F0_JLL2_250 × 500"等所有基础连系梁，如图 2.3.1 所示。调整连系梁的标高约束，参照标高为 F0，Z 轴对正为顶，Z 轴偏移值 −50 mm（即比 F0 低 50 mm，因此基础连系梁的顶标高就是 −0.5 m），如图 2.3.2 所示。

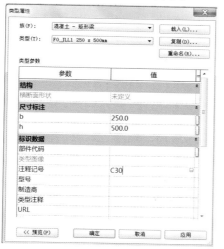

图 2.3.1

图 2.3.2

以轴线交点为梁的起止点放置基础连系梁，没有轴线交点处使用参照平面辅助完成。对于偏中的连系梁，可以在放置后用对齐的方式将梁边与对应位置对齐。以 2 轴/D 轴—E 轴处已放置的 JLL-2 基础连系梁为例，单击对齐工具后，在 2 轴线处通过 TAB 键选中轴网，将梁的左侧边对齐 2 轴，如图 2.3.3 所示；也可在梁属性中调整梁的 Y 轴偏移值至 125 mm 来完成梁的移动，如图 2.3.4 所示。JLL-2 基础连系梁偏移完成情况如图 2.3.5 所示。

所有基础连系梁创建完成后，如图 2.3.6 所示。

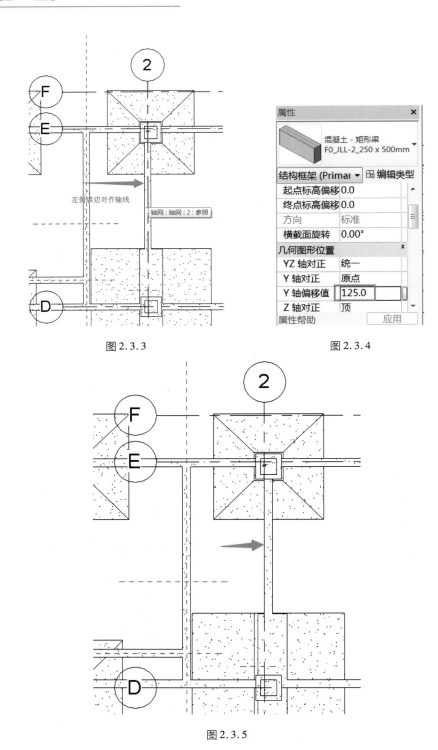

图 2.3.3

图 2.3.4

图 2.3.5

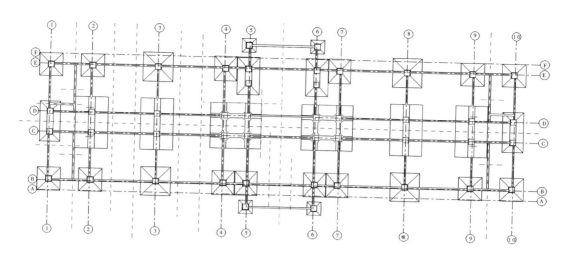

图 2.3.6

2）创建 F2、F3、F4 楼层结构梁

进入 F2 结构平面视图,创建并重命名"F2_KL1_300×700""F2_KL2_300×700"等所有结构梁。梁的属性及标高约束设置方式如图 2.3.7 和图 2.3.8 所示。F2 结构梁的放置方法与基础连系梁一样。

F3、F4 结构梁的创建方法与 F2 一致,在此不再赘述。

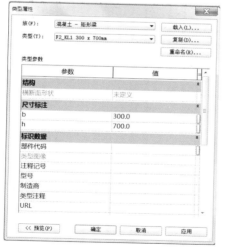

图 2.3.7

图 2.3.8

3）创建 F5 坡屋面结构斜梁

按照施工图,屋面为坡屋面,F5 结构梁为斜梁,两端标高不一致。这部分斜梁需要事先计算起止点的标高,然后通过修改梁的起点、终点的标高偏移来创建,方法如图 2.3.9 所示。完成后的框架柱梁体系在三维视图中如图 2.3.10 所示。

如果想在 F5 平面中看到包括斜梁在内的所有的梁,需要调整视图范围。图 2.3.11 给出了一个视图范围调整的参考数据。

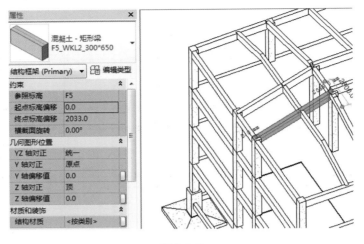

图 2.3.9

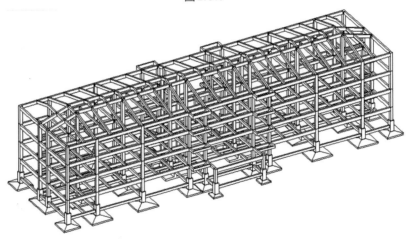

图 2.3.10

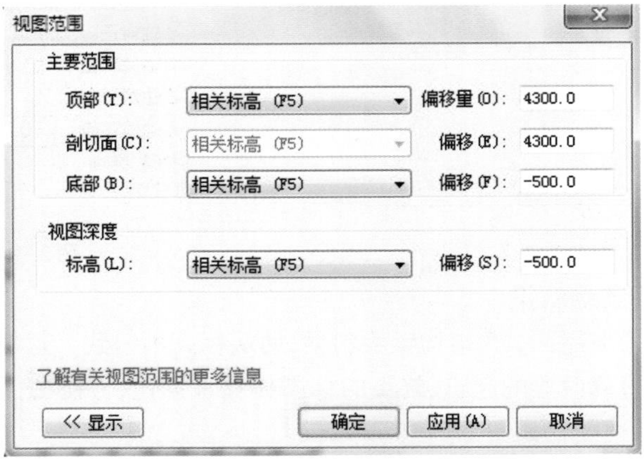

图 2.3.11

2.3.2　创建结构楼板

结构楼板创建方法与建筑楼板类似。通过点击"结构"选项卡→"楼板"下拉列表→"楼板：结构"，开始创建结构楼板。

按照施工图,结构楼板的厚度有 3 个,分别为卫生间为 110 mm、主楼梯间为 120 mm、其他为 100 mm。在标高约束上,除卫生间结构楼板为楼层标高 - 110 mm 外,其余结构楼板均为楼层标高 - 50 mm。以 F2 的 100 mm 厚楼板为例,构件命名为"F2_LB_100",其属性及标高约束如图 2.3.12和图 2.3.13 所示。

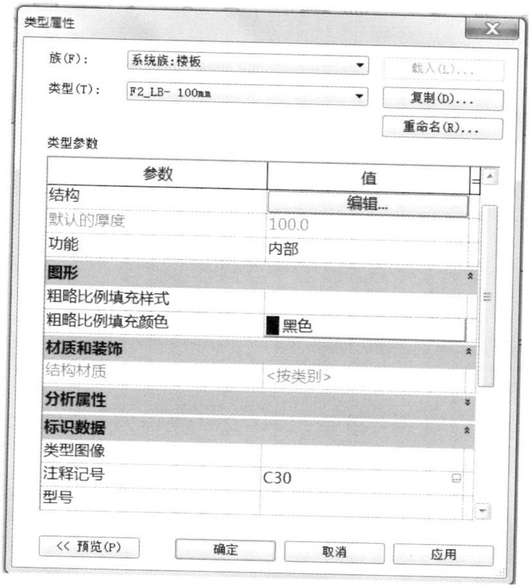

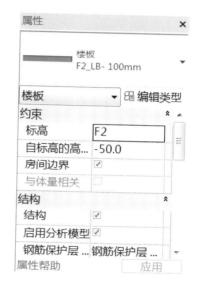

图 2.3.12
图 2.3.13

最终绘制出来的完整结构模型如图 2.3.14 所示。绘制完成后保存文件。

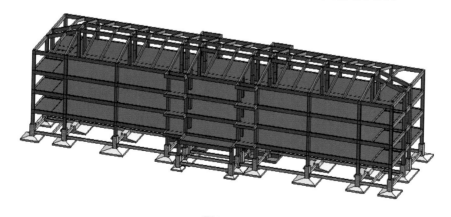

图 2.3.14

2.4　结构构件配筋及速博插件简介

任务说明

在结构构件中添加钢筋。

任务分析

(1)利用速博插件快速为柱、梁配筋；

(2)利用 Revit 自身功能为楼板配筋。

2.4.1　柱、梁配筋

Revit 可为混凝土构件添加实体钢筋。用户可以选择使用"钢筋"命令或者速博插件快速配筋。速博插件即 Autodesk Subscription,是针对钢筋混凝土结构的扩展插件。它可以为用户生成需要的构件并快速配筋,并具有模型静态分析等辅助功能,对于非异型构件实用性较强。速博插件需要单独下载安装。安装后 Revit 的选项卡会多出一个"Extensions"选项卡,如图2.4.1 所示。

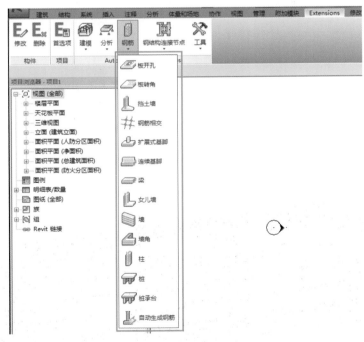

图 2.4.1

用速博插件配筋,需要单击"Extensions"选项卡→"Autodesk Revit Extensions"面板→"钢筋",在下拉菜单中选择相应的构件类型。以梁为例,选中要配筋的梁,弹出"梁配筋"对话框,如图 2.4.2 所示。

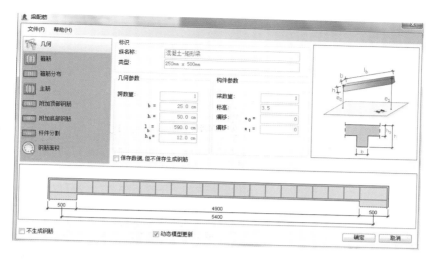

图 2.4.2

　　设置完成后,单击"确定"按钮即完成对梁钢筋的配置。之后,可以在属性栏中的"视图可见性"中,对"钢筋图元视图可见性状态"进行设置;也可以在"视图样式"中选择"线框",便于在三维视图中查看配筋状况。配筋示意图如图 2.4.3 所示。

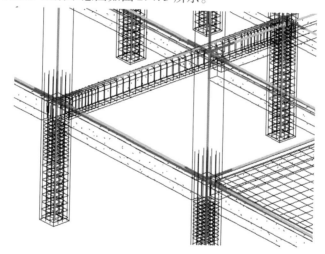

图 2.4.3

2.4.2　楼板配筋

　　速博插件在配置楼板钢筋时不易使用,可以使用 Revit 自带的区域钢筋工具或者路径钢筋工具来完成。先载入族,将"结构"→"钢筋形状"文件夹中有的钢筋形状族载入本项目文件。以 F2 某部分楼板配置区域钢筋为例,依次单击"结构"选项卡→"钢筋"面板→"区域",会依次弹出两个对话框,询问是否载入"结构区域钢筋符号"族和"结构区域钢筋标记"族,均选择"否",然后选择需要配置区域钢筋的楼板。在属性栏中调整板的下部主筋和分布筋,不要勾选顶部筋,如图 2.4.4 所示。

　　在"修改|创建钢筋边界"选项卡"绘制"面板"线形钢筋"中选择"矩形"绘制方式,创建板筋

边界,设置主筋方向。最后单击"确定"按钮生成配筋,如图2.4.5所示。

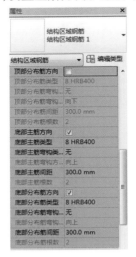

图 2.4.4

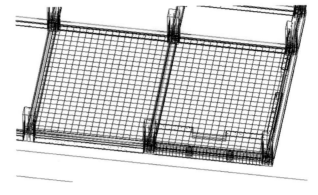

图 2.4.5

3 设备建模

Revit 能够完成卫生洁具、给水系统、排水系统、消火栓系统、喷淋系统、强电弱电系统、供暖系统、通风系统、中央空调系统、电气等设备的建模,这些模型的空间尺寸与实际建造完全一致,能够与建筑模型、结构模型以及其他设备模型相互印证。本章的教学内容将以卫生洁具、给排水系统和教室电气设备创建为例,简单介绍设备建模方法。

3.1 创建卫生洁具

任务说明

创建卫生洁具。

任务分析

(1)利用样板文件,创建给排水项目文件;
(2)根据施工图,布置卫生洁具的平面位置;
(3)根据卫生间地面的标高,设置卫生洁具的高度。

3.1.1 新建给排水项目文件

打开 Revit 2017,新建项目文件,选择样板文件为"5#教学楼样板文件-给排水",如图 3.1.1 所示。保存项目文件,命名为"5#教学楼项目-给排水"。

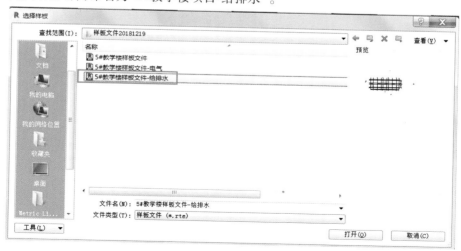

图 3.1.1

（2）设置视图范围

在项目浏览器中,选择 F1 楼层平面视图。在属性栏设置视图范围,如图 3.1.2 所示。这是因为按照施工图,主排水管的埋设标高为 −1.4 m,主进水管的埋设标高为 −1.2 m,在创建这些管道时,必须将 F1 层的视图范围向下延伸才能看到这些管道。

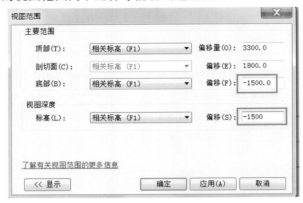

图 3.1.2

3.1.2　创建 F1 女卫生间洁具

在项目浏览器中,切换至 F1 平面视图。在属性栏设置"规程"为"卫浴",如图 3.1.3 所示。

图 3.1.3

1) 创建蹲便器

单击"系统"选项卡→"卫浴装置",如图 3.1.4 所示。

图 3.1.4

在属性栏中,选择"蹲便器-教学楼",将"约束"→"立面"设置为 −20 mm(图 3.1.5),这是由于卫生间的地面标高为建筑标高－20 mm;部分洁具的创建必须以墙体为载体,如蹲便器、马桶、小便器等,按照施工图选择对应位置的墙体创建蹲便器。完成情况如图3.1.6所示。

图3.1.5

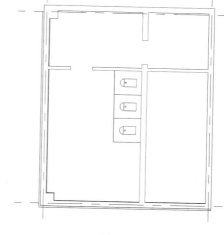

图3.1.6

2)创建无障碍洁具

选择"无障碍马桶-教学楼",将"约束"→"立面"设置为－20 mm(图3.1.7),按照施工图选择对应位置的墙体创建无障碍马桶;选择"无障碍面盆-教学楼",将"约束"→"立面"设置为－20 mm,按照施工图选择对应位置的墙体创建无障碍面盆。完成情况如图3.1.8所示。

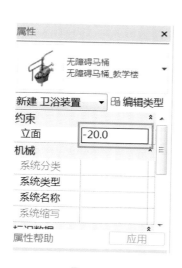

图3.1.7

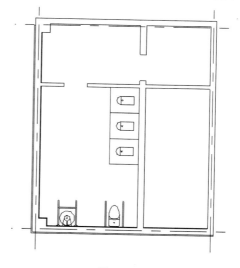

图3.1.8

3)创建盥洗室洁具

选择"洗脸盆-教学楼",将"约束"→"偏移量"设置为－20 mm,如图3.1.9所示。部分洁具的创建可以独立完成,如面盆和洗涤池。因此,按照施工图选择对应位置,创建盥洗室面盆;选择"洗涤池-教学楼",将"约束"→"偏移量"设置为－20 mm,按照施工图选择对应的位置,创建洗涤池。完成情况如图3.1.10所示。

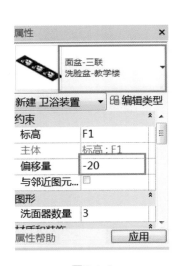

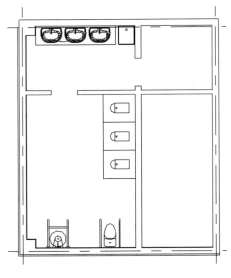

图 3.1.9 图 3.1.10

3.1.3 创建 F1 男卫生间洁具

1)镜像女卫生间洁具

按照施工图,左侧女卫生间的布置与右侧男卫生间的布置基本相同,因此采用镜像方式来提高建模效率。在 5 轴和 6 轴中间,设置一个参照平面作为对称轴,如图 3.1.11 所示。框选左侧女卫生间,打开"过滤器",仅选择"卫浴装置"(图 3.1.12),单击"确定"后,在"修改"选项卡中单击"镜像-拾取轴"(图 3.1.13),选择刚才设置的参照平面为镜像轴,将左侧女卫生间的洁具全部镜像复制到右侧男卫生间,如图 3.1.14 所示。

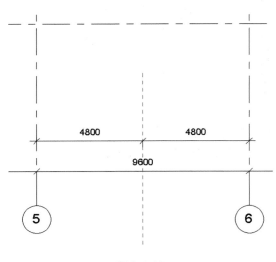

图 3.1.11

图 3.1.12

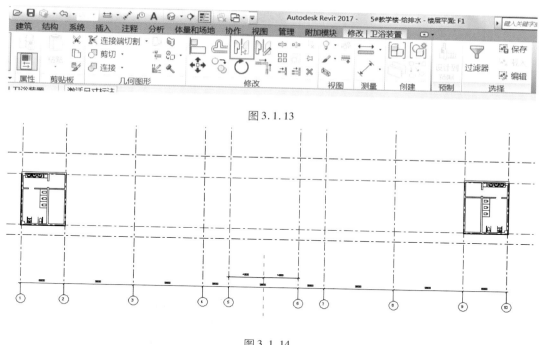

图 3.1.13

图 3.1.14

2）创建小便斗

单击"卫浴装置"，选择"小便器-教学楼"，将"约束"→"立面"由 100 mm 改为 80 mm，如图 3.1.15 所示。按照施工图，男卫生间中需要选择对应位置的墙体创建 3 个小便器，间距800 mm，完成情况如图 3.1.16 所示。

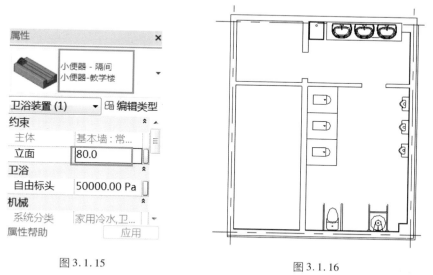

图 3.1.15

图 3.1.16

至此，卫生间卫生洁具创建完成。保存项目文件。

3.2 创建排水系统

任务说明

创建卫生间的排水系统。

任务分析

（1）配置排水系统的管件；
（2）创建排水系统；
（3）创建洁具与排水系统的连接。

3.2.1 导入排水系统的管道族

打开保存的"5#教学楼项目-给排水"项目文件,单击选项卡中的"插入"→"载入族",选择"机电"文件夹（图3.2.1）,将"机电"→"水管管件"→"GBT 5836 PVC-U"文件夹里的族导入本项目文件。

图 3.2.1

3.2.2 配置排水系统

单击"系统"→"管道",进入管道属性设置窗口,单击"编辑类型"（图3.2.2）,进入管道类型设置对话框。

在对话框中单击"复制"→"重命名",将新管道命名为"教学楼排水"（图3.2.3）,单击"确定"后退出。在管道类型设置对话框中单击"布管系统配置"右侧的"编辑"（图3.2.4）,进入布管系统配置对话框。在布管系统配置对话框中先选择左上角的管段为"UPVC-GB/T 5836"（图3.2.5）,然后按照图示配置 UPVC 管件,确认尺寸均选择为"全部",配置完成后单击"确定"退出。至此,排水系统配置完成,可以开始模型创建。

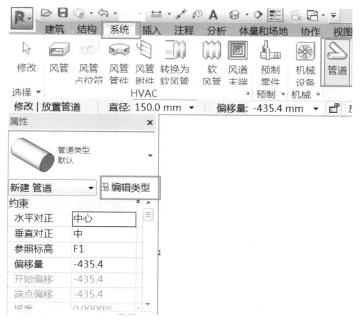

图 3.2.2

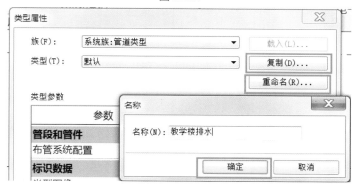

图 3.2.3

图 3.2.4

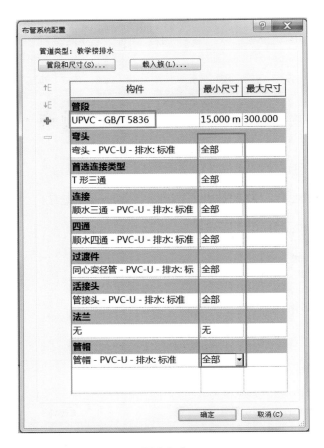

图 3.2.5

3.2.3　创建女卫生间排水主管

　　按照施工图,女卫生间的排水主管由 3 部分组成,从下至上分别是主排水横管、排水立管、通气管。排水立管的位置在卫生间的右下角,在 -1.4 m 的标高处向教学楼外侧引出主排水横管,立管顶部在标高 15.1 m 处设置横管伸出外墙作为通气管。排水主管有两个管径,分别是标高 -0.1 m 以下的 DN150 和标高 -0.1m 以上的 DN125。主排水横管埋设标高为 -1.4 m,这个标高是指横管下底标高;排水立管与墙面的净距一般为 20 ~ 50 mm。本项目将排水立管中心设置为距墙面 150 mm,绘制两个参照平面来确定排水立管位置。

　　进入 F1 楼层平面视图,单击"系统"→"管道",在属性对话框中选择"教学楼排水",其"垂直对正"选择"底"(图 3.2.6);"系统类型"选择为"教学楼排水",直径设置为 150 mm,偏移量设置为 -1 400 mm(偏移量即相对于本楼层标高的标高偏移),如图 3.2.7 所示;坡度选择"向上坡度",坡度值为 1.5%,在右侧的"放置|修改管道"选项卡中,激活"自动连接"(图 3.2.8)。设置完成后,从建筑物外侧沿参照平面向内创建主排水横管,在两个参照平面的交点处单击左键,重新设置管道参数,"直径"设置为 150 mm,"偏移量"设置为 -100 mm,单击"应用"(图 3.2.9),DN150 管道创建结束。完成情况如图 3.2.10 所示。

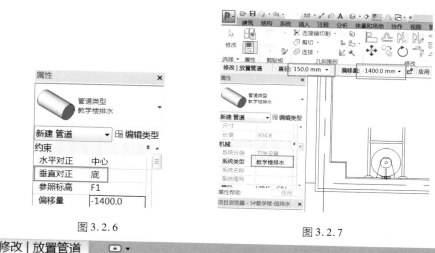

图 3.2.6

图 3.2.7

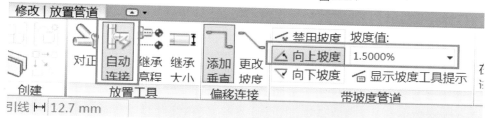

图 3.2.8

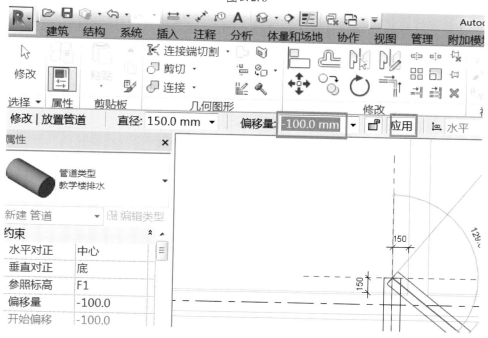

图 3.2.9

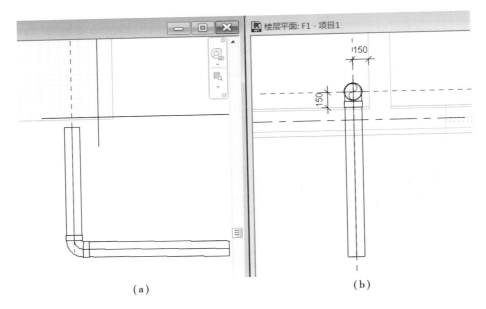

(a)   (b)

图 3.2.10

设置管道参数:"直径"设置为 125 mm,"偏移量"设置为 – 100 mm,"垂直对正"设置为"中",选中已创建的立管中心(图 3.2.11),将"偏移量"调整为 15100 mm,单击"应用",DN125 立管创建结束。

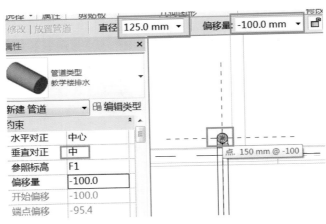

图 3.2.11

继续设置管道参数:"直径"设置为 125 mm,"偏移量"设置为 15100 mm,"垂直对正"设置为"中",禁止坡度,选中已创建立管中心,向教学楼外侧创建管道;关闭"自动连接"后(不关闭"自动连接"的话,通气横管将与下方的主排水横管自动连接),在教学楼外侧单击鼠标左键,按 Esc 键退出管道创建,DN125 通气横管创建结束。

至此,女卫生间排水主管创建完成,系统名称会自动设置为"教学楼排水 1"。

3.2.4　创建 F1 女卫生间排水横管

卫生间排水横管的管底标高一般在楼面标高以下 400 mm。单击"系统"→"管道",在属性对话框中选择"教学楼排水",系统类型选择为"教学楼排水","直径"设置为 100 mm,"垂直对正"设置为"中","偏移量"设置为 −350 mm(标高 −350 mm 为横管中心标高,换算为管底标高即为 −400 mm),"坡度"设置为"向上 1.5%",如图 3.2.12 所示。按照施工图,从立管的中心点开始,向上创建 DN100 排水横管至隔墙处,按 Esc 键退出;重新设置直径为 50 mm,激活"自动连接"和"继承高程",单击刚才创建的横管端头,继续向上创建 DN50 排水横管至盥洗室墙内侧后按 Esc 键退出,如图 3.2.13 所示;设置管径为 50 mm,激活"自动连接"和"继承高程",设置坡度为"向上 0.2%",如图 3.2.14 所示。单击已创建的 DN50 排水横管上部,创建洗手池 DN50 排水横管,如图 3.2.15 所示。

图 3.2.12

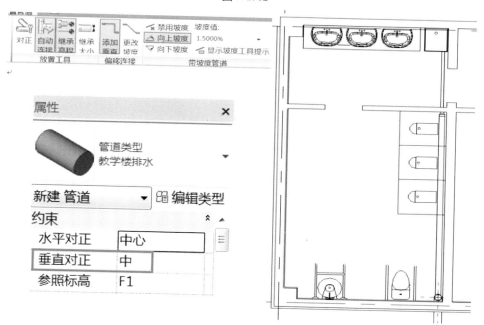

图 3.2.13

图 3.2.14

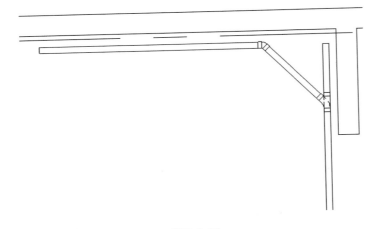

图 3.2.15

进入三维视图,隐藏墙体,可以看到排水立管与排水横管并没有相交,而是独立的两个管道
(图 3.2.16)。选中排水横管,拖移左侧的操作柄至立管的外侧(为确保拖移的方向,此时应一
直按住键盘的 Shift 键),如图 3.2.17 所示。放开鼠标左键,横管和立管将自动生成管件连接,如
图 3.2.18 所示。

图 3.2.16   图 3.2.17   图 3.2.18

按照施工图,排水管直径有 75 mm 的,但系统内缺少这个尺寸的直径,可以在排水管道的系
统配置里新建这个管道直径。新建方法如图 3.2.19 所示。

图 3.2.19

进入 F1 楼层平面视图,在距 B 轴上侧 1 100 mm 处,绘制一个参照平面与 DN100 排水横管相交,确定横向排水横管的位置,如图 3.2.20 所示。单击"系统"→"管道","直径"设置为75 mm,"垂直对正"设置为"中","坡度"设置为"向上 1.5%",激活"自动连接"和"继承高程",从 DN100 排水横管与参照平面相交处开始,向左侧创建 DN75 排水横管,完成情况如图 3.2.20所示。

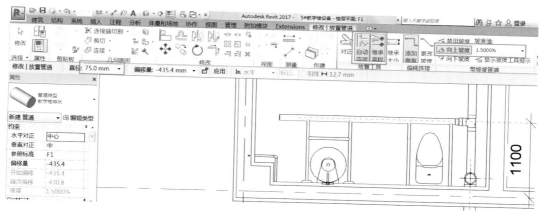

图 3.2.20

3.2.5 创建 F1 女卫生间卫生洁具与排水系统的连接

进入西立面视图,隐藏女卫生间蹲便器部位的墙体,单击"系统"→"管道",直径设置为100 mm,左侧蹲便器下部如图 3.2.21 所示,创建的 100 mm 长管道如图 3.2.22 所示。

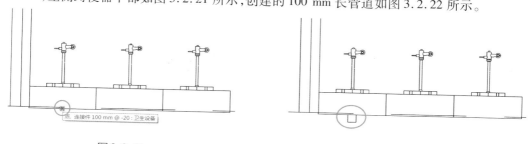

图 3.2.21   图 3.2.22

单击"系统"→"管件",在属性对话框中选择"S 形存水弯"(图 3.2.23),在刚才创建的 100mm 长管道上连接该存水弯,如图 3.2.24 所示。

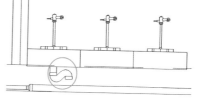

图 3.2.23   图 3.2.24

进入 F1 楼层平面视图,隐藏对应的蹲便器,会看到已创建的存水弯。单击"系统"→"管道",直径设置为100mm,激活"自动连接"和"继承高程",选中存水弯的未连接端(图 3.2.25),

创建管道并连接至排水横管(图 3.2.26)。

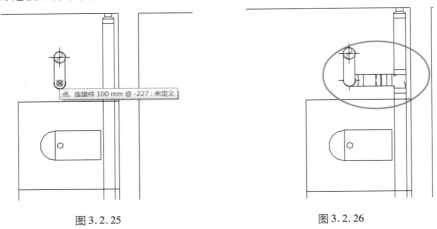

图 3.2.25   图 3.2.26

3.2.6　创建 F1 男卫生间排水系统

进入 F1 楼层平面视图,框选左侧女卫生间,打开"过滤器",仅勾选"管道"和"管件",单击"确定"后,选择刚才设置的 5 轴与 6 轴间的参照平面为镜像轴,将女卫生间的排水系统全部镜像复制到男卫生间,如图 3.2.27 所示。临时隐藏小便斗,单击"系统"→"管道",在属性对话框中选择"教学楼排水","直径"设置为 75 mm,"坡度"设置为"向上 1.5%",激活"自动连接"和"继承高程"(图 3.2.28),从横向排水横管的相应位置开始,向上创建小便斗 DN75 排水横管至隔墙处。完成情况如图 3.2.29 所示。

至此,卫生间排水系统创建完成。保存项目文件。

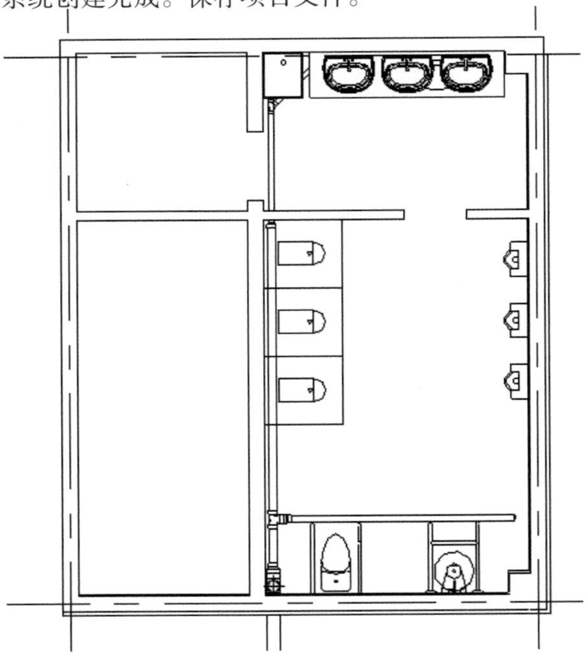

图 3.2.27

图 3.2.28

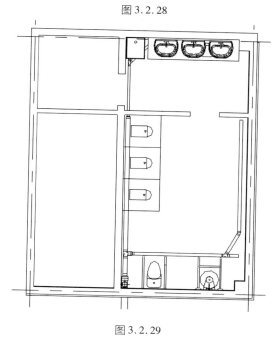

图 3.2.29

3.3 创建给水系统

任务说明

创建卫生间的给水系统。

任务分析

（1）配置给水系统的管件；

（2）创建给水系统；

（3）创建洁具与给水系统的连接。

3.3.1 导入给水系统的管道族

打开之前保存的"5#教学楼项目-给排水"项目文件，单击选项卡中的"插入"→"载入族"，选择"机电"→"水管构件"→"CJT 137 钢塑复合"文件夹，将里面的族导入本项目文件。

3.3.2 配置给水系统

单击"系统"→"管道"，进入管道属性设置对话框，在对话框里单击"编辑类型"，选中"默认"，单击"复制"→"重命名"，将新管道命名为"教学楼给水"（图 3.3.1），单击"确定"后退出。

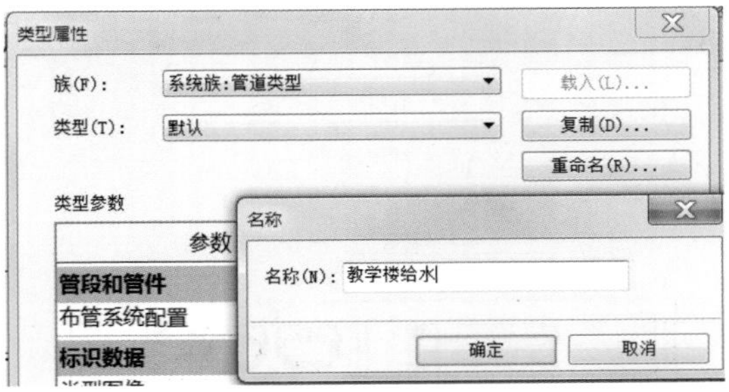

图 3.3.1

在管道属性设置对话框中单击"布管系统配置"右侧的"编辑"(图 3.3.2),进入布管系统配置对话框(图 3.3.3),先选择左上角的管段为"钢塑复合管-CJ/T136—2007",然后按照图示配置其他管件,确认尺寸均选择为"全部"后,单击"确定"退出。

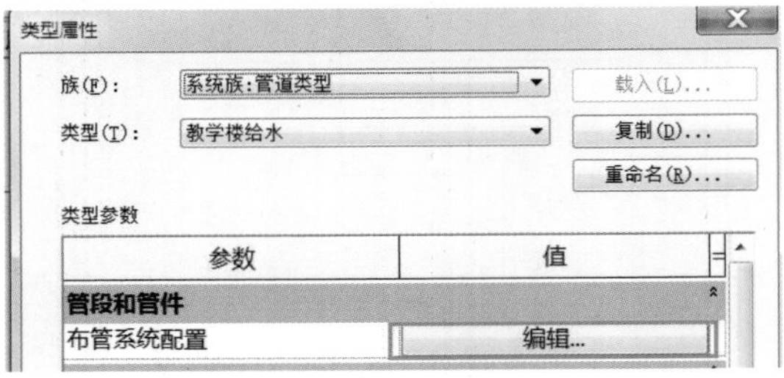

图 3.3.2

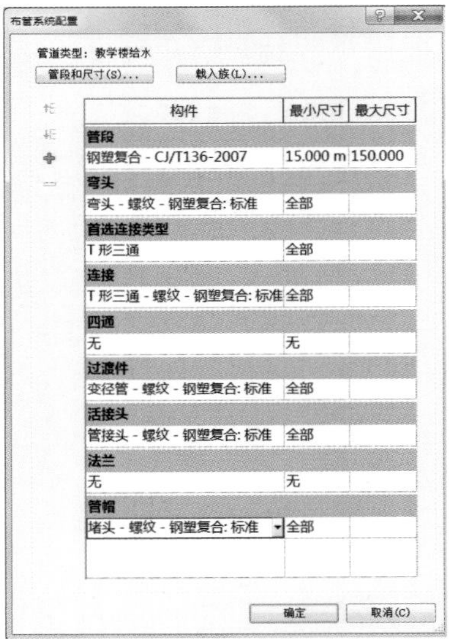

图 3.3.3

3.3.3 创建女卫生间给水主管

按照施工图,本项目的给水主管在主排水横管的左侧1.5 m处引入,埋设标高为 −1.2 m,给水立管位于卫生间右下角,给水立管在标高 11.5 m 以下为 DN40、在标高 11.5 m 以上为 DN32,给水立管最高点标高为 15.3 m。给水立管与墙面的净距不应小于 35 mm,因此设置给水立管中心距右侧墙面 60 mm。为与排水立管错开位置,设置给水立管中心距下侧墙面 500 mm。在埋地主排水横管中心左侧 1 500 mm 处绘制参照平面,来确定给水主管的引入位置;在卫生间右下角绘制两个参照平面,来确定给水立管的平面位置,如图 3.3.4 所示。对于给水管,埋设标高 – 1.2 m 通常是指给水管的中心标高为 – 1.2 m。

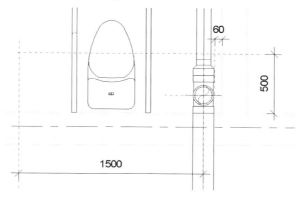

图 3.3.4

　　进入 F1 楼层平面视图,单击“系统”→“管道”,在属性对话框中选择“教学楼给水”,系统类型选择为“教学楼给水”,“直径”设置为 40 mm,“偏移值”设置为 – 1200 mm,“垂直对正”设置为“中”(图 3.3.5),激活“自动连接”,从建筑物外侧沿参照平面由外向内并转右创建给水主管。在卫生间右侧墙边两个参照平面的交点处单击左键,然后重新设置管道参数,“直径”设置为 40 mm,“偏移值”设置为 11500 mm,单击“应用”(图 3.3.6),标高 11.5 m 以下 DN40 给水主管创建完成。再次设置管道参数,“直径”设置为 32 mm,“偏移值”设置为 11500 mm,选中刚创建的立管中心后修改偏移值为 15300 mm,单击“应用”(图 3.3.7),DN32 给水立管创建完成。至此,女卫生间给水主管创建完成,系统名称会自动设置为“教学楼给水 1”。

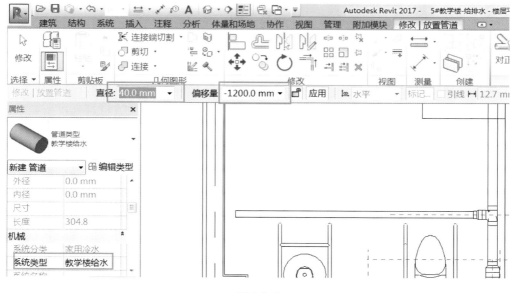

图 3.3.5

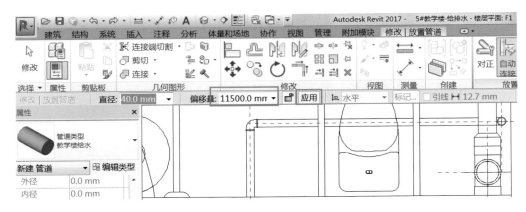

图 3.3.6

图 3.3.7

3.3.4 创建 F1 女卫生间给水支管

按照施工图,F1 女卫生间给水支管分两个标高接入给水立管,在标高 0.25 m 处向左侧接出 DN25 给水支管,在标高 0.75 m 处向右侧接出 DN20 给水支管。

单击"系统"→"管道",在属性对话框中选择"教学楼给水",系统类型选择为"教学楼给水","直径"设置为 25 mm,"偏移值"设置为 250 mm,激活"自动连接","坡度"设置为"禁用",如图 3.3.8 所示。光标放置在给水立管中心,通过 Tab 键的切换,选中立管中心(选中后显示为"最近点:40 mm@3700"),如图 3.3.9 所示,选中后单击左键,开始创建给水支管,这时支管和立管会自动连接,保持创建的给水支管方向水平向左,键入"300"后回车,将创建水平向左的 300 mm 长给水支管,如图 3.3.10 所示。然后向下创建给水支管至墙边,再沿墙向左侧创建 300 mm 后,"偏移值"调整为 400 mm(此时,Revit 在标高 0.25 m 至标高 0.4 m 间,会自动创建竖向管道),继续向左创建给水支管至柱的右侧后单击左键,"直径"设置为 20 mm,"偏移值"设置为 1200 mm,按照图纸绕过柱后,单击鼠标左键,设置"偏移值"为 3600 mm,继续沿左侧墙向上创建给水支管至左上方柱外侧,单击左键,设置"偏移值"为 400 mm 后完成剩余给水管创建。至此,左侧给水支管创建完成。

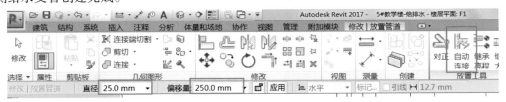

图 3.3.8

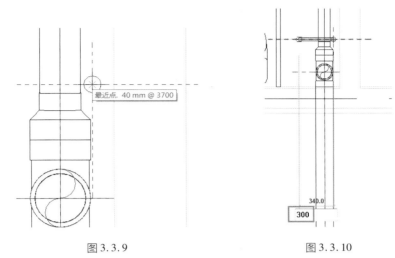

图 3.3.9   图 3.3.10

单击"系统"→"管道",在属性对话框中选择"教学楼给水",系统类型选择为"教学楼给水","直径"设置为 20 mm,"偏移值"设置为 750 mm,激活"自动连接","坡度"设置为"禁用",如图 3.3.11 所示。利用 Tab 键选中立管中心后,向右创建 DN20 给水支管至最上一个蹲便器的中心处。至此,右侧给水支管创建完成。

图 3.3.11

至此,F1 女卫生间的给水系统和排水系统创建完成,其完成情况的平面视图和三维视图分别如图 3.3.12、图 3.3.13 所示。

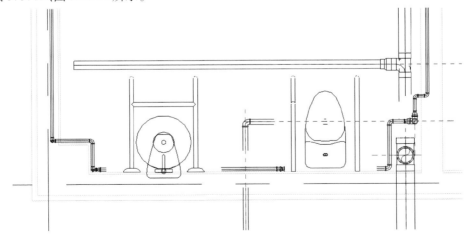

图 3.3.12

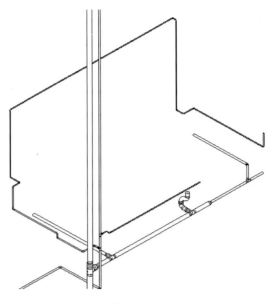

图 3.3.13

3.3.5 创建 F1 女卫生间卫生洁具与给水系统的连接

进入 F1 楼层平面视图,隐藏女卫生间蹲便器部位的墙体,单击"系统"→"管道","直径"设置为 20 mm,激活"自动连接""继承高程""继承大小",如图 3.3.14 所示。选中蹲便器的右侧进水管入口(图 3.3.15),向右创建给水管并与给水支管连接,完成情况如图 3.3.16 所示。进入三维视图,可以看到蹲便器的进水口与给水支管间的连接情况如图 3.3.17 所示。保存项目文件。

图 3.3.14

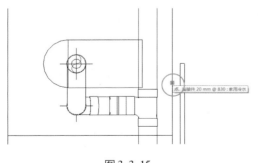

图 3.3.15

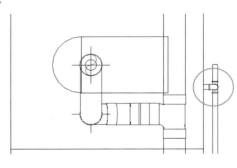

图 3.3.16

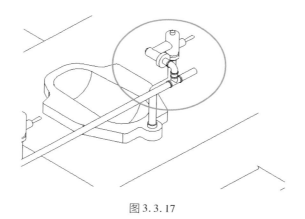

图 3.3.17

3.3.6 创建给、排水系统过滤器

在视图中,如果要对管道、管件、管路附件等依据某些原则进行区别显示或隐藏,可以通过"过滤器"功能来实现。

进入三维视图,用快捷键"VV"调出可见性设置对话框,进入过滤器栏,如图 3.3.18 所示;单击"编辑/新建"按钮,打开"过滤器"对话框(图 3.3.19);在"过滤器"对话框中单击左下角的"新建"按钮,打开新建过滤器对话框,将过滤器命名为"教学楼给水"(图 3.3.20);单击"确定"后返回"过滤器"对话框,在中部的"类别"选项栏中勾选"管道""管件""管路附件",勾选"隐藏未选中类别",完成勾选后如图 3.3.21 所示;在右侧"过滤器规则"中,设置"过滤条件"分别为"系统类型""等于""教学楼给水",如图 3.3.22 所示。至此,教学楼给水的过滤器设置完成。过滤器生效后,可以选择所有"系统类型"为"教学楼给水"的"管道""管件"和"管路附件",然后对其进行可见性和图形替换设置。

按照上述步骤,设置完成过滤器"教学楼排水",如图 3.3.23 所示。

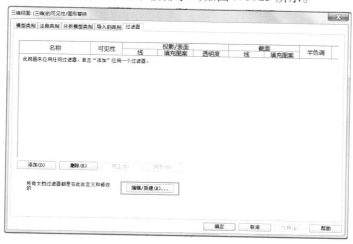

图 3.3.18

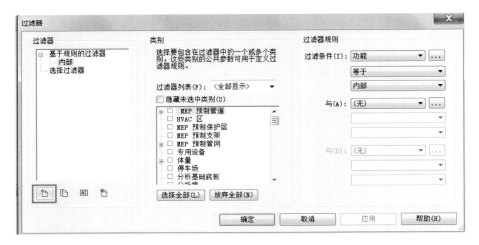

图 3.3.19

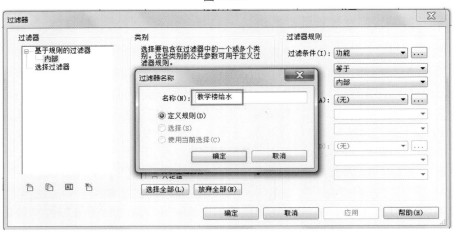

图 3.3.20

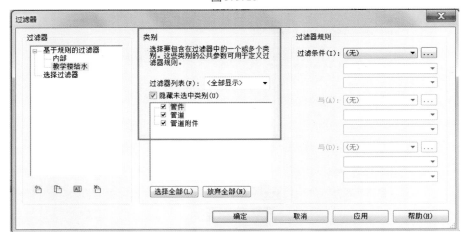

图 3.3.21

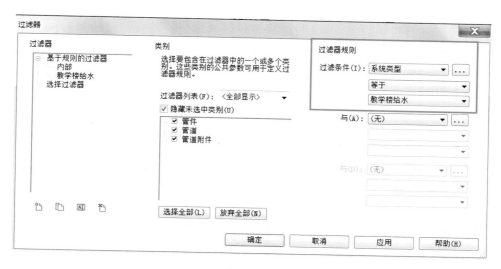

图 3.3.22

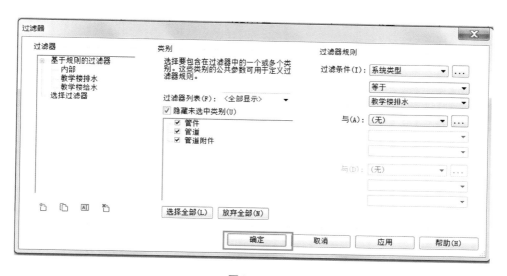

图 3.3.23

在可见性设置对话框中的"过滤器"栏,单击"添加"按钮,将刚才设置的两个过滤器添加到过滤器清单中(图3.3.24),这个步骤是让刚才设置的两个过滤器得以生效。添加完成后,在"过滤器"对话框中,单击"教学楼给水"栏中"线"的"替换"按钮(图3.3.25),将线"颜色"替换为绿色"0,255,0",如图3.3.26和图3.3.27所示;单击"教学楼给水"栏中"填充图案"的"替换"按钮(图3.3.28),将"颜色"替换为绿色"0,255,0",将"填充图案"替换为"实体填充"(图3.3.29),单击"确定"按钮。至此,教学楼给水系统的过滤器生效并设置了图形替换。

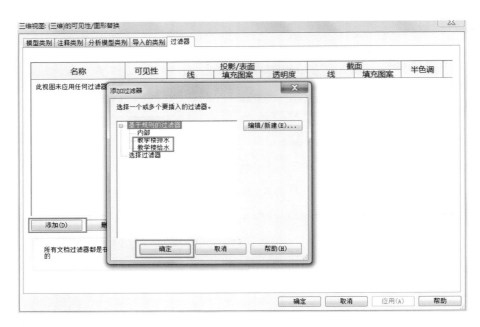

图 3.3.24

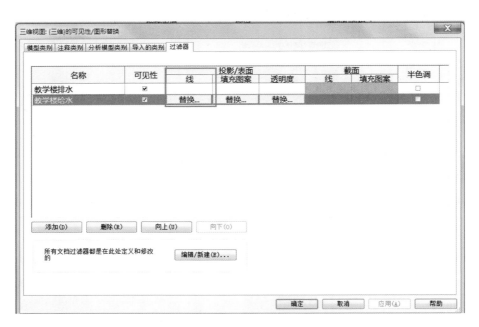

图 3.3.25

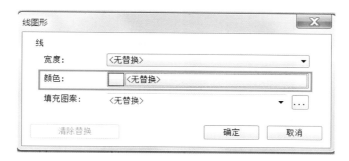

图 3.3.26

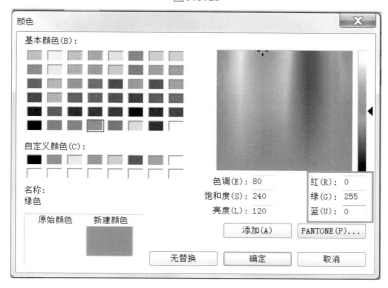

图 3.3.27

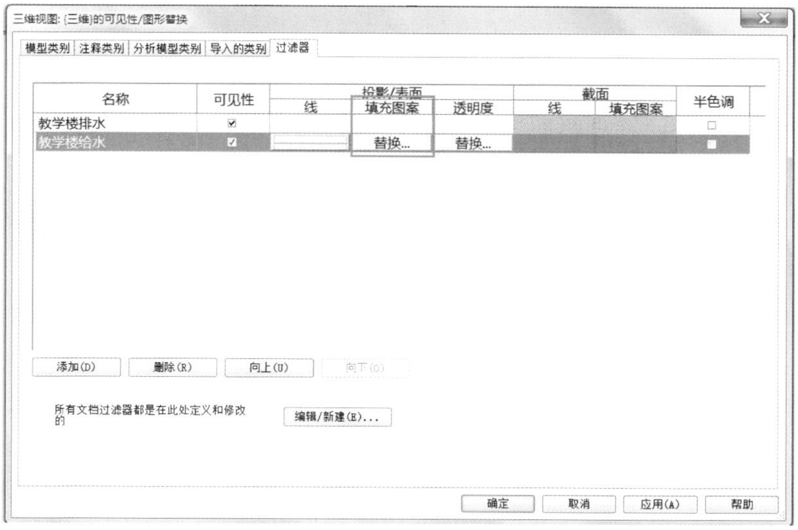

图 3.3.28

图 3.3.29

按照上述步骤，将教学楼排水过滤器的"线"及"填充图案"颜色均替换为黄色"255,255,0","填充图案"替换为"实体填充"，如图 3.3.30 所示。

关闭可见性设置对话框，在三维视图中删除墙体及卫生洁具，剩下的就是刚刚创建的给排水系统。按照过滤器及图形替换的设置，给水系统显示为绿色实体填充，排水系统显示黄色实体填充，如图 3.3.31 所示。保存项目文件。

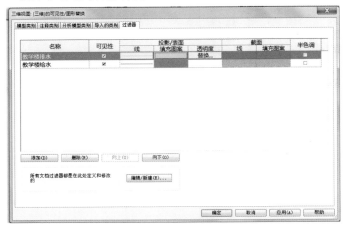

图 3.3.30

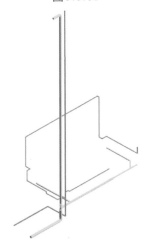

图 3.3.31

3.4　创建教室的电气设备

任务说明

创建教室内的照明灯具、风扇、开关和插座。

任务分析

（1）创建灯具、风扇；
（2）创建插座、开关。

3.4.1　准备工作

1）新建电气项目文件

打开 Revit 2017，新建项目文件，选择样板文件为"5#教学楼样板文件-电气"，将项目文件命名为"5#教学楼项目-电气"。

2）设置工作平面

在项目浏览器中，进入西立面视图，在"建筑"选项卡→"工作平面"面板中单击"设置"，如图 3.4.1 所示；弹出"工作平面"设置对话框，在其中点选"拾取一个平面"，如图 3.4.2 所示；单击"确定"后退出至西立面视图，然后选择 F2 楼板的下表面，这时弹出"转到视图"对话框，点选"天花板投影平面：F1"，如图 3.4.3 所示，进入 F1 天花板视图。这样设置的效果就是：工作平面为"F2 楼板的下表面"，在"F1 天花板视图"中进行模型创建。

图 3.4.1

图 3.4.2

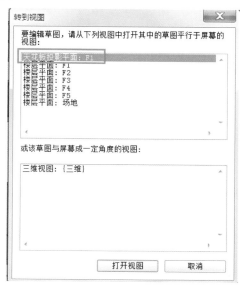

图 3.4.3

3) 确定设备位置

在 F1 天花板视图中,按照施工图在教室内绘制若干参照平面,用来确定灯具、风扇等设备位置,如图 3.4.4 所示。

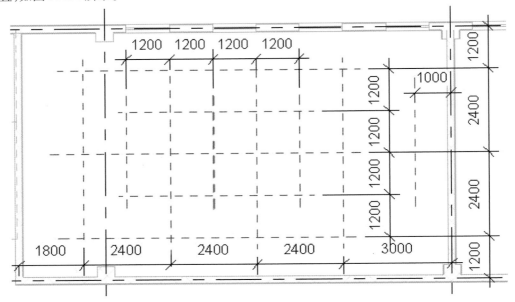

图 3.4.4

3.4.2　创建灯具、风扇

1) 创建灯具

在 F1 天花板视图中,单击"系统"→"照明设备",在属性对话框中选择"教室灯-教学楼",在右上角"放置"面板,激活"放置在工作平面上"(图 3.4.5)。按照参照平面确定的位置单击鼠标左键,逐一创建教室灯,教室灯将会放置在刚才设定的工作平面"F2 楼板的下表面"处。

在属性对话框中选择"黑板灯-教学楼",在右上角"放置"面板,激活"放置在工作平面上",在 F1 天花板视图中参照平面确定的位置单击左键,逐一创建黑板灯。

灯具创建完成情况如图 3.4.6 所示。

图 3.4.5

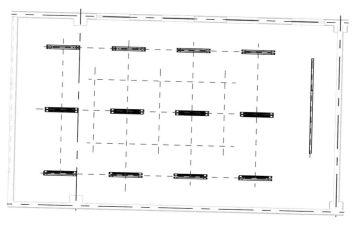

图 3.4.6

2) 创建风扇

单击"系统"→"机械设备",在属性对话框中选择"风扇-教学楼",确认"约束"下的"标高"为"F1",设置"偏移量"为 3750 mm(图 3.4.7),按照参照平面确定的位置单击鼠标左键,创建风扇。风扇创建完成情况如图 3.4.8 所示。

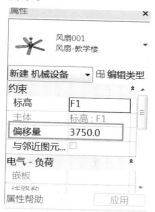

图 3.4.7

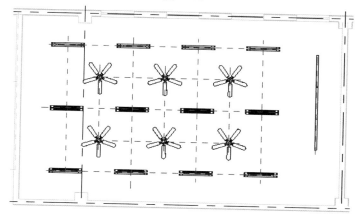

图 3.4.8

3.4.3 创建插座、开关

1) 创建插座

单击"系统"→"设备"→"电气装置",在"属性"对话框中选择"插座-教学楼",设置"立面"为 300 mm(图 3.4.9),在右上角"放置"面板,激活"放置在垂直面上"(图 3.4.10),按照参照平面确定的位置在墙上单击鼠标左键,将在墙上逐一创建插座,完成情况如图 3.4.11 所示。

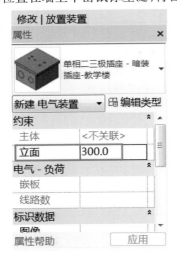

图 3.4.9　　　　　　　　　　　　　　　图 3.4.10

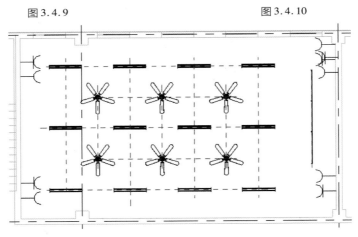

图 3.4.11

2) 创建开关

单击"系统"→"设备"→"照明"(图 3.4.12),在属性对话框中选择"开关-教学楼",设置"立面"为 1200 mm(图 3.4.13),在右上角"放置"面板,激活"放置在垂直面上",按照参照平面确定的位置在墙上单击鼠标左键,将在墙上逐一创建灯具开关。

单击"系统"→"设备"→"照明",在属性对话框中选择"风扇调速开关-教学楼",设置"立面"为 1200 mm,在右上角"放置"面板,激活"放置在垂直面上",按照参照平面确定的位置在墙上单击鼠标左键,将在墙上逐一创建风扇调速开关。

教学楼教室的全部电气设备创建完成后的平面视图如图 3.4.14 所示,相机视图如图3.4.15所示。保存项目文件。

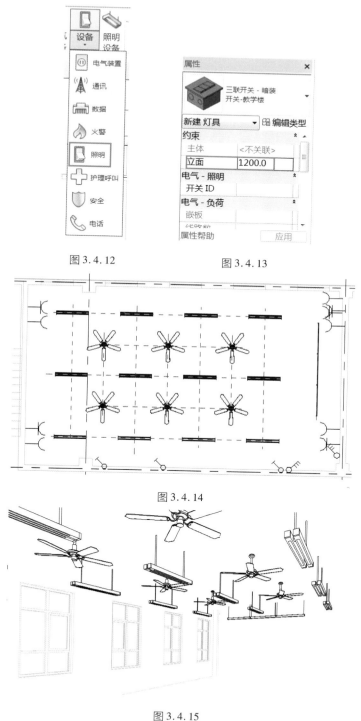

图 3.4.12　　　　　　　　　　图 3.4.13

图 3.4.14

图 3.4.15

4　场地建模

在用 Revit 完成房屋模型的创建后,还能够实现场地地形、道路广场、停车场地、绿化水体、建构筑物等五大类型的场地模型创建。场地建模可以提高 BIM 软件对建筑及其环境的仿真度,让虚拟建造更加名副其实。本章将结合教学楼的实际环境,简单介绍 Revit 的场地建模方法。

4.1　创建地形表面

任务说明

创建地形表面。

任务分析

(1)通过放置点的方式创建地形表面;
(2)通过导入数据的方式创建地形表面。

地形表面是建筑场地地形或地块地形的图形表示。在 Revit 模型中创建地形表面、定义建筑红线之后,可以模拟实际情况对项目的建筑区域、道路、停车场、绿化区域等做仿真规划设计。

在默认情况下,楼层平面视图不显示地形表面,可以在三维视图或在专用的场地视图中创建和观察。

Revit 中地形表面的创建方法包括两种:一种是通过放置点的方式创建地形表面;另一种是通过导入数据的方式创建地形表面。

4.1.1　通过放置点的方式创建地形表面

打开 Revit 2017,载入之前完成的"5#教学楼项目-建筑"项目文件,另存为"5#教学楼项目-场地"项目文件。

1)创建地形表面

打开"项目浏览器"→"视图"→"楼层平面"→"场地",进入场地平面视图。

为了便于捕捉,在场地平面视图中根据创建地形的需要,绘制 7 条参照平面。单击"建筑"→"工作平面"→"参照平面",进入"修改|放置参照平面",在面板中选择"直线",绘制位置如图4.1.1 所示的 1—7 号参照平面。其中 1,2,3,4 四条参照平面分别距离上下左右侧最边缘轴线为 20 m。7 条参照平面有 A—J 共 10 个交点。

单击"体量和场地"选项卡→"场地建模"→"地形表面",进入"修改|编辑表面"草图模式,单击"工具"→"放置点" 📍,设置选项栏中"高程"值为"−450",高程形式为"绝对高程",即

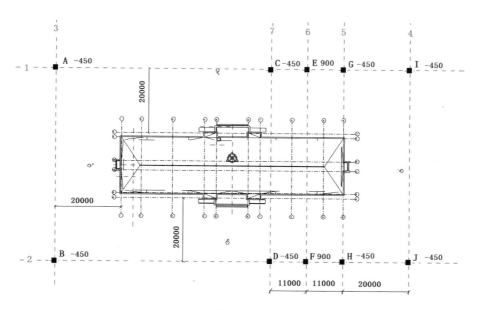

图 4.1.1

将要放置的点高程的绝对标高为 -0.45 m。移动光标至绘图区域,依次单击图 4.1.1 中的 A,B,C,D,G,H,I,J 这 8 个点;继续设置选项栏中"高程"为"900",高程形式为"绝对高程",然后分别单击图 4.1.1 中的 E、F 两点。单击"表面"→"√"完成,创建地形表面。

单击选择已经创建的地形,在"属性"面板→"材质和装饰"→"材质"中,单击"按类别",在其后方显示矩形浏览图标,如图 4.1.2 所示。单击矩形浏览图标,打开如图 4.1.3 所示的"材质浏览器"对话框,选择"教学楼场地-草"材质,单击"确认"按钮,给地形表面添加草地材质。

图 4.1.2

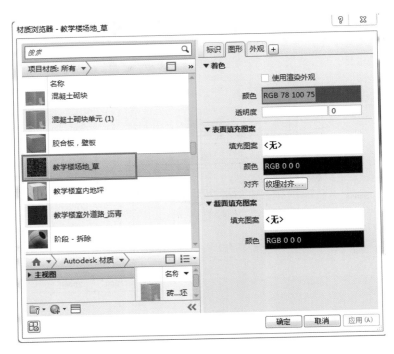

图 4.1.3

设置完成后,保存项目,切换至三维视图,完成地形表面的效果如图 4.1.4 所示。

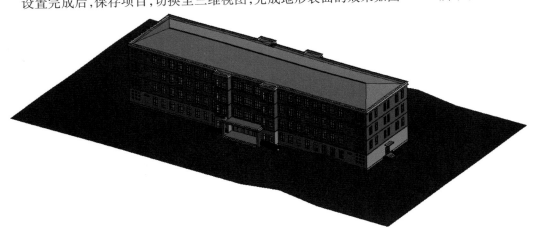

图 4.1.4

2) 修改地形表面

设置完成地形表面后,如需要修改地形表面位置或者高程点,可以按照如下步骤进行操作:"项目浏览器"→"视图"→"楼层平面"→"场地",选中完成的地形表面,进入"修改|地形"上下文选项卡,单击"表面"面板中"编辑表面"工具 $\overset{\text{编辑}}{\text{表面}}$,单击要修改的边界点,通过选项栏中的命令修改高程,也可以拖动点修改点的位置。修改完成后,退出修改边界点命令,单击"表面"→"√",完成修改。

4.1.2　通过导入数据的方式创建地形表面

通过放置点的方式创建地形表面的方法适用于创建比较简单的场地地形表面。如果场地地形表面比较复杂，则适用通过导入数据的方式来创建地形表面。数据的格式包括导入 CAD 等高线文件（如 dwg 格式的 CAD 文件），也包括导入测量点数据文件（如 txt 格式的记事本文件）。

简单介绍一下通过导入测量点文件创建地形表面的方法：测量点数据文件必须是使用逗号分隔的 csv 或 txt 文件格式，文件每行的开头必须是 X、Y 和 Z 坐标值，后面的点名称等其他数值信息将被忽略。如果该文件中有两个点的 X 和 Y 坐标值相等，Revit 会使用 Z 坐标值最大的点。

在已有 txt 格式的测量点文件的情况下，可通过单击"体量和场地"选项卡→选择"场地建模"面板→选择"地形表面"工具，进入"修改|编辑表面"草图模式，继续单击"工具"面板中的"通过导入创建" 下拉按钮，选择"指定点文件"选项，在打开的"选择文件"对话框中，设置"文件类型"为"逗号分隔文本"，选择对应的 txt 格式文件，如图 4.1.5 所示。

图 4.1.5

单击"打开"按钮，在弹出的"格式"对话框中，确定"文件中的一个单位等于"选项为"米"（图 4.1.6），单击"确定"按钮，Revit 将放置数据文件中的一系列点去创建地形表面。

图 4.1.6

159

4.2 创建建筑地坪

任务说明

创建建筑地坪。

任务分析

(1)创建卫生间建筑地坪;

(2)创建其他位置建筑地坪。

完成地形表面的创建之后,可以注意到教学楼内部局部出现地形高于楼板的不正常现象,如图 4.2.1 所示。因此,沿着教学楼轮廓创建闭合的建筑地坪,以平整教学楼轮廓内的地形表面。无论地形表面多复杂,建筑地坪将使建筑物首层地面水平,并剪切地形表面。

按照施工图,教学楼 F1 没有现浇混凝土结构楼板,施工方法为素土夯实后浇筑混凝土垫层,在混凝土垫层上施工防水层及装饰层。建筑地坪在构造上可以理解为上述混凝土垫层。

5 号教学楼的建筑地坪厚度设置为 200 mm,由于 F1 卫生间的建筑楼板厚度为 90 mm,其他位置的建筑楼板厚度为 50 mm,且卫生间处的建筑楼板自标高 F1 有 − 20 mm 的偏移,因此,卫生间建筑地坪自标高 F1 的偏移量为 − 110 mm,而其他位置建筑地坪自标高 F1 的偏移量为 − 50 mm,如图 4.2.1 所示。

图 4.2.1

4.2.1 创建卫生间建筑地坪

1)定义卫生间建筑地坪

建筑地坪可以在场地平面视图绘制,为了参照下 F1 楼层外墙,也可以在 F1 楼层平面视图创建。

进入 F1 楼层平面视图,单击"体量和场地"→"场地建模"→"建筑地坪",切换至"修改|创建建筑地坪边界"上下文选项卡,进入创建建筑地坪边界编辑状态。

单击"属性"面板中的"编辑类型"按钮,打开"类型属性"对话框,以"建筑地坪 1"为基础,单击"复制",弹出"名称"对话框,输入名称为"5#教学楼卫生间地坪",如图 4.2.2 所示,单击"确定"按钮。

单击"类型参数"中"构造"→"结构"后面的"编辑"按钮,进入"编辑构件"对话框,修改"结构[1]"的"厚度"为 200 mm,修改"材质"为"教学楼室内地坪",如图 4.2.3 所示。

设置完成后单击"确定"按钮,返回"类型属性"对话框,再次单击"确定"按钮,退出"类型属性"对话框。

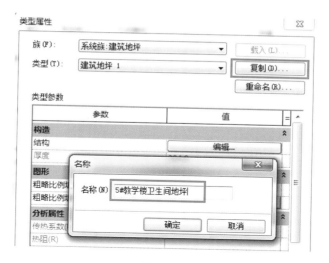

图 4.2.2

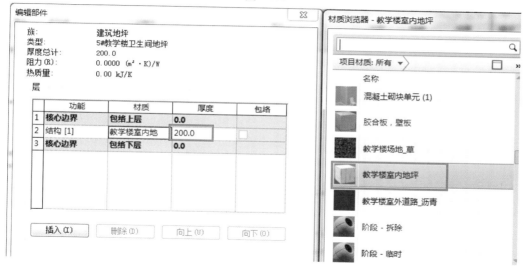

图 4.2.3

2）创建卫生间建筑地坪

修改"属性"面板中"约束"的"标高"为"F1"，"自标高的高度偏移"值为 – 110 mm，如图 4.2.4 所示。

在"绘制"面板中，选择"边界线"，采用"拾取墙"或"直线"命令，配合使用"修剪/延伸为角"等命令，绘制卫生间建筑地坪边界线，这与绘制 F1 卫生间建筑楼板的边界线完全一致，保证图形闭合。但是建筑地坪只能单块绘制，不能像楼板一样能同时画出两个闭合图形。因此，可以先创建左侧卫生间处建筑地坪，如图 4.2.5 所示。单击"模式"中"完成编辑模式"按钮"√"，完成左侧卫生间建筑地坪的创建。

继续创建右侧卫生间处建筑地坪边界。完成两侧卫生间建筑地坪的创建后，单击保存项目文件。

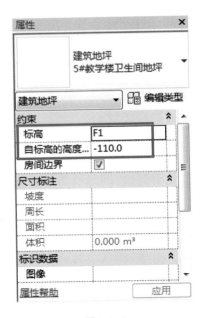

图 4.2.4

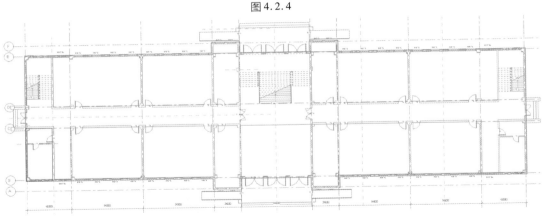

图 4.2.5

4.2.2 创建其他位置建筑地坪

1)定义其他位置建筑地坪

进入 F1 楼层平面图,单击"体量和场地"→"场地建模"→"建筑地坪",切换至"修改|创建建筑地坪边界"上下文选项卡,进入创建建筑地坪边界编辑状态。

单击"属性"面板中的"编辑类型"按钮,打开"类型属性"对话框。以"5#教学楼卫生间地坪"为基础,单击"复制",弹出"名称"对话框,输入名称为"5#教学楼其他位置地坪",如图 4.2.6 所示,单击"确定"按钮。

2)创建其他位置建筑地坪

修改"属性"面板中"约束"的"标高"为"F1","自标高的高度偏移"值为 – 50 mm,如图 4.2.7所示。

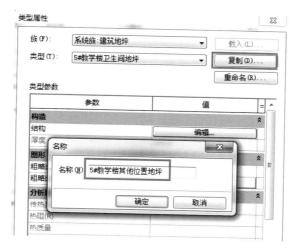

图 4.2.6

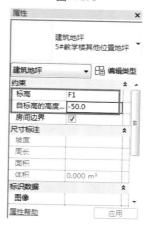

图 4.2.7

在"绘制"面板中,选择"边界线",采用"拾取墙"或"直线"命令,配合使用"修剪/延伸为角"等命令,绘制其他位置建筑地坪边界线,与 50 mm 厚建筑楼板的边界线完全一致,保证图形闭合,如图 4.2.8 所示。单击"模式"中"完成编辑模式"按钮"√",完成其他位置建筑地坪的创建,单击保存项目文件。

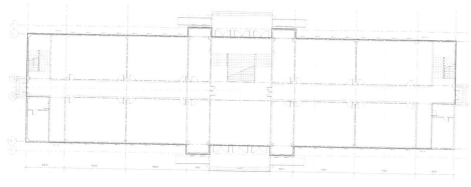

图 4.2.8

所有建筑地坪创建完成后,进入三维视图。在"属性"面板中"范围"选项中,勾选"剖面框",如图 4.2.9 所示。拖动剖面框边界到任意位置将得到该位置的建筑剖面,可发现 5 号教学楼的地形表面不是一个水平面,局部存在坡度。

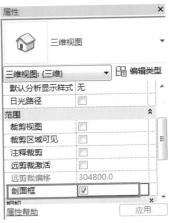

图 4.2.9

为了辅助大家对建筑地坪功能的理解,图 4.2.10 通过坡面地形处建筑地坪创建前和建筑地坪创建后的对比,展示了建筑地坪平整场地的效果;图 4.2.11 通过平面地形处建筑地坪创建前和建筑地坪创建后的对比,展示了对 F1 楼板以下的填充效果。

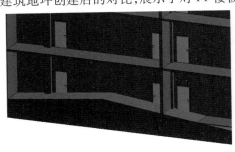

(a)坡面场地未添加建筑地坪　　　　　　(b)坡面场地已添加建筑地坪

图 4.2.10

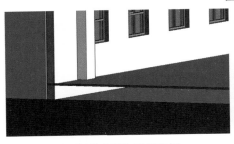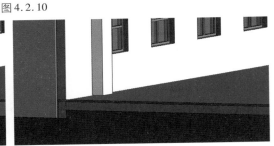

(a)平面场地未添加建筑地坪　　　　　　(b)平面场地已添加建筑地坪

图 4.2.11

4.3   创建地形子面域（道路）

任务说明

创建地形子面域。

任务分析

（1）通过创建地形子面域生成道路；

（2）修改子面域对象。

在 Revit 中，可以利用"子面域"工具对已经创建的地形表面进行划分，用于创建场地道路等。"子面域"工具和"建筑地坪"工具不同。"建筑地坪"会创建出单独的水平表面，并剪切地形表面；而"子面域"不会创建单独的表面，而是在地形表面上圈定了一块可以单独定义的区域。

4.3.1   创建子面域

进入场地平面视图，单击"体量和场地"选项→"修改场地"面板→"子面域"工具，切换至"修改|创建子面域边界"上下文选项卡，进入草图绘制模式。

单击"绘制"面板→"直线"工具，如图 4.3.1 所示，绘制子面域边界。

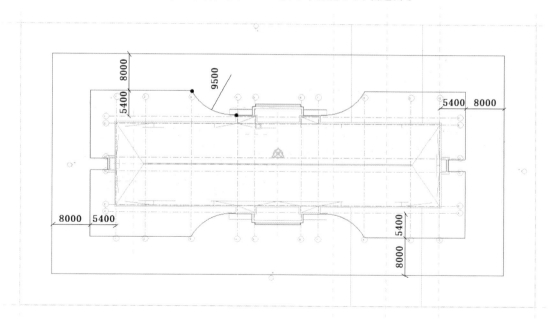

图 4.3.1

用"绘制"面板中"起点-终点-半径弧"工具 绘制弧线，勾选选项栏"半径"，将半径设置为 9500 mm。结合"修改"面板上的"拆分图元" 和"修剪/延伸为角"等命令，使得子面域边界轮廓首尾闭合（图中所标注的尺寸单位均为 mm）。

单击"属性"面板,确认"材质和装饰"中材质为"教学楼室外道路_沥青"(图4.3.2),设置完成后单击"应用"按钮。Revit 2017 中的场地对象不支持表面填充图案,因此即使用户定义了材质表面填充图案,也无法显示在地形表面的子面域中。

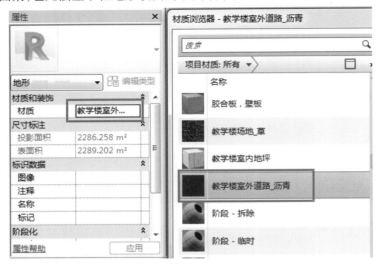

图 4.3.2

单击"模式"中"完成编辑模式" ✔,完成子面域道路的创建,完成后的效果如图4.3.3所示。保存项目文件。

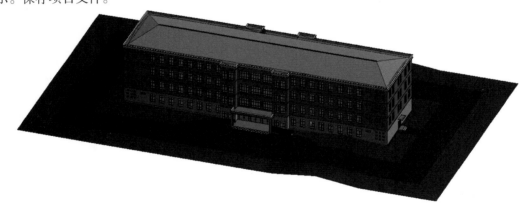

图 4.3.3

4.3.2 修改子面域

单击选中已经绘制的子面域,进入"修改|地形"上下文选项卡,此时可以在属性面板中进行修改材质等操作;单击"子面域"面板中的"编辑边界"按钮 ✎,或双击已经绘制的子面域,可进入"修改|编辑边界"界面,进入子面域的边界轮廓编辑状态后可以直接修改子面域边界。

4.4　创建场地构件

任务说明

创建场地构件。

任务分析

（1）载入场地构件族；

（2）放置场地构件。

Revit 可以在场地中放置车、花草、树木、人物等场地构件，使整个场景更加丰富。这些场地构件都来源于族，必须先将构件族载入项目中才能使用这些构件。

进入场地平面视图，单击"体量和场地"选项卡→"场地建模"面板→"场地构件"工具，进入"修改|场地构件"上下文选项卡，在"属性"面板"类型选择器"中选择需要的构件，如图4.4.1所示。

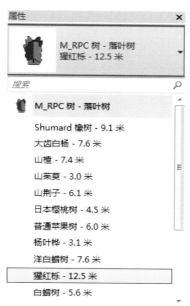

图 4.4.1

"类型选择器"中的树木构件是"5#教学楼样板文件"中已经载入的场地构件，如果要在场景中添加其他构件，也可以单击"模式"面板中"载入族"命令，打开"载入族"对话框，如图4.4.2所示。

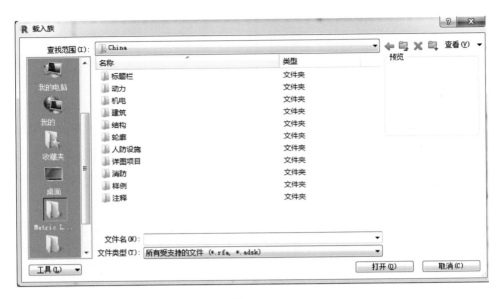

图 4.4.2

在"载入族"对话框中打开"建筑"文件夹→"配景"文件夹,按 Ctrl 键同时选择"RPC 甲虫.rfa""RPC 男性.rfa""RPC 女性.rfa",单击"打开"按钮,将这 3 个 RPC 构件族载入到项目中,如图 4.4.3 所示。

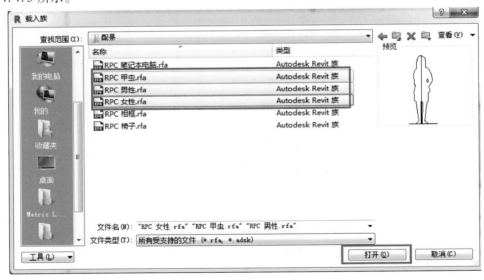

图 4.4.3

通过以上操作,在"属性"面板"类型选择器"里便增加了刚才载入的族构件;也可以在"载入族"对话框中,打开"建筑"文件夹→"植物"文件夹,为项目添加需要的"2D""3D""RPC"植物,或打开"建筑"文件夹下的"场地"文件夹,添加其他构件。

在"场地"平面视图中,根据自己的需要在道路及 5 号教学楼周围添加场地构件,完成情况如图 4.4.4 和图 4.4.5 所示。保存项目文件。

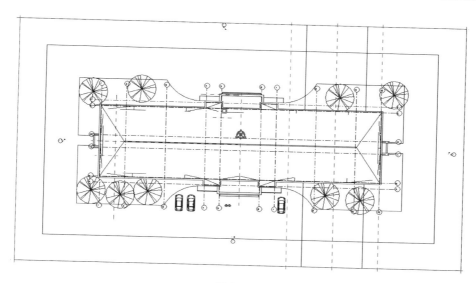

图 4.4.4

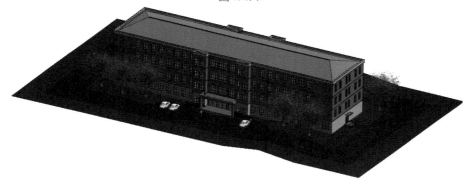

图 4.4.5

5 创建族

Revit 中所有图元都是基于族的。族是 Revit 软件一个功能强大的概念,熟练合理地利用族,有助于更好地创建与应用 Revit 模型。Revit 中已内置部分常见的建筑构件族,但如果需要用到异形的建筑构件,还必须自行用族来创建。本章将介绍族的基本知识,并以一个简单窗族和一个复杂窗族的创建过程为例,详细介绍族创建的思路、流程和方法。

5.1 族简介

任务说明

了解族的功能与分类。

任务分析

(1)了解族的功能;
(2)了解族的分类。

族是一个包含通用参数集和相关图形表示的图元组。属于一个族的图元的部分或全部参数可能有不同的值,不同的值即对应不同的族类型。每个族都能够定义多种族类型,每种族类型可以变化尺寸、形状、材质以及其他参数变量。所有添加到 Revit 项目中的图元(从用于构成建筑模型的结构构件、墙体、屋顶、窗、门到用于记录该模型的详图索引、装置、标记和详图构件)均使用族创建。

族分为系统族、可载入族和内建族。可载入族包括体量族、模型类别族、注释类别族,可以单独保存为 rte 文件,可以在项目之间复制和粘贴,还可以从项目文件保存到库中。

1)系统族

系统族是在 Revit 中预定义的族,包含基本建筑图元,如墙、门、窗、屋顶、天花板、楼板以及其他要在施工场地使用的图元,标高、轴网、图纸和视口类型的项目和系统设置也是系统族。现有的系统族可以复制和修改,但不能创建新系统族。

2)体量族

体量族用于在项目前期概念设计阶段为建筑师提供灵活、简单、快速的概念设计模型。在新建菜单中选择"概念体量"可以创建体量族。

3)模型类别族

模型类别族也称为构件族,用于创建建筑构件的族,可以自行创建、复制和修改,可以单独保存,也可以在项目之间复制和粘贴。在默认情况下,项目样板文件中已载入了一些模型类别族,但更多的族存储在构件库中,在使用时需要导入到项目文件中。本教材给出的项目样板文件中就预先载入了很多教学楼的门族、窗族和基础族。

创建模型类别族需要用到族样板,有基于主体的族样板,也有独立的族样板。基于主体的族指需要依附于主体的模型,如以墙为主体的门族。独立的族包括柱、树和家具等。

4)注释类别族

注释类别族用于提取模型图元的参数信息,例如在教学楼项目中使用"门标记"族提取门的"族类型"参数并标注于门处。

5)内建族

内建族是为当前项目专有的特殊构件所创建的族,可以是模型构件,也可以是注释构件,仅限当前项目使用,通过内建模型建立。

5.2 创建族的基本命令

任务说明

创建族的基本命令,包括拉伸、融合、旋转、放样及放样融合等。

任务分析

(1)利用拉伸、融合、旋转、放样等命令创建实体模型;
(2)利用空心命令创建空心模型并剪切实体模型。

5.2.1 三维实体模型创建

族三维模型的创建包括采用实体模型、实体模型+空心模型两种方式。无论是实体模型还是空心模型,创建的基本命令都包括"拉伸""融合""旋转""放样""放样融合"等5种。熟练掌握这些基本命令是创建模型的基础。

族编辑器"创建"菜单栏下"形状"功能区提供了5种实体模型创建方式,同样在"空心形状"下拉列表中也提供了5种空心模型的创建方式。运用这些基本创建命令,再加上修改命令、布尔运算等,可以创建复杂多变的三维模型。其主要命令见"创建"菜单栏的形状功能区,如图5.2.1所示。

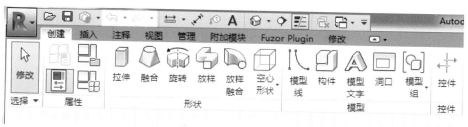

图5.2.1

1)"拉伸"命令

运用"拉伸"命令建模,需要确认的内容:一是确定拉伸轮廓放置的工作平面,如果不采用默认的 X,Y,Z 3个平面作为工作平面,则需要自行新建,并将其设置为当前工作平面;二是绘制拉伸轮廓,拉伸轮廓必须是一个封闭的线框,该线框可以调用形状和修改功能区的命令绘制并作出相应的修改;三是确认拉伸的方向和尺寸,即沿垂直工作平面的方向设置拉伸的起点和终点。

下面以一个圆柱体(半径 500 mm,高度 2000 mm)为例介绍建模过程。

(1)调用族样板文件

单击"族"→"新建",如图 5.2.2 所示。

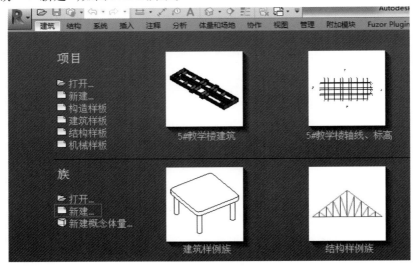

图 5.2.2

在族样板文件中选择"公制常规模型"样板文件,单击"打开"按钮,默认进入楼层平面的参照标高视图,如图 5.2.3 和图 5.2.4 所示。

图 5.2.3

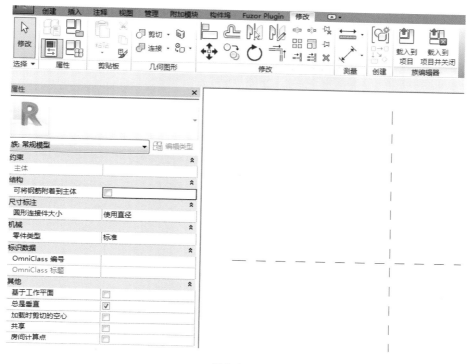

图 5.2.4

（2）设置工作平面

工作平面的设置一般包括两个方面：一是工作平面的位置设置，可以用名称（如果已对参照平面命名）、拾取面或拾取线 3 种方式设置，轮廓草图将放置在工作平面上，也是拉伸的参照起点；二是工作平面的绘制方向设置，即选择在哪个视图上去绘制工作平面上的轮廓草图。

本例中以参照标高（系统已命名）所在的平面作为工作平面。通过"创建"→"工作平面"→"设置"命令，进入"工作平面"设置对话框，如图 5.2.5 所示。将工作平面设置为参照标高，单击"确定"按钮完成工作平面位置设置。接下来设置工作平面的绘制方向，即"转到视图"（图 5.2.6），选用"楼层平面：参照标高"作为工作视图。

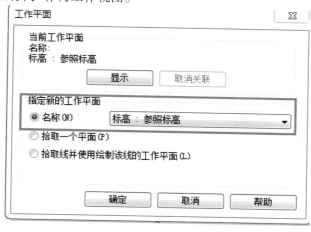

图 5.2.5

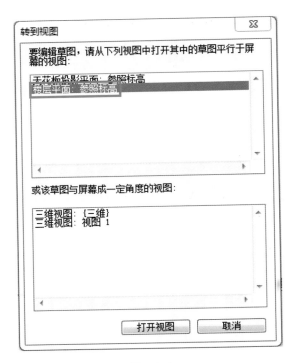

图 5.2.6

注意:如果已在"楼层平面:参照标高"视图中,则不会出现上述对话框。

(3)绘制拉伸轮廓草图

在默认中心位置绘制圆的轮廓。在"创建"菜单栏下"形状"功能区单击"拉伸"命令,弹出临时菜单"修改|创建拉伸"(图 5.2.7),调用"圆形"命令,绘制半径为 500 mm 的圆形草图。

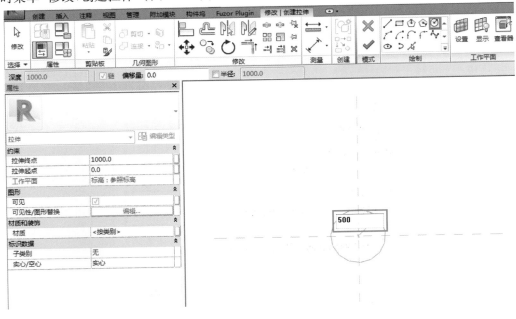

图 5.2.7

绘制圆形草图时,半径尺寸的输入有两种方式:一种是在绘制过程中直接输入半径尺寸 "500"后回车,完成草图绘制;另一种是先绘制任意尺寸的圆形草图,然后单击选中圆,修改临时尺寸,以完成草图的绘制。

(4)设置拉伸方向和尺寸

在垂直于工作平面的方向设置拉伸的高度(或深度),实际上是设置拉伸的起点和终点。本例中,将拉伸起点设为"0.0",即拉伸起点位于工作平面上;拉伸终点设为"2000.0",即沿正向拉伸 2000 mm,如图 5.2.8 所示。

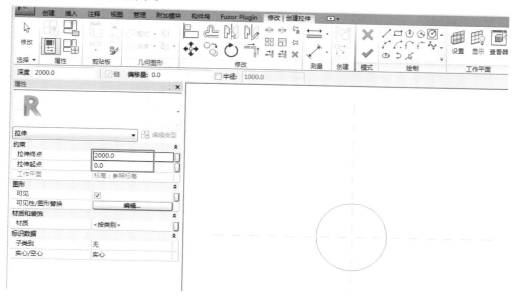

图 5.2.8

拉伸起点如果为负值,则起点在工作平面以下。拉伸起点和终点均可以根据实际情况设为正、负或零。

单击"模式"功能区"完成编辑模式",如图 5.2.9 所示。

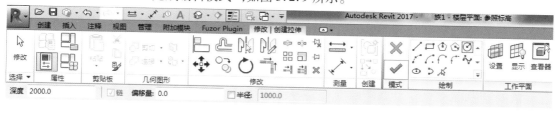

图 5.2.9

(5)查看模型

进入不同视图查看模型效果,在三维视图中完成情况如图 5.2.10 所示。在任意视图中单击选中模型,出现"操纵型手柄",拖动手柄可以对该模型进行拉伸操作。

2)"融合"命令

"融合"命令可以将两个不同形状的平行轮廓端面进行融合建模,模型沿长度方向发生变化,从起始形状融合到最终形状。

"融合"命令建模主要包括 3 个步骤:一是确定底部轮廓所在的工作平面;二是底部和顶部

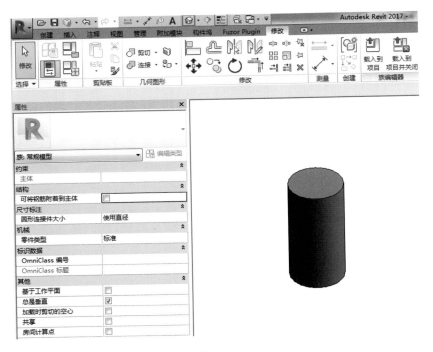

图 5.2.10

端面轮廓形状绘制,该形状必须是封闭轮廓;三是确认融合长度,融合完毕,通过拖动"操纵型手柄"调整。

下面以一个"天圆地方"为例介绍建模过程。其主要参数为:底部为正方形,边长为1000 mm;顶部为圆形,半径为300 mm;模型高度为1000 mm。

绘图环境参照上述"拉伸"命令建模,样板文件仍然调用"公制常规模型.rft"。

(1)在参照标高视图上绘制底部轮廓

进入"楼层平面-参照标高"视图,在"创建"菜单栏下形状功能区单击"融合"命令,然后调用"矩形"命令绘制底部轮廓(默认先编辑底部轮廓形状),如图5.2.11所示。

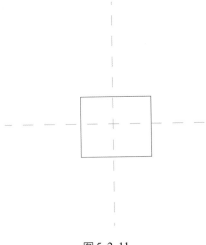

图 5.2.11

在绘制矩形草图轮廓时,尺寸的设置可先绘制任意尺寸矩形,然后在矩形绘制完毕后,单击临时尺寸修改为"1000"。

(2)绘制顶部轮廓

单击"编辑顶部"(图5.2.12),调用"圆形"命令,绘制顶部轮廓,完成情况如图5.2.13所示。

图5.2.12

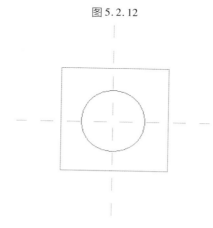

图5.2.13

(3)生成模型并调整融合长度

单击"完成编辑模式",然后在属性窗口将"第二端点"设置为"1000.0",如图5.2.14所示。

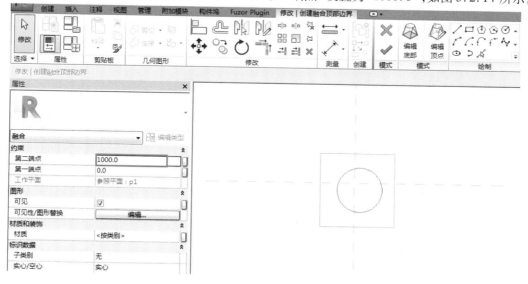

图5.2.14

融合长度的调整也可以通过拖动"操纵型手柄"进行手工调整。

（4）查看模型

最后融合生成的模型如图 5.2.15 所示。

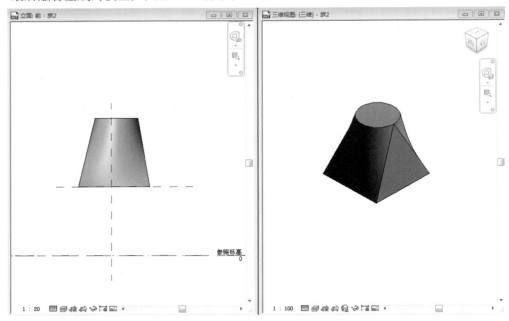

图 5.2.15

3）"旋转"命令

"旋转"命令可用于通过创建二维轮廓图形围绕旋转轴生成回转体模型。"旋转"命令建模工作包括 4 个步骤：一是设置轮廓草图所在的工作平面；二是绘制轮廓草图；三是定义旋转轴；四是设置旋转角度，轮廓草图绕旋转轴的旋转角度默认值为 360°，可根据需要设置旋转角度。

下面以花瓶为例介绍建模过程。花瓶参数：直径 80 mm、壁厚 8 mm、高度 350 mm、底部厚5 mm。样板文件仍然调用"公制常规模型.rft"。

（1）设置工作平面

在"创建"菜单栏"形状"功能区单击"旋转"命令，进入楼层平面参照标高视图，在"工作平面"功能区，单击"设置"命令，进行"工作平面"设置（图 5.2.16），单击"确定"按钮，在视图区单击选中"参照平面：中心（前/后）"，出现如图 5.2.17 所示的界面。

图 5.2.16

图 5.2.17

出现如图 5.2.18 所示的"转到视图"对话框,选择"立面：前",单击"打开视图",即将立面设置为当前工作平面,并将观察方向设为从前向后看。

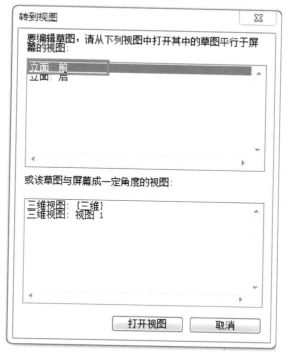

图 5.2.18

（2）绘制轮廓边界草图

在前立面视图中运用画线工具以及修剪等命令,完成轮廓边界草图的绘制,如图 5.2.19 所示。

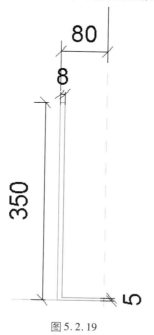

图 5.2.19

（3）定义旋转轴线

直接以参照平面为旋转轴线，调用"轴线"命令，在"绘制"功能区单击"轴线"命令，选中"拾取线"（图5.2.20）。在绘图区"参照平面：中心（左右）"线上单击即选中，完成轴线的定义。

（4）完成建模

在模式功能区单击"完成编辑模式"命令，完成建模。切换到三维视图查看效果，如图5.2.21所示。

图5.2.20　　　　　　　　　　　　　　　　　　图5.2.21

4）"放样"命令

"放样"命令可以将轮廓沿指定路径拉伸后完成建模。"放样"命令主要包括两个步骤：一是，设置工作平面并在其上绘制用于放样的路径，一般放样路径可绘制在视图默认工作平面上；二是，设置工作平面并在其上绘制用于放样的轮廓，轮廓的边界必须闭合。

路径可先直接采用"模型线"的方式绘制，绘制完毕再调用"拾取路径"命令拾取刚绘制的模型线作为放样路径。"放样"命令的使用是先绘路径后绘轮廓，顺序不可颠倒。

下面以一个装饰条的建模过程为例介绍放样命令的使用，样板族调用"公制家具.rft"。

（1）在前立面视图中绘制放样路径

进入前立面视图，在"创建"菜单栏下"形状"功能区单击"放样"，菜单显示情况如图5.2.22所示。

图5.2.22

在"修改｜放样"菜单栏放样功能区单击"绘制路径"命令（图5.2.22），然后在前立面视图中调用"样条曲线"命令绘制放样路径。在绘图区依次确定样条曲线上的几个点，样条曲线自动绘制，绘制完毕按 Esc 退出，样条曲线的尺寸自行确定。在前立面视图中绘制的样条曲线如图5.2.23所示。在菜单栏单击"完成编辑模式"命令，完成放样路径的绘制。

（2）设置工作平面并在其上绘制放样轮廓

在菜单栏放样功能区单击"编辑轮廓"，出现"转到视图"对话框（图5.2.24），选择"三维视图：工作平面查看器-活动工作平面"（如未出现该选项，可点击"构建"→"工作平面"→"查看器"，以激活它），然后单击"打开视图"按钮，然后在活动工作平面上绘制放样轮廓。这个活动工作平面就是图5.2.23中放样路径上红点处与路径正交的参照平面。

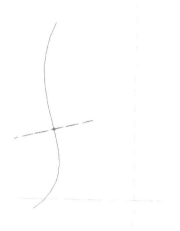 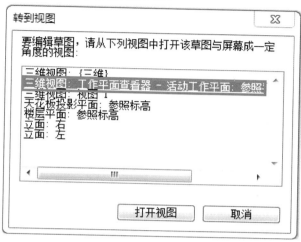

图5.2.23

图5.2.24

调用"内接多边形"命令在活动工作平面上绘制放样轮廓（图5.2.25），尺寸自行确定。

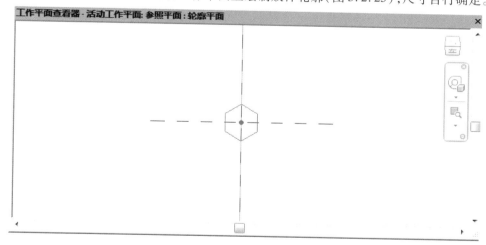

图5.2.25

绘制轮廓完毕，在菜单栏单击"完成编辑模式"，完成放样轮廓的绘制。

（3）生成放样模型实体

关闭"查看器"，再次单击菜单栏"完成编辑模式"命令，放样模型创建完成，如图5.2.26所示。

5）"放样融合"命令

"放样融合"命令可以创建具有两个不同形状的轮廓沿指定路径拉伸融合的模型。其使用方法与"放样"命令大体一样，只是在放样路径两端可以分别选择两个不同的轮廓形状。

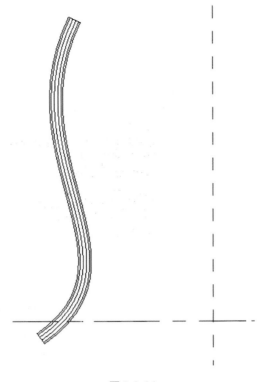

图 5.2.26

5.2.2 三维空心模型创建及三维模型整合

1）三维空心模型创建

三维空心模型的创建方式与三维实体模型完全一致,同样利用拉伸、融合、旋转、放样等、放样融合等命令进行创建,所创建的空心模型主要用于剪切实体模型。

2）多个三维模型的整合

多个三维模型的整合主要有"剪切"和"连接"两个方式。

"剪切"命令可以在实体模型中剪切掉空心模型。操作步骤是先调用"剪切几何图形"命令,然后选择被剪切的模型,然后选择实施剪切的模型。

"连接"命令用于两个或多个实体模型连接成一个整体,并在连接处产生实体相交的相交线或相贯线。

以上两个命令提供了"取消"操作命令,可恢复到未剪切或未连接的状态。

5.3 创建固定窗族

任务说明

创建固定窗族文件。

任务分析

（1）创建固定窗族模型；

（2）设置固定窗族相关参数；

（3）设置固定窗族二维表达方式。

本节以施工图中 SGC-1a（1200 mm×450 mm）和 SGC-1b（450 mm×450 mm）为例,介绍固定窗族的创建过程:先进行 SGC-1a 建模,然后在"族类型"中进行相关尺寸修改和参数设置,生成 SGC-1b。

该固定窗主要包括窗框、玻璃两部分。

该族文件创建过程主要包括两个步骤:一是窗框和玻璃模型的创建及相关参数设置,二是二维表达方式设置,例如在平面图、立面图中被剖切时如何按规范方法显示该窗。

由于该固定窗的洞口尺寸已由公制窗族的样板文件参数控制,所以在模型创建过程中不需单独进行洞口尺寸参数的设置。

5.3.1　窗框创建

由于窗框依附于开有洞口的墙体,窗框尺寸与墙体洞口尺寸一致,因此样板文件须选用"公制窗"。调用"新建族"命令,并选择"公制窗.rft"样板文件,将该族文件命名为"固定窗"。

在窗框建模之前,进入各视图中,观察墙体及洞口情况。

明确洞口尺寸,在样板文件中的墙体已开有洞口。洞口尺寸分别在相应视图中进行了标注,在"楼层平面-参照标高"视图中标注有洞口"宽度 =1000"（图 5.3.1）,在"立面-外部（内部）"视图中标注有洞口"高度 =1500"（图 5.3.2）,对窗台高度进行了标注,默认值为 800 mm。

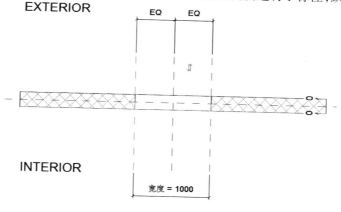

图 5.3.1

1）修改洞口尺寸并命名族类型

（1）修改洞口尺寸

在属性功能区调用"族类型"命令（图 5.3.3）,在出现的"族类型"对话框中对"尺寸标注"栏的"高度"和"宽度"的参数值进行修改,修改结果如图 5.3.4 所示。

在修改洞口尺寸参数后,可先不点击"应用",接下来对该族类型进行命名。

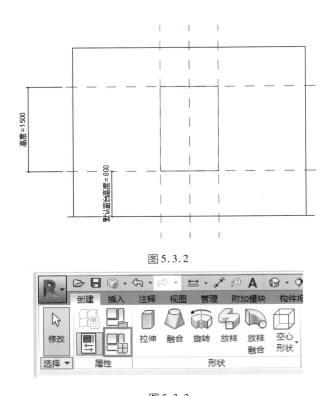

图 5.3.2

图 5.3.3

图 5.3.4

（2）命名族类型

同样在"族类型"对话框弹出"类型名称"后单击"新建类型"命令，在名称输入框中输入"SGC-1a"后单击"确定"按钮，如图 5.3.5 所示。完成族类型命名后的情况如图 5.3.6 所示。

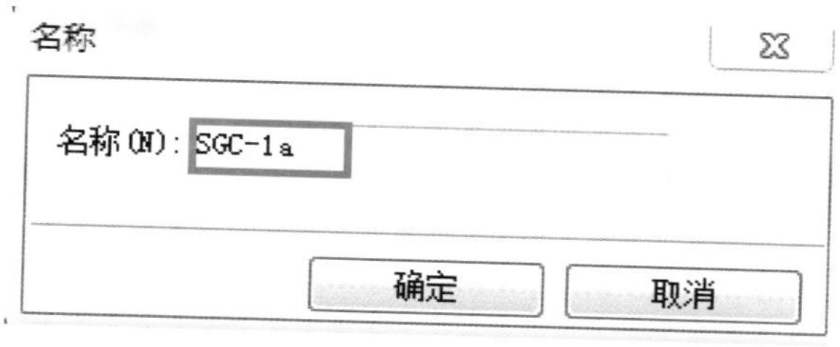

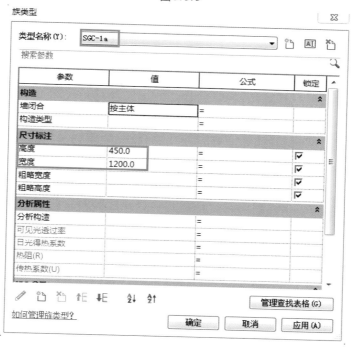

图 5.3.5

图 5.3.6

然后再单击"确定"按钮,完成后的情况如图 5.3.7 所示。

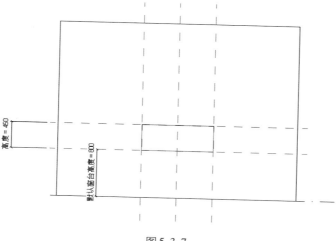

图 5.3.7

2）窗框建模及参数设置

此处窗框宽度和高度随洞口尺寸变化而变化，不再进行尺寸参数设置，只需将窗框与洞口锁定即可。而窗框厚度设置为参变。

（1）窗框建模

窗框由内外两条封闭轮廓线通过拉伸一次性形成。外轮廓线应与洞口4个参照平面锁定，内轮廓线绘制时自动锁定于外轮廓线。

进入"立面-外部"视图，依次点击菜单栏"创建"下形状功能区的"拉伸"命令，出现"修改 | 创建拉伸"临时菜单栏，在绘制功能区调用"矩形"命令（图5.3.8），沿洞口轮廓绘制窗框的外轮廓线（图5.3.9），可以注意到每条轮廓线上有一个锁形标志且锁头是打开的。

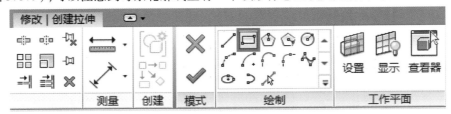

图5.3.8

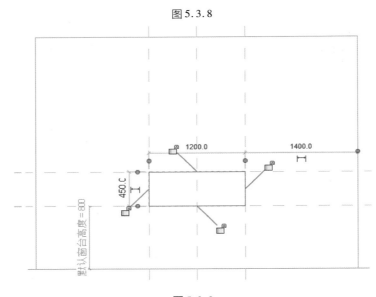

图5.3.9

窗框外轮廓线绘制完毕，将光标移至锁形图标上，单击该图标，则将该条轮廓线锁定在对应的参照平面上。此时可以注意到锁形标志上的锁头锁上了。全部外轮廓线锁定后的情况如图5.3.10所示。

如果绘制草图线后按 Esc 键退出，则不会出现锁形图标提示，此时可以调用"对齐"命令再次锁定。

绘制窗框内侧轮廓线：窗框宽度为统一为 50 mm，暂定为不可参变。调用"矩形"命令，将偏移量设置为 −50 mm（图5.3.11）；分别单击选中窗框外边界轮廓线的左上角和右下角，绘制窗框内侧边界线，如图5.3.12所示。

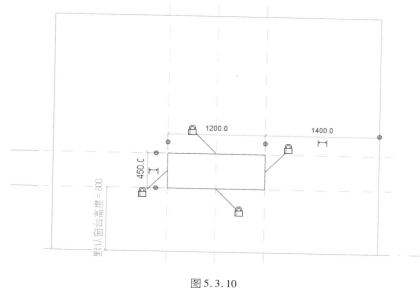

图 5.3.10

图 5.3.11

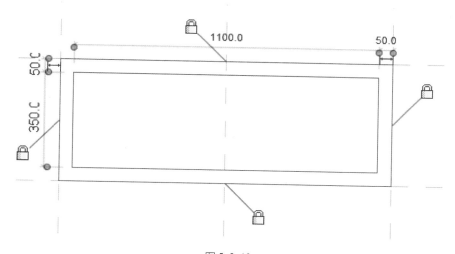

图 5.3.12

绘制内侧边界后,内侧的 4 条轮廓线自动锁定在对应的外轮廓线上。

(2)窗框参数设置

将窗框材质和窗框厚度设置为可参变。可参变的参数设置主要包括两个方面:一是参数名称命名及添加,二是参数值的设置。

①窗框材质参数设置。材质参数名称添加:单击属性窗口,单击材质右侧的"关联族参数"按钮(图 5.3.13),出现"关联族参数"对话框;在该对话框中单击"新建参数"按钮,在"参数属性"对话框名称栏输入"窗框材质",如图 5.3.14 所示。

187

图 5.3.13

图 5.3.14

单击"确定"按钮关闭参数属性对话框,回到"关联族参数"对话框,选中"窗框材质"(图 5.3.15),然后单击"确定"按钮进行族参数关联。

单击"族类型"按钮,出现"族类型"对话框(图 5.3.16),可以对窗框材质参数的值进行设置或确定。

②窗框厚度参数设置。为了尽量减少参照平面,此处在厚度方向将不绘制参照平面。进入"楼层平面-参照标高"视图,在选中窗框后,用鼠标左键按住三角箭头(即操纵型手柄),将厚度调整到墙体内部(或外部均可),具体尺寸暂不考虑,如图 5.3.17 所示。

厚度尺寸标注:在菜单栏调用"对齐尺寸标注"命令,标注窗框厚度。选择窗框轮廓可用"拉

伸:操纵型手柄"和"拉伸:参照"两种方式。这两种方式均可作为尺寸标注的界线,如图5.3.18
所示。标注完毕,按 Esc 键退出尺寸标注。

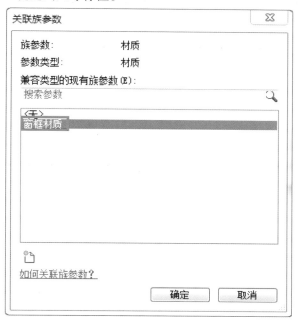

图 5.3.15

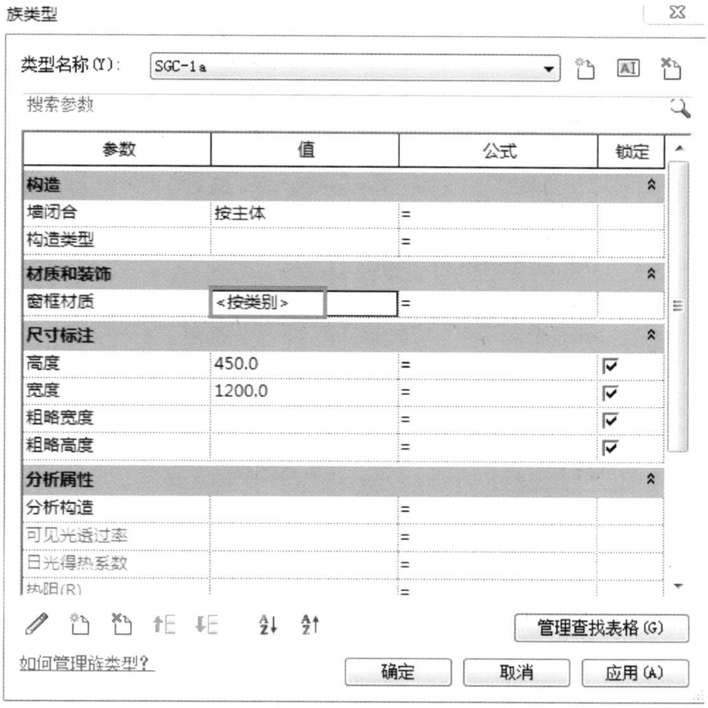

图 5.3.16

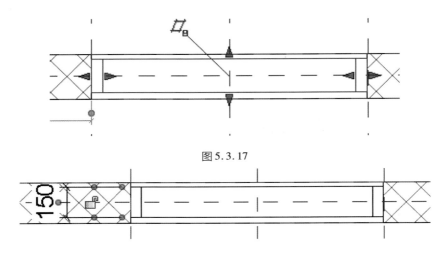

图 5.3.17

图 5.3.18

添加厚度参数标签：选中刚标注的尺寸，在"标签"下拉列表中单击"添加参数"，弹出参数属性对话框，在名称栏中输入"窗框厚度"（图 5.3.19），单击"确定"按钮完成参数标签添加。在另一侧，将窗框厚度以"参照平面：参照平面：中心（前/后）"为中线（图 5.3.20），添加尺寸标注，然后单击"EQ"，将"EQ"上的红斜线去掉，即窗框厚度以中心线进行等分。完成情况如图 5.3.21所示。

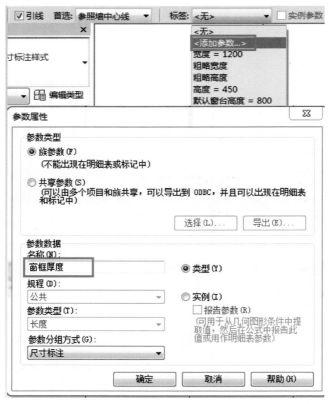

图 5.3.19

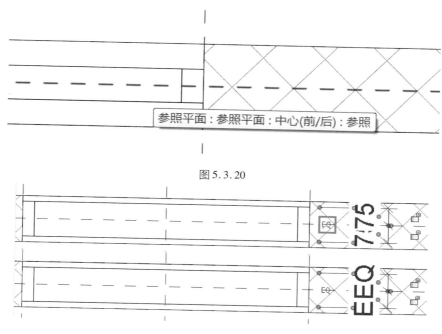

图 5.3.20

图 5.3.21

　　测试窗框厚度是否参变:进入三维视图,输入快捷命令"VV",出现如图 5.3.22 所示可见性设置对话框,在注释类别中取消勾选"尺寸标注",然后调用"族类型"命令,修改窗框厚度值为80 mm(图 5.3.23),观察窗框厚度是否参变。

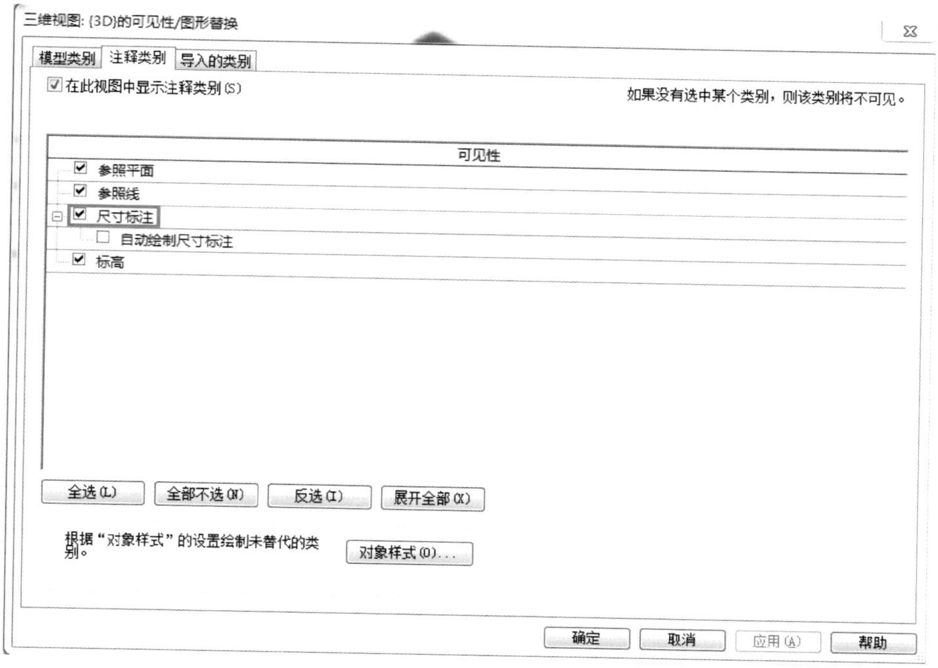

图 5.3.22

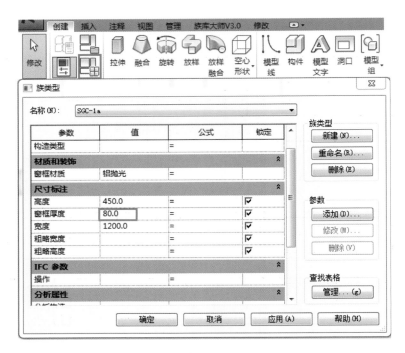

图 5.3.23

5.3.2 玻璃创建

1)玻璃建模

进入"立面-外部"视图,采用"拉伸"方式,并调用"矩形"命令,以窗框内侧为基准绘制玻璃的 4 条边,并将 4 条边锁定在对应窗框内轮廓线上,如图 5.3.24 所示。

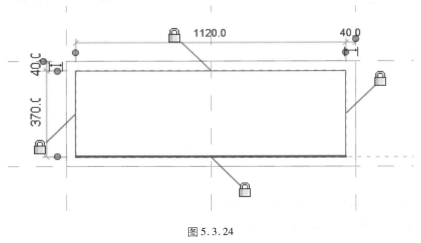

图 5.3.24

2)参数设置

(1)玻璃厚度设置

进入参照标高视图,在中心线上下各创建一个参照平面,其与"参照平面:参照平面:中心(前/后)"的距离均为 3 mm,并将距离锁定,如图 5.3.25 所示。将玻璃的上下两条边分别对应锁定在这两个参照平面上(图5.3.26),这样玻璃厚度将固定为6 mm。

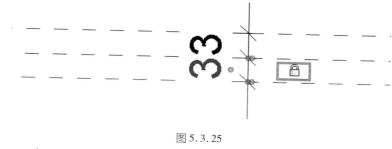

图 5.3.25

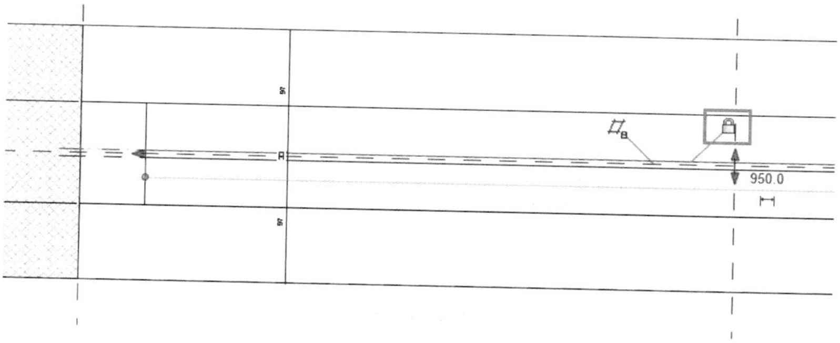

图 5.3.26

(2)玻璃材质设置

选中玻璃,在"属性"面板中材质属性栏内(图5.3.27),单击"<按类别>"处右上角的省略号(不要点击右侧"关联族参数"按钮),直接将该玻璃的材质设置为"玻璃,透明玻璃"。

图 5.3.27

玻璃由于未对厚度、材质进行"关联族参数",原族文件中赋的值在任意项目文件中将固定,不可参变。窗框由于进行了厚度、材质的"关联族参数",载入到任意项目文件后,相应的厚度、材质参数也进行了传递,因此在族的类型属性中可修改其厚度、材质参数值。

5.3.3 二维图形中表达方式设置

在完成上述窗框及玻璃建模及材质设置后,可将该固定窗族载入项目文件中,在一段墙体上绘制该固定窗,分别进入平面视图、立面视图观察其显示情况。显然,在楼层平面视图及立面(被剖切)视图中并没有按照规定画法显示,因此需要进行二维图形表达设置。

1)可见性设置

进入"楼层平面-参照标高"视图,使用过滤器选中窗框和玻璃,调用"可见性设置"命令(图5.3.28),将视图专用显示涉及的4个方面全部取消勾选。采用这种方式设置,在载入项目文件时,该固定窗在被剖切的平面图、立面图中只保留显示洞口剪切线条,窗框和玻璃图元则不会显示。窗框和玻璃的表达方式将在后面按照规范进行设置。

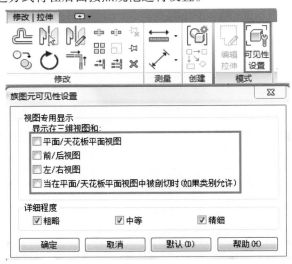

图 5.3.28

2)平面图被剖切的表达

在楼层平面图中,被剖切的窗按规定画法应为两条均分平行线。进入"楼层平面-参照标高"视图,调用"注释"菜单下的"符号线"命令(取消"链"),绘制两条详图符号线,然后调用"对齐尺寸标注"命令沿墙体厚度方向进行尺寸标注,在选中该尺寸标注情况下,单击"EQ"将其均分,如图5.3.29 所示。

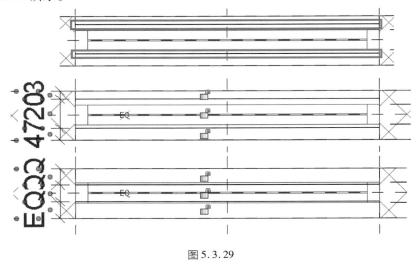

图 5.3.29

绘制符号线完毕,这里不需要进行"族图元可见性设置",即该符号线在平面图(被剖切)中直接显示。

3）立面图被剖切的表达

进入"立面-右"视图,参照上述方法在墙体内部沿厚度方向绘制两条符号线,然后调用"对齐尺寸标注"命令沿墙体厚度方向进行尺寸标注,标注完毕单击"EQ"将其均分,如图5.3.30所示。

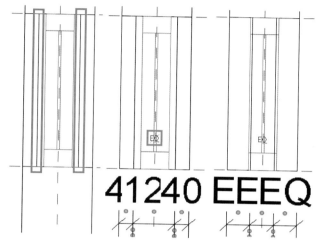

图5.3.30

同样,在此立面视图中绘制符号线也不需要进行"族图元可见性设置",创建的符号线直接在被剖切的立面图中显示。

保存该固定窗族文件,新建一个项目文件,在楼层平面视图中绘制一段墙体,将该族载入项目中,将固定窗放置在墙体上,然后创建剖面视图,测试情况如图5.3.31所示。

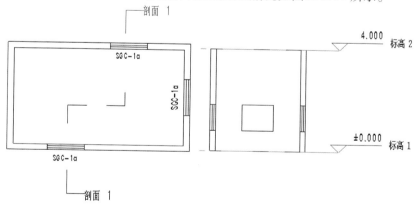

图5.3.31

5.3.4　增加族类型

在上述族类型SGC-1a(1200 mm×450 mm)固定窗族基础上,增加族类型SGC-1b(450 mm×450 mm)。

1) 新建族类型名称

在"修改"菜单栏下"属性"功能区单击"族类型"按钮,进入"族类型"对话框,在"类型名称"右侧单击"新建类型"按钮,在"类型名称"输入框中输入"SGC-1b"(图 5.3.32),单击"确定"按钮完成族类型名称的新建。

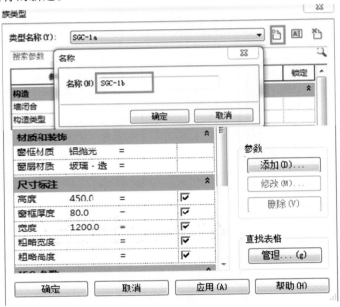

图 5.3.32

2) 修改族类型的尺寸

回到"族类型"设置窗口,将宽度修改为 450 mm,单击"应用"按钮,完成 SGC-1b 族类型尺寸设置,如图 5.3.33 所示。

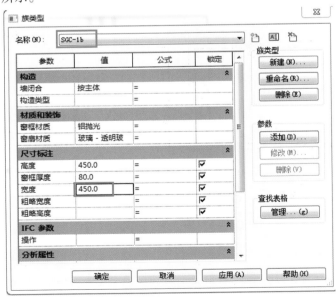

图 5.3.33

5.4 创建推拉窗族

任务说明

创建窗扇族、推拉窗框族,并将窗扇族嵌套载入推拉窗框族中,完成推拉窗族创建。

任务分析

(1)创建窗扇族,设置参数;
(2)创建推拉窗框模型,嵌套载入窗扇族;
(3)设置二维表达方式。

本节要创建的推拉窗为施工图中的 SGC-2,其三维模型如图 5.4.1 所示。推拉窗主要由推拉窗框(包括外框、横梃、竖梃、副窗)及一组四片窗扇两部分构成。为了建模方便,将推拉窗框及窗扇分别作为两个独立的族进行建模,然后将窗扇族载入推拉窗框族中嵌套而成推拉窗族。

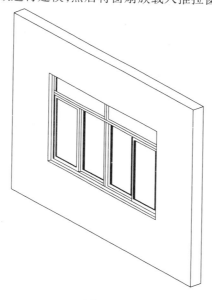

图 5.4.1

5.4.1 窗扇族创建

单片窗扇的建模与前节固定窗族类似,主要包括以下步骤:首先运用拉伸命令创建模型,然后进行有关族参数的参变设置,最后进行二维表达方式设置。单片窗扇设置可参变的尺寸参数为窗扇宽度、窗扇高度、窗扇厚度,可参变的材质参数为窗扇框材质、玻璃材质。以下参数为了建模方便,定义为固定数值不可参变:窗扇框宽度为 50 mm、玻璃厚度为 6 mm。

1)建模环境设置

窗扇依附于窗框而非依附于墙体,因此样板文件选用"公制常规模型"即可。新建"族",调用"公制常规模型.rft"样板文件,在"创建"菜单栏"属性"功能区单击"族类别和族参数"按钮,将族类别修改为"窗",族参数采用默认设置,如图 5.4.2 所示。

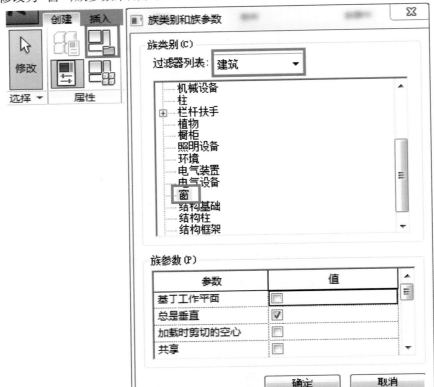

图 5.4.2

通过上述设置后,建模环境转变为当前创建窗的环境,注意观察族类别设置前后属性窗口的变化。设置完毕,将文件另存为"窗扇.rfa"。

2) 窗扇框建模

进入"立面-前"视图,在此视图中有两个参照平面:一个呈现为一条竖直线,即左右中心线;另一个参照平面锁定在参照标高(0 标高)上,呈现为一条水平直线。

(1)在立面视图绘制参照平面并添加窗扇宽度、窗扇高度参数

①绘制 3 个参照平面。在前立面视图中,调用"创建"菜单栏基准功能区的"参照平面"命令,绘制参照平面(图 5.4.3),具体尺寸先不考虑。

②添加窗扇宽度参数。调用"对齐尺寸标注"进行尺寸标注,如图 5.4.4 左图所示;标注完毕单击"EQ",将刚绘制的两条竖线与中心竖线对称布置,如图 5.4.4 右图所示。

对窗扇宽度进行尺寸标注,标注完毕按两次 Esc 键退出尺寸标注,然后选中刚标注的尺寸(图 5.4.5),在标签下拉列表中单击"添加参数",出现如图 5.4.6 所示的"参数属性"对话框,将参数名称命名为"窗扇宽度",单击"确定"按钮,完成参数——窗扇宽度的设置,完成情况如图 5.4.6 右图所示。

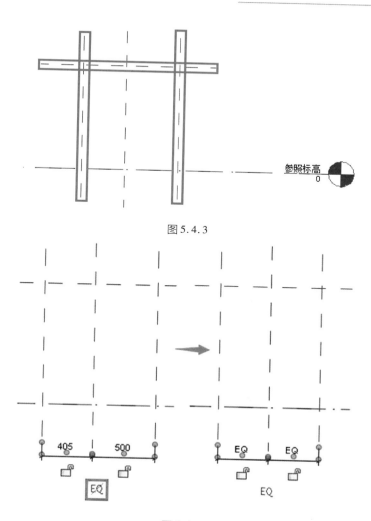

图 5.4.3

图 5.4.4

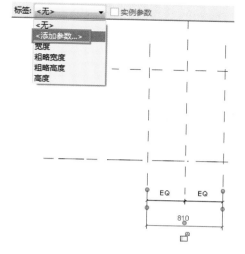

图 5.4.5

图 5.4.6

③添加窗扇高度参数。对窗扇高度进行尺寸标注,如图 5.4.7 左侧所示;退出尺寸标注,添加参数"窗扇高度",完成结果如图 5.4.7 右侧所示。

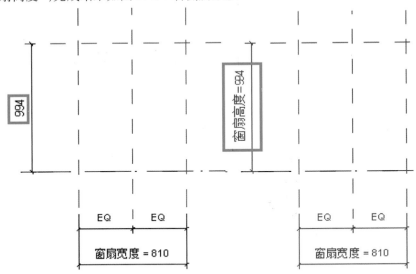

图 5.4.7

(2)窗扇框创建并将其轮廓与窗扇宽度、窗扇高度参照平面锁定

①绘制窗扇框外侧轮廓线。在立面视图下,在"创建"菜单栏形状功能区单击"拉伸"命令,出现临时菜单"修改|创建拉伸",然后调用"矩形"命令,沿刚绘制的参照平面绘制矩形,如图 5.4.8所示。绘制完毕,将轮廓线分别锁定在窗扇宽度、窗扇高度参照平面上。

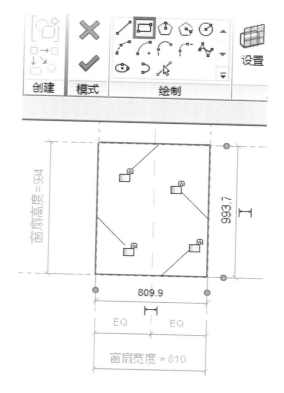

图 5.4.8

②绘制窗扇框内侧轮廓线。窗框宽度为 50 mm 不可参变,调用"矩形"命令,"偏移量"设置为 - 50 mm,在原矩形左上角和右下角分别单击鼠标,完成内侧轮廓线的绘制(图 5.4.9),内侧轮廓线自动锁定。单击"完成编辑模式",完成窗扇框建模,如图 5.4.10 所示。窗扇框的轮廓线锁定在参照平面上,因此其宽度和高度尺寸将随着参照平面的变化而变化,从而实现参变。

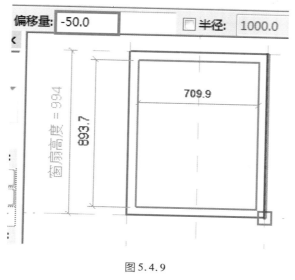

图 5.4.9

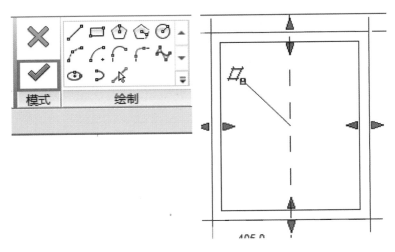

图 5.4.10

（3）在平面视图中绘制参照平面并添加窗扇框厚度参数

①绘制参照平面并均分。进入"楼层平面-参照标高"视图，在前后中心参照平面上下两侧各绘制两个参照平面（图5.4.11上），然后调用"对齐尺寸标注"命令，标注完毕，在"EQ"上单击取消红斜线（图5.4.11中），让绘制的参照平面以中心平面对称布置，完成情况如图5.4.11下所示。

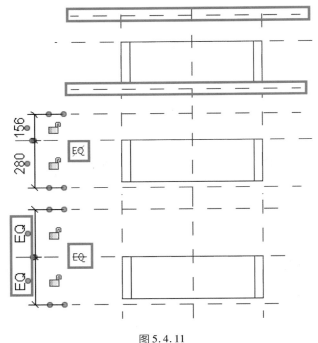

图 5.4.11

②添加窗扇框厚度参数。对刚绘制的参照平面进行标注，添加参数"窗扇厚度"，如图5.4.12所示。

（4）将窗扇框轮廓锁定到窗扇框厚度参照平面

单击鼠标左键选中窗扇框轮廓（图5.4.12），分别拖动其上下的"拉伸:操纵型手柄"至手柄

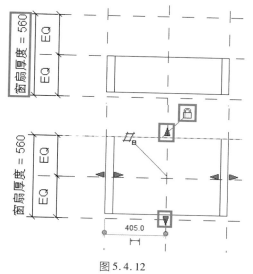

图 5.4.12

下参照平面,并将轮廓线锁定到对应参照平面上。

至此,单片窗扇的窗框建模完成,可在三维视图查看效果,在"族类型"中修改窗扇宽度、窗扇高度和窗扇厚度 3 个参数值,并可在不同视图中查看其参变情况。

3)窗扇玻璃建模

进入"前立面"视图,设置工作平面为"参照平面:中心(前/后)",使用"拉伸"方式,先将拉伸的起点和终点分别设置为 -3 mm 和 3 mm,然后调用"矩形"命令沿窗框内侧绘制矩形,并将轮廓线锁定在窗框内侧。玻璃厚度固定为 6 mm,并由前后中心参照平面均分,完成情况如图 5.4.13 所示。这种固定参数的设置方法与前述固定窗玻璃厚度固定参数的设置方法效果是一样的。

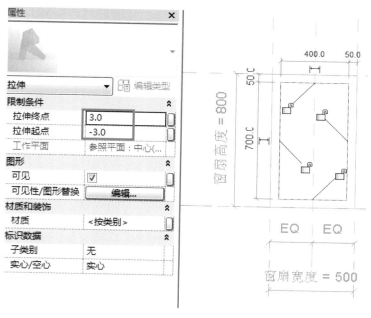

图 5.4.13

4) 添加材质参数

分别选中窗扇框和玻璃,添加材质参数"窗框材质"和"玻璃材质"。

完成以上操作后,保存族文件。

5.4.2 推拉窗框族创建

本次建模调用"公制窗.rft"样板文件,需要建模的内容包括外框、横梃、竖梃以及副窗玻璃,均运用拉伸命令来完成。

1) 推拉窗框建模

新建"族",选用"公制窗.rft"样板,将文件命名为"推拉窗框.rfa"族文件。

单击"创建"菜单下的"族类型"命令,参照前述方法新建族类型,并将其名称命名为"SGC-2",同时将洞口宽度调整为 2 400 mm。

设置工作平面为"参照平面:中心(前/后)"。在"楼层平面-参照标高"视图中,依次点击"创建—工作平面—设置",在对话框名称下拉列表中选择"中心(前/后)",然后转到"立面:外部"视图。

(1) 外框建模

绘制窗框外侧轮廓线。在"立面-外部"视图中,调用"拉伸"→"矩形"命令,绘制矩形轮廓线,并将其锁定到窗洞参照平面上,如图 5.4.14 所示。

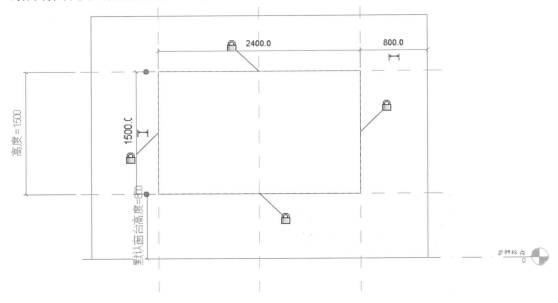

图 5.4.14

按照图 5.4.15 将"偏移量"设置为 −50 mm,即窗框宽度为 50 mm,定义为不可参变。

| 深度 | 250.0 | □链 | **偏移量:** | **−50.0** | □半径: | 1000.0 |

图 5.4.15

绘制窗框内侧轮廓线(图 5.4.16),绘制完毕内侧轮廓线自动锁定。

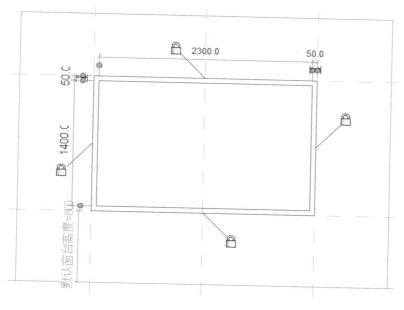

图 5.4.16

单击"完成编辑模式",完成窗框的拉伸模型创建。

（2）横梃建模

绘制横梃参照平面（图 5.4.17），参照平面位置在此先不考虑,此参照平面用于确定副窗高度。

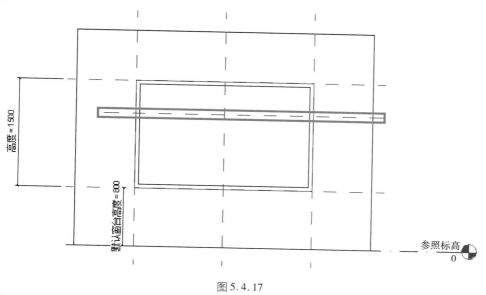

图 5.4.17

横梃模型创建:同样调用"拉伸"→"矩形"命令先绘制大致矩形框,绘制完毕将横梃下轮廓线直接锁定到横梃参照平面上。梃宽 40 mm 定义为不可参变,可通过固定临时尺寸方式实现;梃左右轮廓线与窗框内轮廓线锁定,梃厚与窗框厚度保持一致(80 mm,在属性窗口已为默认值 -40 mm 和 40 mm),如图 5.4.18 所示。

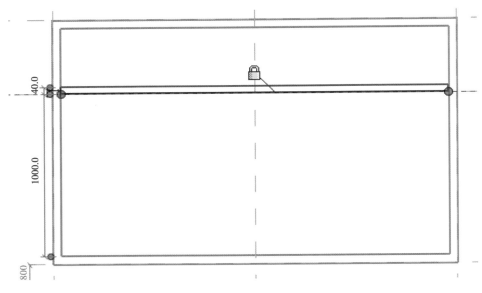

图 5.4.18

单击"完成编辑模式"完成横梃模型创建。测试横梃参变情况:移动绘制的参照平面,观察横梃是否参变,同时在"族类型"对话框中临时修改"宽度"和"高度"尺寸,观察参变情况。

(3)竖梃建模

竖梃模型分成上下两段,调用"拉伸"→"矩形"命令完成模型创建。梃宽仍为 40 mm,不可参变;厚度与窗框厚度一致;上下两端与窗框内侧轮廓线和横梃轮廓线分别锁定,如图 5.4.19 所示。单击"完成编辑模式"完成竖梃模型创建。

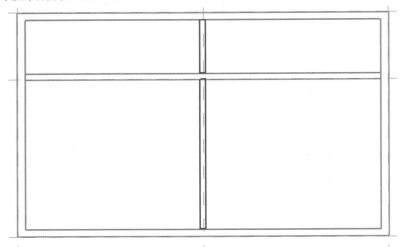

图 5.4.19

(4)副窗玻璃建模

副窗玻璃统一厚度为 6 mm,定义为不可参变。左右两块玻璃"拉伸"→"矩形"命令完成,注意完成锁定,在属性窗口调整拉伸起点和终点分别为 −3 mm 和 3 mm,如图 5.4.20 所示。单击"完成编辑模式"完成副窗玻璃创建。

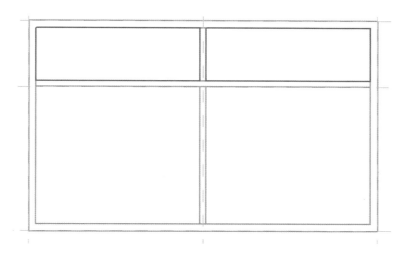

图 5.4.20

2）参数设置

本例中窗框宽度为 50 mm，梃宽为 40 mm，定义为不可参变。将窗框厚度和副窗高度定义为参变。材质参数此处暂不考虑，后续将窗扇的材质参数传递进来后将统一材质参数名称。

（1）设置窗框厚度参数

①绘制确定窗框厚度的参照平面并均分，标注厚度尺寸。进入"楼层平面-参照标高"视图，先在厚度方向绘制两个参照平面。两参照平面位于前后中心平面的两侧，尺寸先不考虑。为了绘制方便，可在基本墙体外部绘制。然后调用"对齐尺寸标注"命令进行尺寸标注，单击"EQ"，将两参照平面对称于前后中心平面的两侧，最后再标注厚度的总体尺寸。这样在窗框厚度尺寸参变时，任何时候都对称于前后中心平面。在标注尺寸时，务必配合使用 Tab 键，确保选择的是"参照平面：中心（前/后）"，如图 5.4.21 所示。

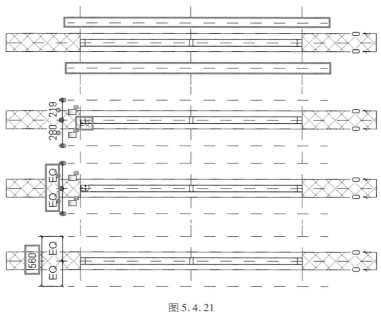

图 5.4.21

207

②将图元锁定在窗框厚度参照平面。窗框、横梃和竖梃在厚度上要保持一致,当窗框厚度参变时,横梃和竖梃都要同时参变。因此,将 3 个图元厚度轮廓同时锁定到参照平面,才能实现同时参变。

接下来分别选中 3 个图元,拖动"操纵型手柄",将其锁定到刚绘制的参照平面上,如图 5.4.22 所示。

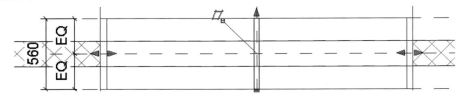

图 5.4.22

③添加窗框厚度参变参数。单击选中厚度尺寸标注(图 5.4.23),添加参数"窗框厚度"。

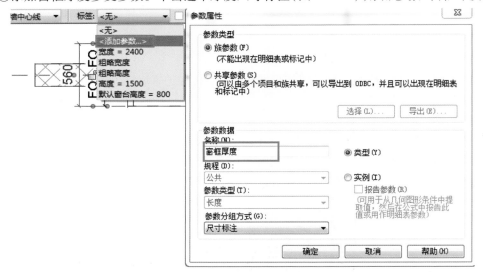

图 5.4.23

单击"确定"按钮关闭对话框,完成窗框厚度参数名称添加,如图 5.4.24 所示。接下来可在"族类型"对话框中将窗框厚度调整为 80 mm,同时测试其参变情况。

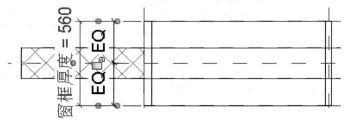

图 5.4.24

(2)设置副窗高度参数

进入"立面-外部"视图,参照图 5.4.25 进行尺寸标注。单击选中尺寸标注,添加参数"副窗高度",如图 5.4.26 所示。

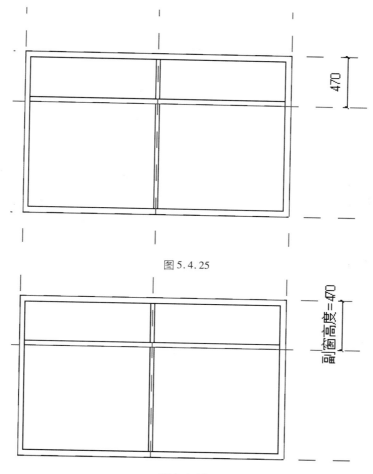

图 5.4.25

图 5.4.26

至此,推拉窗框模型的创建及两个自定义参变参数的添加已完成,保存族文件。

5.4.3　嵌套族

嵌套族,顾名思义,是将一个族嵌入另一个族中。如将 A 族嵌入 B 族后,A 族在 B 族中则作为一个整体出现。A 族的族参数通过参数传递方式可以在 B 族中得到共享,而且在进行定位关联时,只需对 A 族的边界或中心在 B 族进行定位,则 A 族的整个模型也得到定位,使用起来方便,不容易混乱。

打开之前保存的"推拉窗框"族文件,另存为"推拉窗"族文件。

1)载入窗扇

(1)载入窗扇族

在"插入"菜单中载入"窗扇"族,其将显示在推拉窗族项目浏览器的族目录下,如图 5.4.27 所示。

(2)确定放置平面

本例中,窗扇底部下边线与窗框底部上边线对齐,工作平面可参照图 5.4.28 拾取窗框底部上边线作为工作平面,视图方向选择"楼层平面:参照标高"。

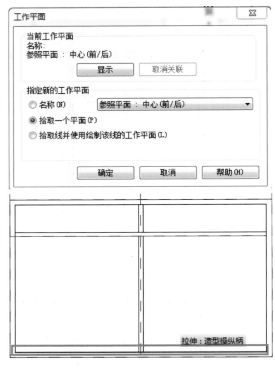

图 5.4.27 　　　　　　　　　　　　　　　图 5.4.28

（3）放置窗扇

在窗框内适当位置单击鼠标依次放置 4 个窗扇,如图 5.4.29 所示。放置时,将窗扇沿上下错开,方便推拉。

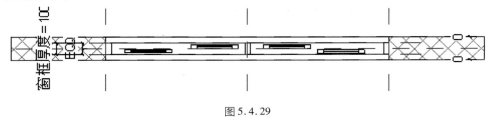

图 5.4.29

2）定位及锁定窗扇

将 4 个窗扇放置入窗框后,为了与窗框实现同步参变,须进行定位和锁定。

①窗扇前后(厚度)的定位和锁定。进入平面视图,以前后中心线为基准,将中间两个窗扇下边与"参照平面:参照平面:中心(前/后):参照"线对齐并锁定,外侧两个窗扇上边与"参照平面:参照平面:中心(前/后):参照"线对齐并锁定。

②窗扇左右的定位和锁定。进入平面视图,中间的两个窗扇内边与竖梃边对齐锁定;外侧两个窗扇外边与相邻窗框边对齐锁定。这种锁定方式只锁定了窗扇一侧,窗扇的另一侧将通过后面的参数计算方式实现定位。

③窗扇高度的定位和锁定。窗扇高度在视图中不进行定位和锁定,后期利用参数计算实现参变定位。

对齐锁定示意如图 5.4.30 所示。

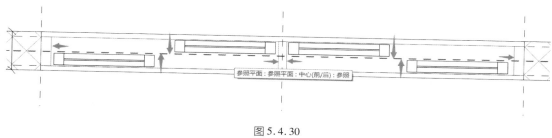

图 5.4.30

3) 参数传递及相关参数约束

（1）窗扇族参数传递入推拉窗族文件

在推拉窗族的视图中任意选中一个窗扇,打开"类型属性"对话框,如图 5.4.31 所示。

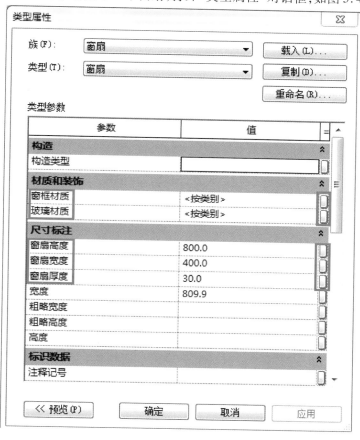

图 5.4.31

在该对话框中,需要将窗扇的两个材质参数和 3 个尺寸参数传递到推拉窗族文件中。由于后面将对窗扇与推拉窗框的参数进行关联,因此所有名称均保持不变。

单击窗框材质右侧按钮,出现"关联族参数"对话框(图 5.4.32),单击"添加参数",出现"参数属性"对话框,在名称栏输入"窗框材质"(图 5.4.33),单击"确定"按钮,接下来在"关联族参数"对话框中选中"窗框材质"选项(图 5.4.34),单击"确定"按钮完成参数传递。参数传递完毕,可调用"族类型"查看参数传递情况。

其余 4 个参数均传递到推拉窗族文件中,结果如图 5.4.35 所示。

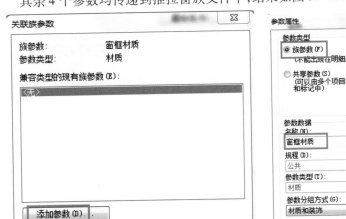

图 5.4.32

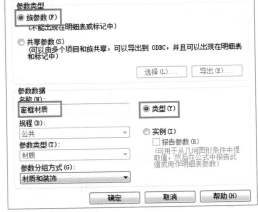

图 5.4.33

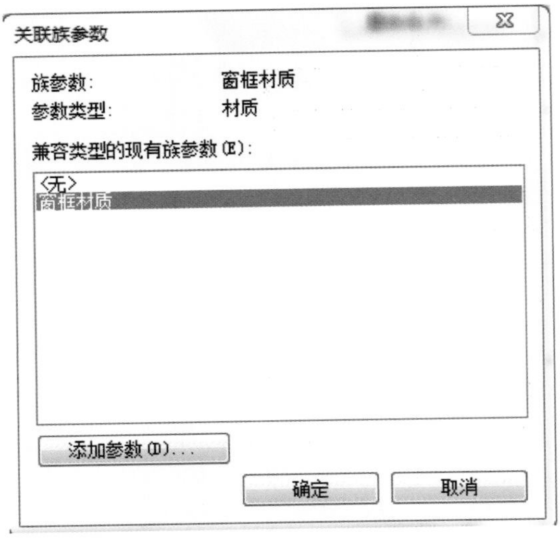

图 5.4.34

图 5.4.35

（2）定义窗扇及窗框尺寸参数间的约束关系

在"族类型"对话框公式栏,建立各参变参数之间的约束关系。（注意各类符号在半角状态下输入。）

①窗扇高度与高度、副窗高度的关系:将高度、副窗高度定义为可输入的变量,窗扇高度则利用公式直接生成。公式为:

$$窗扇高度 = 高度 - 副窗高度 - 50 \text{ mm}$$

②窗扇宽度与宽度的关系:将宽度定义为可输入变量,考虑窗扇间搭接 10 mm,则窗扇宽度利用公式直接生成。公式为:

$$窗扇宽度 = (宽度/2 - 70 \text{ mm})/2 + 5 \text{ mm}$$

③窗扇厚度与推拉窗框厚度的关系:考虑窗扇之间的推拉关系,同时推拉窗框在厚度上两

侧各留 10 mm 的边,将窗扇厚度定义为可输入变量。公式为:

$$窗框厚度 = 2 × 窗扇厚度 + 20 mm$$

这里的窗框厚度即推拉窗框厚度。

参数设置完毕后如图 5.4.36 所示。

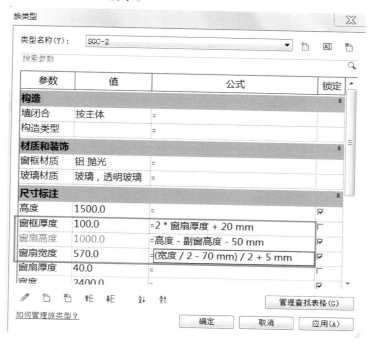

图 5.4.36

(3)推拉窗族材质参数的设置

窗框材质和玻璃材质的具体参数值设置在"族类型"对话框中进行。参照前述方法将窗框材质参数值设置为"铝抛光"(通过添加、复制、修改和重命名进行),玻璃材质参数值设置为"玻璃,透明玻璃"即可。

分别选中横梃、竖梃,设置材质参数为"窗框材质",副窗玻璃设置材质参数为"玻璃材质"。

推拉窗创建完成情况如图 5.4.1 所示。创建完毕后保存文件。

5.4.4 二维图形中的表达

进入任何一个视图,分别选中窗框、横梃、竖梃、副窗玻璃、窗扇,调用"族图元可见性设置"命令(图 5.4.37),将 4 个选项均取消勾选。即在项目模型的任意视图中(被剖切时)保留显示洞口剪切线,其余图元均不显示。

1)平面图(被剖切)中的表达

在被剖切的平面图中,窗户的表达形式为内部有两条平行线且与墙线均分。

进入"楼层平面-参照标高"视图,调用"注释"菜单栏的"符号"线命令,在墙体内侧绘制两平行线,然后沿墙体厚度方向进行尺寸标注,如图 5.4.38 所示。标注完毕单击"EQ"进行均分。为方便绘制符号线,在绘制前可将洞口内的所有图元和参照平面临时隐藏。

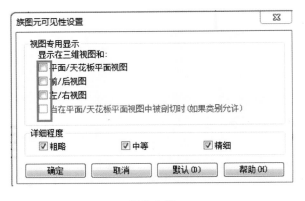

图 5.4.37

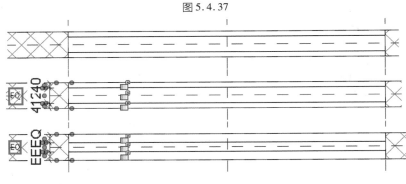

图 5.4.38

2）立面图（被剖切）中的表达

进入"立面-右"视图,同样先将窗框、窗扇、横梃、竖梃、副窗玻璃及参照平面临时隐藏（参照平面图中的处理方法）,如图 5.4.39 所示。处理完毕后保存族文件。

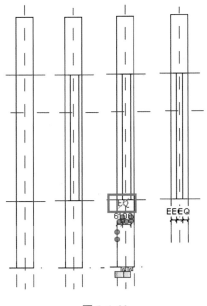

图 5.4.39

6 Revit 应用

Revit 不仅可以创建模型,还有一些能够在施工中提供帮助的应用,如明细表应用,将大型建筑模型分开创建然后链接组合的应用,将三维模型输出为标准施工图的应用,导入 CAD 底图后快速建模的应用。本章教学内容主要介绍工程量统计、施工图出图、CAD 底图导入、模型链接、碰撞检查等与建筑施工有较多联系的应用。

6.1　工程量统计

任务说明

创建门窗工程量统计表和墙体工程量统计表。

任务分析

(1)调用"明细表/数量"命令进行门窗工程量统计;

(2)调用"材质提取"命令进行墙体工程量统计。

统计表在 Revit 中称为明细表,Revit 不仅可以生成三维参数化建筑信息模型,而且可以利用建筑模型得到施工图纸、各类明细表等信息。在 Revit 中,模型与图纸、明细表之间自动关联。

6.1.1　门窗统计

Revit 可以用明细表的形式对模型中所有类型构件的图元属性进行统计,在修改模型图元时,对应的明细表将自动更新。本节以项目文件"5 号教学楼建筑. rvt"为例,详细介绍如何创建门窗统计表。

1)创建门统计表

(1)准备工作

打开"5 号教学楼建筑. rvt"项目文件,在"项目浏览器"中,将"明细表/数量"子项下原有的明细表删除。

创建明细表的方式有两种:一种是直接在"项目浏览器"中单击选中"明细表/数量"(图6.1.1),单击鼠标右键出现如图 6.1.2 所示选项,单击"新建明细表/数量"即可;第二种是在"视图"菜单栏下"创建"功能区鼠标左键单击"明细表",出现如图 6.1.3 所示选项,单击选择"明细表/数量"即可。

(2)设置明细表的名称

上述两种方式中,选择"新建明细表/数量"选项,弹出如图 6.1.4 所示"新建明细表"对话框。按照图 6.1.4 所示对明细表的类别、名称进行设置,"名称"修改为"门明细表",单击"确定"按钮完成明细表的类别设置。

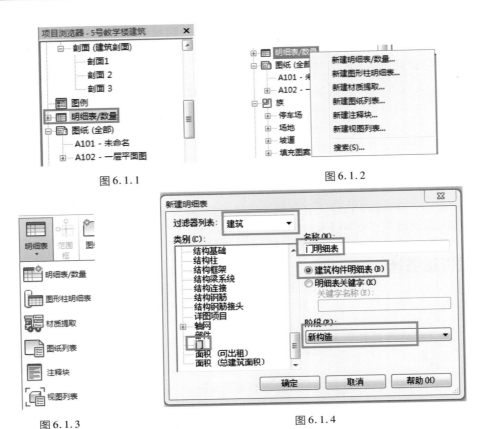

图 6.1.1   图 6.1.2

图 6.1.3   图 6.1.4

（3）设置明细表的属性

单击"确定"按钮后，弹出如图 6.1.5 所示"明细表属性"对话框。在该对话框中将对新建的门明细表进行字段、过滤器、排序/成组、格式以及外观设置。

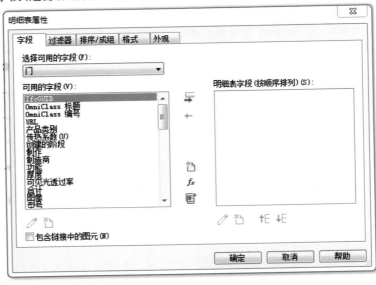

图 6.1.5

　　字段设置时,主要涉及明细表中需要添加哪些字段以及这些字段的排列顺序。添加字段通过"添加参数"和"删除参数"按钮进行,排序通过"上移参数"和"下移参数"按钮进行。添加字段并排序完成后的结果如图6.1.6所示。

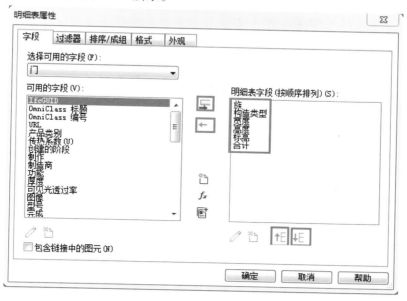

图6.1.6

　　如果要按设定条件创建明细表,则可以使用"过滤器"对相关字段进行参数过滤。
本例中设定的排序方式如图6.1.7所示,取消勾选"逐项列举每个实例"。

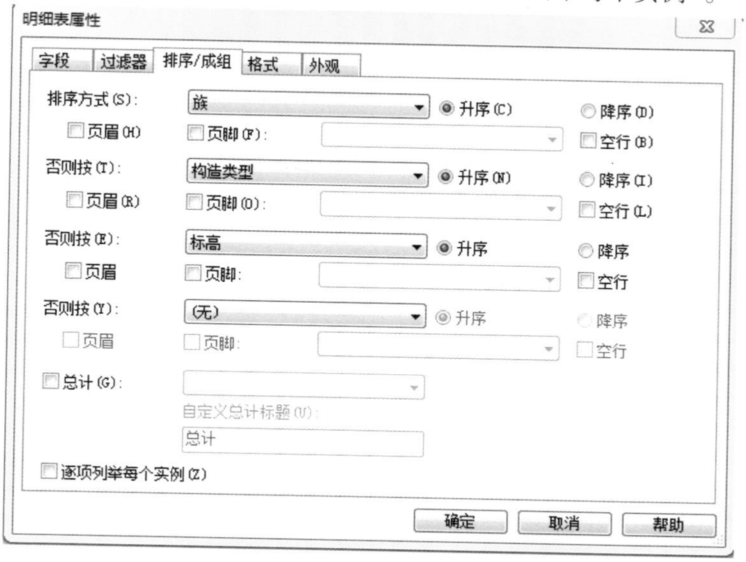

图6.1.7

　　"格式"主要是设置字段在明细表中的显示内容和显示方式。例如,将字段"族"在明细表中显示内容修改为"类别",则在"标题"框中输入"类别"。"标题方向"和"对齐"方式根据需要进行设置即可,如图6.1.8所示。同理,可将字段"构造类型"在"标题"框中修改为"编号",字段"合计"修改为"数量"。"宽度"和"高度"字段在明细表中的显示内容不变,所有的字段"对齐"方式均采用"中心线"对齐。

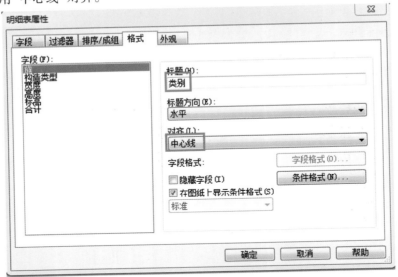

图 6.1.8

明细表显示外观设置主要包括网格线和轮廓线的线宽、标题和正文内容的文字大小等内容,设置完成后的情况如图 6.1.9 所示,注意取消勾选"数据前的空行"。

图 6.1.9

明细表属性设置完毕,单击"确定"按钮关闭"明细表属性"对话框。创建的门明细表如图6.1.10 所示。

创建明细表完毕,如果要对明细表中的字段进行添加、删除以及排序方式等调整,可以在"明细表"属性栏中相应选项右侧单击"编辑"按钮,如图 6.1.11 所示。

(4)明细表格式调整

①标题成组。如果要将标题"宽度""高度"成组为"洞口尺寸"标题,按照下述方法进行。

选中标题"宽度",拖动鼠标到"高度",即选中这两个标题(图 6.1.12),在"标题和页眉"功能区单击"成组",在"宽度"和"高度"上方增加一行,在其中输入"洞口尺寸",完成情况如图6.1.13所示。

<门明细表>					
A	B	C	D	E	F
类别	编号	宽度	高度	标高	数量
平开门-木质单扇	MM-1	1000	2100	F1	20
平开门-木质单扇	MM-1	1000	2100	F2	22
平开门-木质单扇	MM-1	1000	2100	F3	22
平开门-木质单扇	MM-1	1000	2100	F4	22
平开门-木质单扇	MM-3	900	2100	F1	2
平开门-木质单扇	MM-3	900	2100	F2	2
平开门-木质单扇	MM-3	900	2100	F3	2
平开门-木质单扇	MM-3	900	2100	F4	2
平开门-木质单扇	MM-4	800.0	2100	F1	2
平开门-木质单扇	MM-4	800	2100	F2	2
平开门-木质单扇	MM-4	800	2100	F3	2
平开门-木质单扇	MM-4	800	2100	F4	2
平开门-木质双扇	MM-2	1500	2100	F1	2
防火门-双扇	FM甲-1	1500	2100	F1	2
防火门-双扇	FM甲-1	1500	2100	F2	2
防火门-双扇	FM甲-1	1500	2100	F3	2
防火门-双扇	FM甲-1	1500	2100	F4	2

图 6.1.10

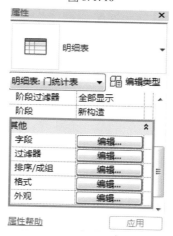

图 6.1.11

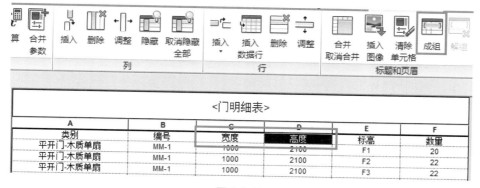

图 6.1.12

<门明细表>					
A	B	C	D	E	F
类别	编号	洞口尺寸		标高	数量
		宽度	高度		
平开门-木质单扇	MM-1	1000	2100	F1	20
平开门-木质单扇	MM-1	1000	2100	F2	22
平开门-木质单扇	MM-1	1000	2100	F3	22
平开门-木质单扇	MM-1	1000	2100	F4	22
平开门-木质单扇	MM-3	900	2100	F1	2
平开门-木质单扇	MM-3	900	2100	F2	2
平开门-木质单扇	MM-3	900	2100	F3	2
平开门-木质单扇	MM-3	900	2100	F4	2
平开门-木质单扇	MM-4	800	2100	F1	2
平开门-木质单扇	MM-4	800	2100	F2	2
平开门-木质单扇	MM-4	800	2100	F4	2
平开门-木质双扇	MM-2	1500	2100	F1	2
防火门-双扇	FM甲-1	1500	2100	F1	2
防火门-双扇	FM甲-1	1500	2100	F2	2
防火门-双扇	FM甲-1	1500	2100	F3	2
防火门-双扇	FM甲-1	1500	2100	F4	2

图 6.1.13

②标题对齐设置。类别、编号、标高、数量 4 个标题在垂直方向上没有居中,因此可以依次单击这 4 个标题,按照图 6.1.14 所示设置进行垂直方向的对齐。最后完成情况如图 6.1.15 所示。

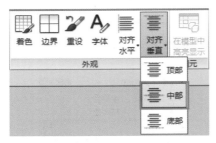

图 6.1.14

<门明细表>					
A	B	C	D	E	F
类别	编号	洞口尺寸		标高	数量
		宽度	高度		
平开门-木质单扇	MM-1	1000	2100	F1	20
平开门-木质单扇	MM-1	1000	2100	F2	22
平开门-木质单扇	MM-1	1000	2100	F3	22
平开门-木质单扇	MM-1	1000	2100	F4	22
平开门-木质单扇	MM-3	900	2100	F1	2
平开门-木质单扇	MM-3	900	2100	F2	2
平开门-木质单扇	MM-3	900	2100	F3	2
平开门-木质单扇	MM-3	900	2100	F4	2
平开门-木质单扇	MM-4	800	2100	F1	2
平开门-木质单扇	MM-4	800	2100	F2	2
平开门-木质单扇	MM-4	800	2100	F4	2
平开门-木质双扇	MM-2	1500	2100	F1	2
防火门-双扇	FM甲-1	1500	2100	F1	2
防火门-双扇	FM甲-1	1500	2100	F2	2
防火门-双扇	FM甲-1	1500	2100	F3	2
防火门-双扇	FM甲-1	1500	2100	F4	2

图 6.1.15

2）创建窗统计表

参照上述方法设置窗明细表中的字段,如图 6.1.16 所示。

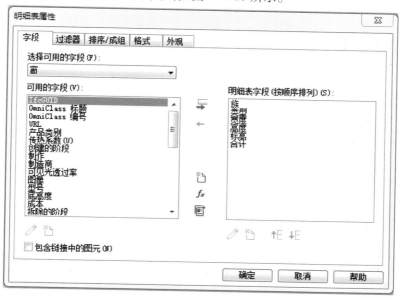

图 6.1.16

设定的排序方式如图 6.1.17 所示。

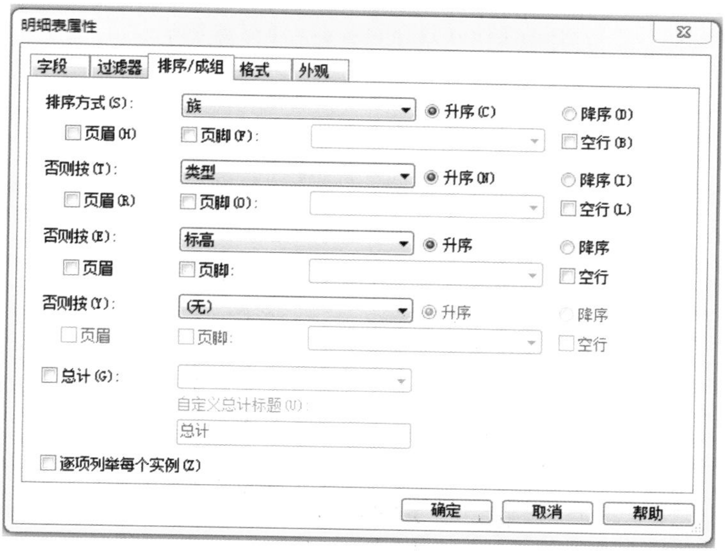

图 6.1.17

在"格式"选项中,将字段"族"修改为"类别",字段"类型"修改为"编号",字段"合计"修改为"数量",所有对齐方式采用"中心线"对齐。

完成后对字段"宽度""高度"成组"洞口尺寸",对标题对齐方式进行调整,最后完成的效果,如图 6.1.18 所示。

<窗明细表>					
A	B	C	D	E	F
类别	编号	洞口尺寸		标高	数量
		宽度	高度		
塑钢窗-三层双列	SGC-1	1200	2250	F1	40
塑钢窗-三层双列	SGC-1	1200	2250	F2	48
塑钢窗-三层双列	SGC-1	1200	2250	F3	48
塑钢窗-三层双列	SGC-1	1200.0	2250	F4	48
塑钢窗-三层双列	SGC-1c	900	2250	F2	4
塑钢窗-三层双列	SGC-1c	900	2250	F3	4
塑钢窗-三层双列	SGC-1c	900	2250	F4	4
塑钢窗-三层四列	SGC-3	2400	2250	F2	3
塑钢窗-三层四列	SGC-3	2400	2250	F3	3
塑钢窗-三层四列	SGC-3	2400	2250	F4	3
塑钢窗-双层四列-上部固定	SGC-2	2400	1500	F2	3
塑钢窗-双层四列-上部固定	SGC-2	2400	1500	F3	3
塑钢窗-双层四列-上部固定	SGC-2	2400	1500	F4	3
塑钢窗-固定窗1	SGC-1a	1200	450	F1	4
塑钢窗-固定窗1	SGC-1a	1200	450	F2	4
塑钢窗-固定窗1	SGC-1a	1200	450	F3	4
塑钢窗-固定窗1	SGC-1a	1200	450	F4	4
塑钢窗-固定窗1	SGC-1b	450	450	F1	36
塑钢窗-固定窗1	SGC-1b	450	450	F2	36
塑钢窗-固定窗1	SGC-1b	450	450	F3	36
塑钢窗-固定窗1	SGC-1b	450	450	F4	36
防火窗-推拉-双钢扇-居中	GC-01	1200	1500	F1	1

图 6.1.18

6.1.2 墙体工程量统计

Revit 除可以对构件进行数量统计外,还可以对墙体材质等工程量进行统计。在实际施工中,可以统计现浇混凝土、填充墙、抹灰等的工程量。

1)新建材质提取明细表

在"项目浏览器"中选中"明细表/数量",然后单击鼠标右键选择"新建材质提取"选项(图6.1.19),弹出"新建材质提取"对话框。在该对话框中选择类别"墙","名称"输入框中输入"墙材质工程量统计",单击"确定"按钮,进入"材质提取属性"对话框,如图 6.1.20 所示。

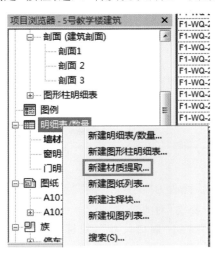

图 6.1.19

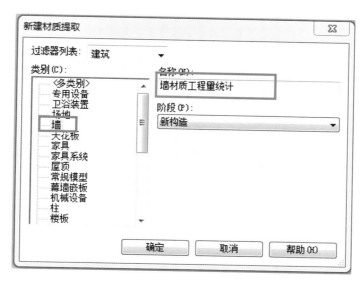

图 6.1.20

2）添加明细表中字段并排序

在"材质提取属性"对话框中，通过"添加参数"按钮，将可用字段添加到明细表字段列表框中，主要字段包括类型、族、材质：名称、材质：面积、材质：体积、合计等。添加完毕，调用"排序"按钮，将字段按图 6.1.21 所示顺序进行排列。

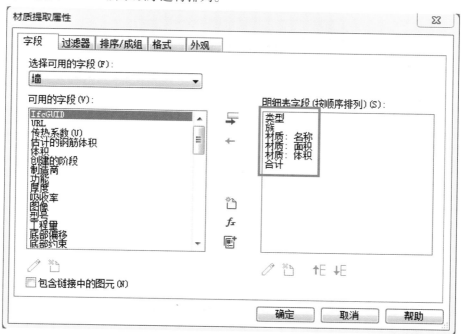

图 6.1.21

3）设置排序/成组

在"排序/成组"选项中，设置排序方式依次为族、类型、材质：名称，取消勾选"总计"和"逐项列举每个实例"，如图 6.1.22 所示。

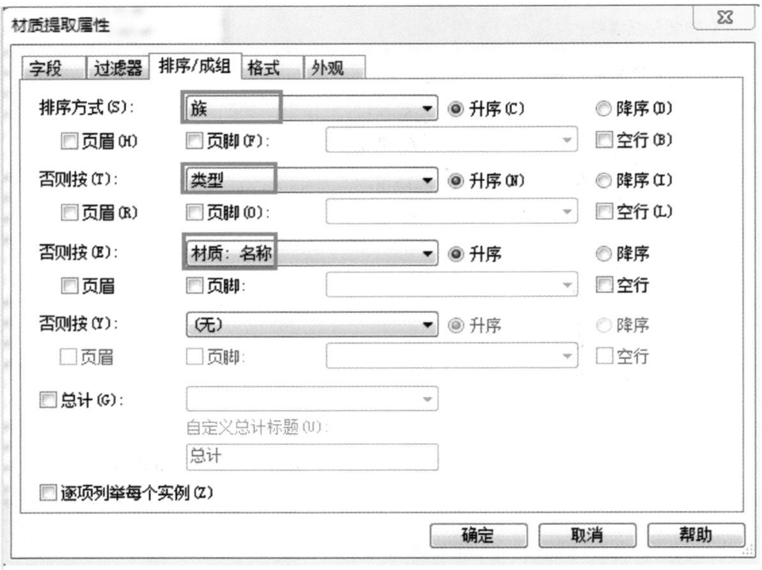

图 6.1.22

其他设置可参照门明细表的方式进行，完成情况如图 6.1.23 所示。在这个明细表里，部分面积、体积的数量出现了空白。这时，应该在明细表属性设置框中的格式栏进行如图 6.1.24 所示的修改，将"计算总数"选中，单击"确定"后，将会出现如图 6.1.25 所示的材质明细表，这时所有的数据都出现了。

<墙材质工程量统计>

A	B	C	D	E
族	类型	材质:名称	材质:面积	材质:体积
基本墙	F1 NQ1 120	砖,空心	11 m²	1.37 m³
基本墙	F1 NQ1 200	砖,空心		
基本墙	F1 NQ2 200	混凝土砌块		
基本墙	F1 WQ 200	教学楼外墙砖,白色		
基本墙	F1 WQ 200	灰泥		
基本墙	F1 WQ 200	砖,空心		
基本墙	F2 NQ1 120	砖,空心	11 m²	1.37 m³
基本墙	F2 NQ1 200	砖,空心		
基本墙	F2 NQ2 200	混凝土砌块		
基本墙	F2 WQ 200	教学楼外墙砖,褐色		
基本墙	F2 WQ 200	灰泥		
基本墙	F2 WQ 200	砖,空心		
基本墙	F3 NQ1 120	砖,空心	11 m²	1.37 m³
基本墙	F3 NQ1 200	砖,空心		
基本墙	F3 NQ2 200	混凝土砌块		
基本墙	F3 WQ 200	教学楼外墙砖,褐色		
基本墙	F3 WQ 200	灰泥		
基本墙	F3 WQ 200	砖,空心		
基本墙	F4 NQ1 120	砖,空心	11 m²	1.37 m³
基本墙	F4 NQ1 200	砖,空心		
基本墙	F4 NQ2 200	混凝土砌块		
基本墙	F4 WQ 200	教学楼外墙砖,褐色		
基本墙	F4 WQ 200	灰泥		
基本墙	F4 WQ 200	砖,空心		

图 6.1.23

4)明细表导出

在文件列表中单击"导出"→"报告"→"明细表"（图 6.1.26），单击"明细表"，弹出如图

6.1.27所示"导出明细表"对话框,对文件名进行设置后单击"保存"按钮,对明细表的外观和输出选项进行设置后即可完成明细表的导出。

　　Revit可以提供强大的明细表统计功能,除自动统计构件数量,材质体积、面积等工程量外,还可以生成施工图图纸清单、视图列表等,设置方法类似。

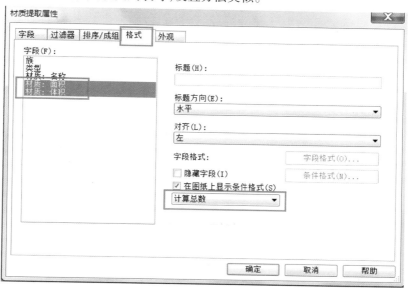

图 6.1.24

<墙材质工程量统计>

A	B	C	D	E
族	类型	材质:名称	材质:面积	材质:体积
基本墙	F1_NQ1_120	砖,空心	23 m²	2.75 m³
基本墙	F1_NQ1_200	砖,空心	80 m²	15.93 m³
基本墙	F1_NQ2_200	混凝土砌块	792 m²	158.39 m³
基本墙	F1_WQ_200	教学楼外墙砖,	626 m²	31.29 m³
基本墙	F1_WQ_200	灰泥	626 m²	12.52 m³
基本墙	F1_WQ_200	砖,空心	626 m²	125.15 m³
基本墙	F2_NQ1_120	砖,空心	23 m²	2.75 m³
基本墙	F2_NQ1_200	砖,空心	80 m²	15.93 m³
基本墙	F2_NQ2_200	混凝土砌块	826 m²	165.24 m³
基本墙	F2_WQ_200	教学楼外墙砖,	533 m²	26.65 m³
基本墙	F2_WQ_200	灰泥	533 m²	10.66 m³
基本墙	F2_WQ_200	砖,空心	533 m²	106.60 m³
基本墙	F3_NQ1_120	砖,空心	23 m²	2.75 m³
基本墙	F3_NQ1_200	砖,空心	80 m²	15.93 m³
基本墙	F3_NQ2_200	混凝土砌块	826 m²	165.24 m³
基本墙	F3_WQ_200	教学楼外墙砖,	533 m²	26.65 m³
基本墙	F3_WQ_200	灰泥	533 m²	10.66 m³
基本墙	F3_WQ_200	砖,空心	533 m²	106.60 m³
基本墙	F4_NQ1_120	砖,空心	23 m²	2.75 m³
基本墙	F4_NQ1_200	砖,空心	80 m²	15.93 m³
基本墙	F4_NQ2_200	混凝土砌块	826 m²	165.24 m³
基本墙	F4_WQ_200	教学楼外墙砖,	533 m²	26.65 m³
基本墙	F4_WQ_200	灰泥	533 m²	10.66 m³
基本墙	F4_WQ_200	砖,空心	533 m²	106.60 m³

图 6.1.25

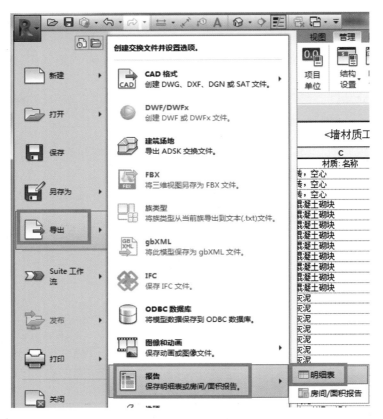

图 6.1.26

图 6.1.27

6.2 施工图出图

任务说明

平面、立面、剖面施工图深化,详图深化及施工图出图。

任务分析

(1)平面、立面、剖面施工图深化、详图深化;

(2)视图样板管理;

(3)设置标题栏,布图与打印。

本节主要介绍在完成三维模型创建的基础上,如何深化平面、立面、剖面施工图及详图,输出满足制图标准的施工图及打印施工图等内容。

6.2.1 平面施工图深化

平面施工图深化的主要内容是在 Revit 模型平面视图的基础上进行尺寸标注、添加各类注释信息、图形裁剪等。

在 Revit 中,平面尺寸标注主要内容是先进行尺寸标注样式的设置,然后应用有关命令自动快速进行尺寸标注。在 Revit 中,尺寸标注提供了强大的自动标注功能,只需要进行简单的设置即可。

Revit 的尺寸标注提供了 5 种尺寸标注方式,包括对齐标注(沿对象方向生成尺寸标注)、线性标注(在水平和垂直方向上标注)、角度标注(标注对象间角度)、径向标注(标注圆弧对象半径和直径)、弧长标注(标注圆弧长度)。

1)复制 F1 视图,重命名为"一层平面图"

打开项目文件"5 号教学楼建筑.rvt",在"项目浏览器"中选中"楼层平面:F1 视图",单击鼠标右键选择"复制视图"→"带细节复制",如图 6.2.1 所示,然后对该视图重命名为"一层平面图"。

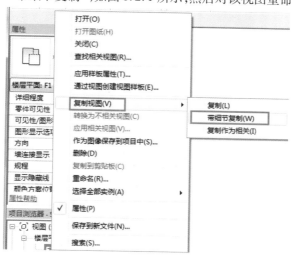

图 6.2.1

227

创建该平面视图的目的是在此视图基础上进行深化,最终输出完善的施工图。

2)隐藏不需要的图元

单击菜单栏"视图",调用"可见性/图形"命令(或直接输入快捷命令"VG"或"VV")对图元进行可见性设置。这里对图元"植物"和"参照平面"在当前视图中进行隐藏。

图元可见性设置对话框如图 6.2.2 所示,在"模型类别"中取消勾选"植物",在"注释类别"中取消勾选"参照平面",这两种图元在视图中将不可见。其他图元如需设置为不可见,也可参照此方法进行设置。

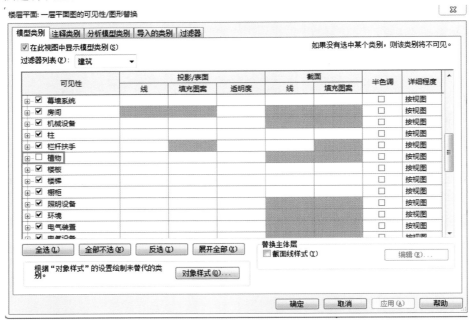

图 6.2.2

同时,在"楼层平面"中勾选"裁剪区域可见",对裁剪区域框大小进行调整,如图 6.2.3 和图 6.2.4所示。

图 6.2.3

228

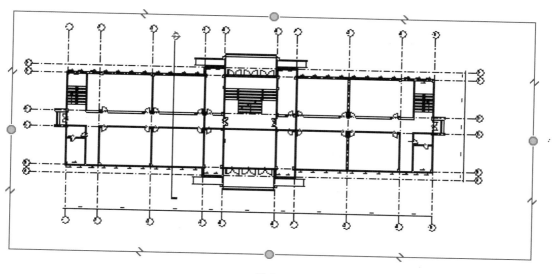

图 6.2.4

另外,可在视图控制快捷工具中对裁剪区域进行隐藏或显示,如图 6.2.5 所示。

1 : 100

图 6.2.5

3)轴网处理

在该视图中,轴线有中段,整个图形显得比较凌乱,现将轴线的中段隐藏。先框选所有图元,然后调用"过滤器"对话框,只勾选"轴网",如图 6.2.6 所示。

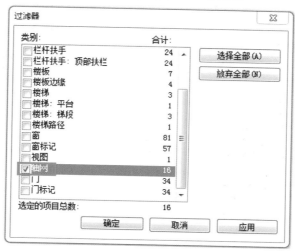

图 6.2.6

在"属性"窗口单击"编辑属性",弹出"类型属性"对话框,在族类型"6.5 mm 编号"基础上调用"复制"命令,新建一种新类型并命名为"6.5 mm 编号-1",如图 6.2.7 所示。名称输入完毕单击"确定"按钮,然后将该新类型的"轴线中段"设置为"无",其他选项可以采用默认值,如图6.2.8所示。单击"确定"按钮完成新的族类型的设置。

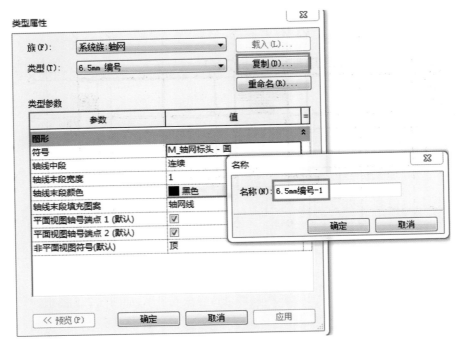

图 6.2.7

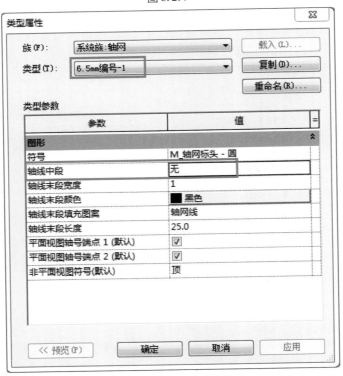

图 6.2.8

4）尺寸标注样式设置

尺寸标注样式设置内容包括尺寸线、尺寸界线的样式以及文字的字体、字号等。

主要步骤如下：在"注释"菜单栏下"尺寸标注"功能区选择"对齐"命令，然后在"属性"窗口中单击"编辑类型"，在"类型属性"对话框单击"复制"命令并输入"平面线性尺寸标注 2.5 mm"，如图 6.2.9 所示。尺寸界线延伸 2 mm，文字大小 2.5 mm，宽度系数为 0.75，字体为仿宋_GB2312，其他设置参照进行，设置完毕单击"确定"按钮，完成新的族类型尺寸标注样式设置。

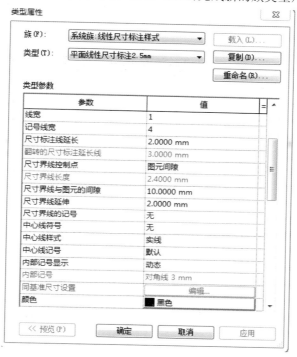

图 6.2.9

5）尺寸标注

尺寸标注样式设置完毕后，即可对需要标注的对象进行标注。平面图的尺寸主要包括门窗洞口尺寸、轴网尺寸及总体尺寸。

首先进行最内侧门窗洞口尺寸标注。调用尺寸标注的"对齐"命令，按照图 6.2.10 所示，在"属性"窗口确认标注的尺寸样式为刚定义的族类型，选择"参照核心层中心"，拾取"整个墙"，

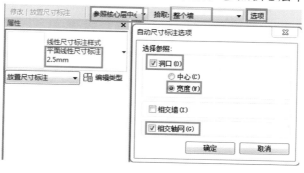

图 6.2.10

单击"选项"按钮弹出"自动尺寸标注选项"对话框,勾选"洞口"和"相交轴网",并确定为洞口"宽度"标注。设置完毕,依次拾取墙体,然后将尺寸标注移动到合适位置单击,即可自动完成门窗洞口的尺寸标注,如图6.2.11所示。

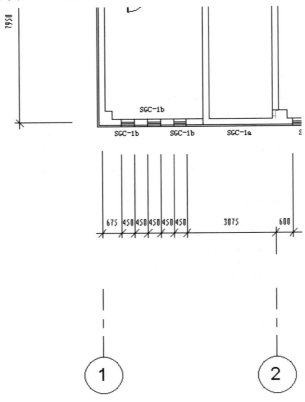

图 6.2.11

　　然后标注轴网尺寸。标注时参照上述设置,在"自动尺寸标注选项"中取消勾选"洞口",只勾选"相交轴网",然后参照上述方法自动标注轴网尺寸。

　　最后标注总体尺寸。其他设置参照上述方法,在"拾取"选项中选择"单个参照点",然后分别在西侧墙体和东侧墙体单击,将尺寸标注移动到合适位置单击,即可完成总体尺寸标注,如图6.2.12所示。

　　其他需要标注尺寸的对象参照上述方法进行。标高的标注在设置好样式之后进行,这里从略。

　　6) 添加注释

　　为每一房间标注名称及面积。在"建筑"菜单栏下"房间和面积"功能区选择"房间分隔",为需要实施分隔的房间进行分隔,然后选择"房间"为每个房间标记名称和面积,另外,还可以调用颜色方案为每个不同类别的房间用颜色进行标记。

6.2.2　视图样板的应用

　　在上一节中,我们已经按照要求对施工图的标注样式、轴网处理、视图比例、显示详细程度、视觉样式、图元可见性、视图裁剪、视图范围等进行了设置,这些内容是可以利用视图样板在不同视图间进行传递的,这将极大地提高施工图深化效率。

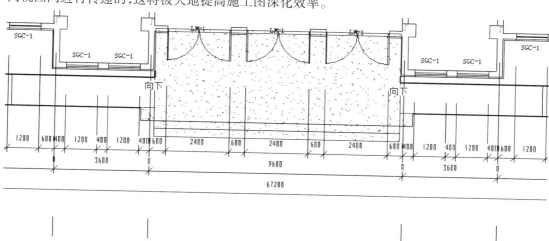

图6.2.12

1)创建视图样板

当设置完一个视图后,可使用"视图"菜单栏下的"视图样板"命令(图6.2.13),将该视图所使用的设置创建为样板。单击"从当前视图创建样板",弹出如图6.2.14 所示"新视图样板"名称输入框,对当前视图的样板命名为"平面施工图样板",然后单击"确定"按钮,最后在"视图样板"对话框中(图6.2.15)对该样板进行"视图属性"的设置,具体设置根据需要进行。

图6.2.13

图6.2.14

233

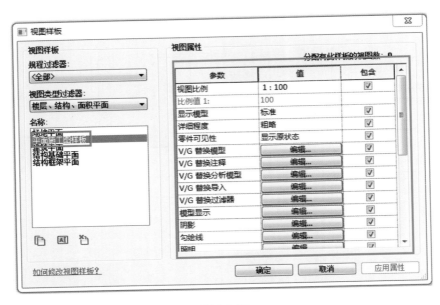

图 6.2.15

2）将视图样板应用到其他视图

如果其他平面视图需要应用该样板,则在"视图样板"下选择"将样板属性应用于当前视图"。如复制 F2 楼层平面图并重命名,然后选择"将样板属性应用于当前视图",在"应用视图样板"对话框中,按照图 6.2.16 选中刚创建的"平面施工图样板",单击"应用属性"按钮,即可快速完成视图的显示设置。

创建"视图样板",可以在各个视图之间快速应用,省去对每个视图进行单独设置的麻烦。

"管理视图样板"命令可以对设置好的视图样板进行进一步修改,其修改的主要内容是"视图属性"中涉及的相关项目,如图 6.2.16 所示。

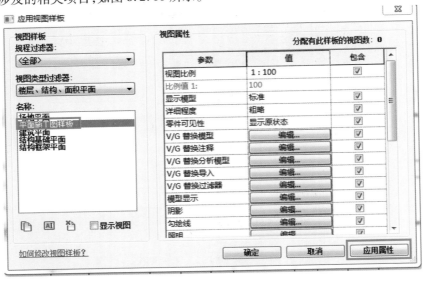

图 6.2.16

6.2.3 剖面施工图深化

剖面施工图深化主要包括两个内容:一是剖视设置,包括剖面位置、剖视方向、剖视范围的确定以及剖面线的类型属性设置;二是显示样式设置,包括对自动生成的剖面图进行视图属性(或显示属性)设置、尺寸标注及注释、对象的区域填充或遮罩等。

1)剖视设置

(1)绘制剖面线

首先应确定剖面的位置及剖面线的样式(即类型属性设置)。接 6.2.1 节,在"一层平面图"中,选择"视图"菜单栏下"创建"功能区中的"剖面"命令,在需要剖切的位置绘制剖面,如图6.2.17所示。

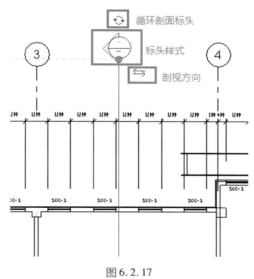

图6.2.17

在选中剖面线的情况下,将提供"循环剖面标头""翻转剖面""拖曳"3 个调整功能。在标头样式上方提供的"循环剖面标头"功能,通过单击该手柄可选择需要的标头样式。在标头侧下方,提供了"翻转剖面"功能,单击该手柄可调整剖视方向。通过"拖曳"功能,可调整剖切的范围。注意在单击"翻转剖面"手柄时,剖切范围框随之翻转。

(2)剖切标记样式设置

在选中剖面线的情况下,在"属性"窗口单击"编辑类型",弹出"类型属性"对话框,然后单击"复制"按钮,定义新的类型属性"建筑剖面-1",如图 6.2.18 所示。单击"确定"按钮回到"类型属性"对话框,如图 6.2.19 所示。

在图 6.2.19 中,单击"剖面标记"右侧选项框右端,出现如图 6.2.20 所示对剖面标记设置对话框,在"类型"框中复制并命名"剖面标头 1",然后对"剖面标头"和"剖面线末端"进行设置,均使用"剖面标头 1"样式。如果没有这个选项,则需要载入"族",在"注释"→"符号"→"建筑"路径下可以找到该注释符号。然后两次单击"确定"按钮完成"剖面标记"的设置,最后剖面标记样式如图 6.2.21 所示。

如果需要修改剖面名称,则进入项目浏览器,在该视图名称上单击右键进行重命名即可。

(3)剖切范围框及剖面线

剖切范围的大小通过范围框线上的"拖曳"手柄完成,根据表达的需要适时调整。

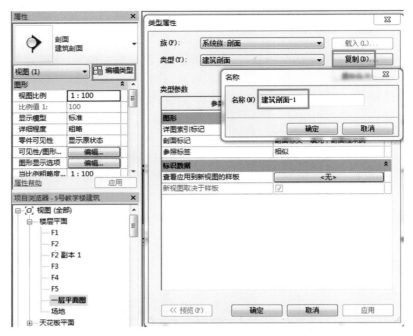

图 6.2.18

图 6.2.19

剖面线在默认情况下是贯穿图形的,在图纸中,一般中间需要断开。在选中剖面线时,线中间有"线段间隙"操纵手柄,在此处单击该手柄,剖面线从中间断开,然后可以拖动两个"拖曳"点进行剖面线中间线段部分长短的调整。

注意:对剖面线两端线段长短进行调整时,"线段间隙"手柄仍然存在,如果再次单击则剖面线中间断开部分恢复为一个整体。

如果需要使用折线剖面线,则使用"拆分线段"命令将剖面线在适当位置打断后再移动到需要剖切的位置。

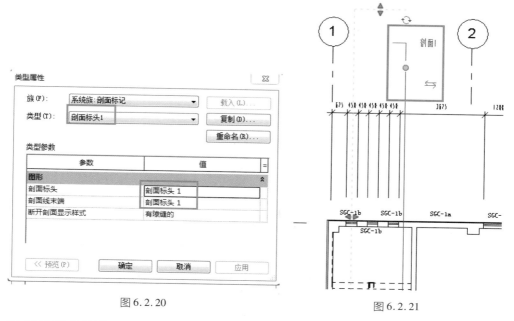

图 6.2.20

图 6.2.21

2）显示样式设置

按照上述方式设置完毕，单击选中剖面线，再单击鼠标右键选择"转到视图"，对该剖面图进行设置，初始图形如图 6.2.22 所示。

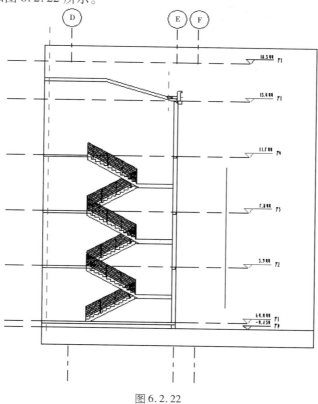

图 6.2.22

（1）视图属性设置及裁剪区域隐藏

视图属性设置可选择"管理视图样板"，利用原有的"平面施工图样板"，复制并命名一个新的样板，在新样板中对视图属性进行设置。设置隐藏的主要内容包括植物、剖面线、栏杆扶手的扶栏等，也可以将墙体上窗户隐藏。视图属性设置完毕，选择"将样板属性应用于当前视图"，选中刚命名的样板，单击"应用属性"观察剖面图的变化。

在视图控制快捷工具栏中，单击"隐藏裁剪区域"开关对裁剪框进行隐藏。进行上述设置后的剖面图，如图 6.2.23 所示。

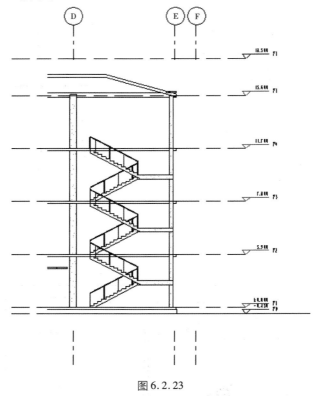

图 6.2.23

（2）轴线与标高的处理

在自动创建的剖面图中，轴线只显示上标头，标高只显示右标头。现在将轴线标头显示在下方，标高标头显示在左方。方法是：选中该轴线或标高，在另一侧出现的矩形框中勾选即可，不显示标头则取消勾选。

将标高和轴线均修改为 2D 模式，会出现可以拖曳的小圆点，进行相应处理后的图形如图 6.2.24 所示。该图中对门窗取消隐藏显示，栏杆扶手隐藏显示。

（3）显示设置

首先是轮廓填充。轮廓填充有 3 种方式：一种是调用"图形/可见性替换"命令（快捷键"VV"或"VG"），选中相应的模型类别，在截面"填充图案"中找到适当的样式进行填充；第二种方式是选中需要填充的图元，调用"类型属性"对话框，选择"粗略比例填充样式"并找到相应样式后进行填充；第三种方式是在"注释"菜单栏下用"填充区域"命令进行区域填充，先绘制填充区域，然后确定填充的样式。

以剖切到的楼板为例,选中楼板,单击"编辑类型",在"类型属性"对话框中将"粗略比例填充样式"设定为"实体填充"样式,如图 6.2.25 所示。填充完毕后的图形如图 6.2.26 所示。

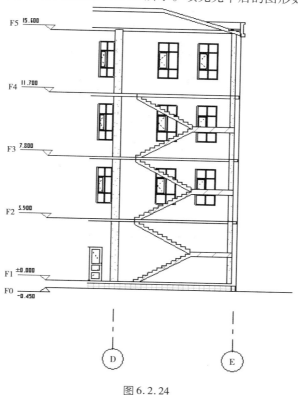

图 6.2.24

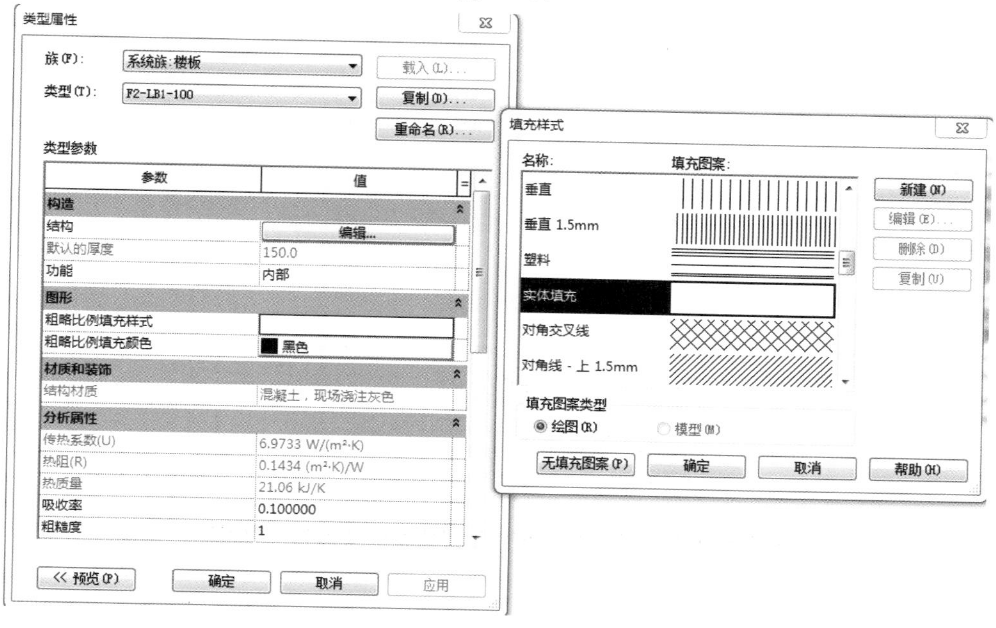

图 6.2.25

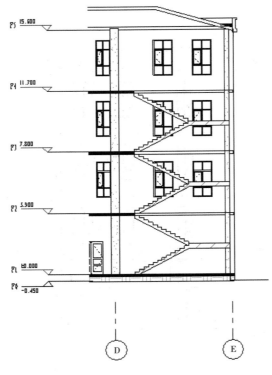

图 6.2.26

　　需要补充轮廓线时,则调用"剖切面轮廓"命令补充绘制轮廓线。如楼梯在剖面图中没有楼梯梁,楼梯梁的轮廓线可以通过"视图"菜单栏下"剖切面轮廓"命令绘制。在绘制过程中,注意箭头符号的方向以明确需要"指定保留的一边",否则不会按需要进行填充;同时要注意,调用"剖切面轮廓"命令时,必须针对剖切面轮廓,没有剖切到的楼梯则无法选中。

　　调用"剖切面轮廓"命令的步骤:单击该命令,在剖切后的梯段上单击即选中,然后调用适当的绘线工具按需要的尺寸绘制楼梯梁的轮廓,用箭头确认需要保留的一边,然后单击"完成编辑模式" ✔,剖切的梯段与楼梯梁轮廓即融为一体。剖切面轮廓随时可以单击删除,该轮廓并不会影响模型文件。绘制完毕的一层楼梯梁,如图 6.2.27 所示。

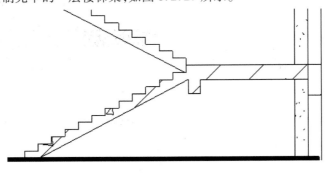

图 6.2.27

　　过梁等图元被剖切到的部分,如果要绘制添加轮廓,可以参照上述方法。

　　其次是详图线的使用。如对楼梯添加扶手示意线,可以调用"注释"菜单栏下的"详图线"

命令绘制;如果尺寸无法定位,可以先绘制参照平面,将参照平面的位置确定好之后再绘制详图线,应注意详图线样式的选择。绘制完成情况如图6.2.28所示,图中进行了尺寸标注。如果关闭"细线"模式,可以查看详图线的真实效果。

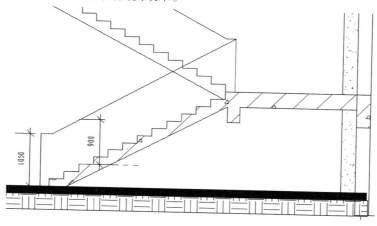

图6.2.28

对一些需要绘制详图构件的位置,可以调用"详图构件"命令绘制,注意选择详图构件的类型。

最后是尺寸及构件的标高标注。在剖面图中对要表达的构件位置进行细部标注后,参照平面图的尺寸标注进行标高标注,完成情况如图6.2.29所示。

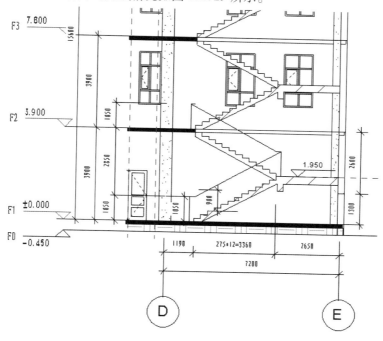

图6.2.29

在图6.2.29中,对踏步的标注修改方式是:单击选中标注,然后单击"标注尺寸文字"进行修改即可。

6.2.4 详图深化

详图深化主要涉及添加二维图形、轮廓填充、尺寸标注和必要的注释等。有的二维图形可以通过载入"详图项目"族来添加。如果没有现成的二维图形族,则可以通过新建族,选择"公制详图项目.rft"样板文件进行绘制。

下面以 5 号楼梯三层平面详图为例介绍详图深化过程。

1)创建详图索引

在"视图"菜单栏下"创建"功能区,调用"详图索引-矩形"命令,在 F3 楼层平面视图里中部楼梯处绘制矩形框,如图 6.2.30 所示。选择详图索引,鼠标拖曳蓝色控制柄,调整矩形框大小和标头位置。

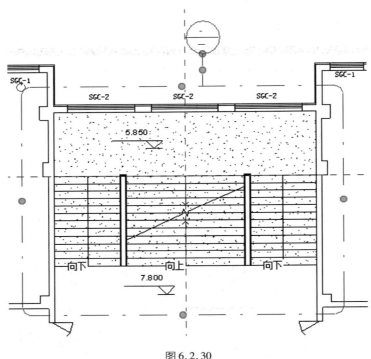

图 6.2.30

创建详图索引时,"模型线"与注释中的"详图线"的区别在于:模型线存在于三维空间中,各个视图中均可见;而详图线仅在当前视图中显示,为当前视图专有。

创建详图索引后,在索引框附近单击鼠标右键"转到视图"(或者双击)进入详图视图。

2)深化详图视图

(1)绘制剖断线

如果当前项目文件中没有剖断线,可以通过"载入族"的方式,在"注释"→"符号"→"建筑"路径下找到"符号_剖断线.rfa"族文件载入。

载入剖断线族后,在"注释"菜单栏下"符号"功能区,调用"符号"命令绘制剖断线。注意,"属性"栏要选择"符号_剖断线",在墙体部位放置剖断线并根据需要旋转。

(2)轮廓填充

调用快捷命令"VV"进入"可见性/图形替换"窗口,对墙体、柱等截面填充图案进行设置。

（3）尺寸标注及注释

尺寸标注及注释参考平面施工图深化,文字注释可通过调用"注释"菜单栏下的"文字"命令进行,注意设置文字排列方式和文字样式。

完成后的效果如图 6.2.31 所示。

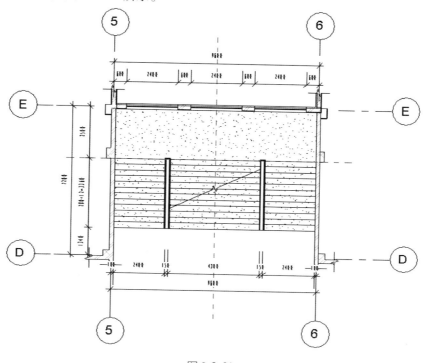

图 6.2.31

6.2.5　布图与打印

施工图深化完成后,可利用"图纸"命令创建图纸,并将需要打印的施工图布置在图纸视图中,然后打印出图。

1）创建图纸

在"视图"菜单栏下"图纸组合"功能区调用"图纸"命令,进入"新建图纸"对话框,在这里需要选择标题栏,选择"教学楼 A1",如图 6.2.32 所示。如果没有所需的标题栏,可以点击"载入"按钮,进行载入。载入的是教学楼项目定制的 A1 图幅标题栏,如图 6.2.33 所示,标题栏也是族,可以自行修改。

在项目浏览器中可以修改图纸标题名称,如图 6.2.34 所示。

2）在图纸上布置视图,形成施工图

在"项目浏览器"中将"一层平面图"拖至图纸窗口,调整位置和比例,单击放入"图纸"窗口。在"属性"窗口,选择"教学楼标题"视口样式,如图 6.2.35 所示。如果对当前视口效果不满意,可以新建"注释符号"(可以参考新建族的方式),自行设计视口样式。

同理,在"属性"窗口中输入设计者、审核者等字段的姓名或名称,如图 6.2.36 所示。

图 6.2.32

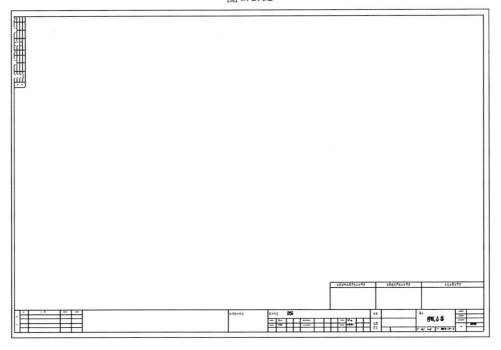

图 6.2.33

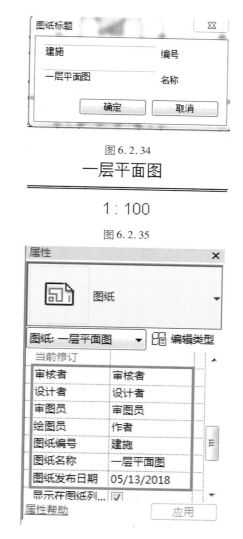

图 6.2.34

一层平面图
─────────────
1 : 100

图 6.2.35

图 6.2.36

3）在施工图上添加文字注释

在图纸窗口中添加必要的文字说明和绘制表格。添加文字可调用"注释"菜单栏下的"文字"命令进行，并注意在"编辑类型"窗口中调整文字的字体及大小等样式。完成后的图纸如图 6.2.37 所示。

4）打印施工图

（1）打印前的准备

在正式打印出图前，需要根据施工图的出图要求，设置模型、注释等图元对象及其子类别的线宽、颜色、线型等。

在"管理"菜单栏下调用"对象样式"命令，进入"对象样式"设置对话框，按照施工图的出图要求进行设置。如将墙体线宽设置为 2，如图 6.2.38 所示。

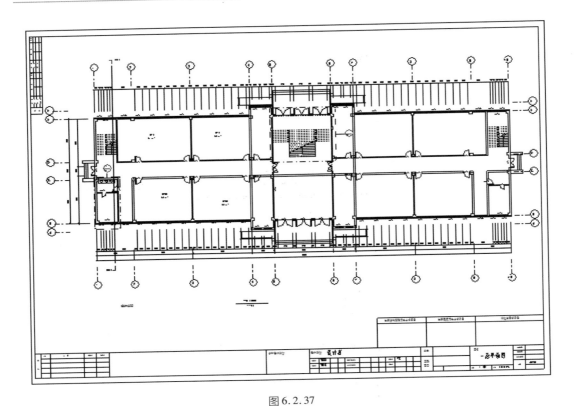

图 6.2.37

图 6.2.38

注意：线宽中的 1～16 并不代表实际打印宽度，仅代表宽度编号。要看到实际线宽，可在“管理”菜单栏下“其他设置”中调用“线宽”命令查看，如图 6.2.39 所示。在此可以根据出图要求或设计规范要求，对同一个线宽编号在不同比例下设置不同的实际打印宽度，也可以设置需要的线型图案。

	1:10	1:20	1:50	1:100	1:200
1	0.1800 mm	0.1800 mm	0.1800 mm	0.1000 mm	0.1000 m
2	0.2500 mm	0.2500 mm	0.2500 mm	0.1800 mm	0.1000 m
3	0.3500 mm	0.3500 mm	0.3500 mm	0.2500 mm	0.1800 m
4	0.7000 mm	0.5000 mm	0.5000 mm	0.3500 mm	0.2500 m
5	1.0000 mm	0.7000 mm	0.7000 mm	0.5000 mm	0.3500 m
6	1.4000 mm	1.0000 mm	1.0000 mm	0.7000 mm	0.5000 m
7	2.0000 mm	1.4000 mm	1.4000 mm	1.0000 mm	0.7000 m
8	2.8000 mm	2.0000 mm	2.0000 mm	1.4000 mm	1.0000 m
9	4.0000 mm	2.8000 mm	2.8000 mm	2.0000 mm	1.4000 m
10	5.0000 mm	4.0000 mm	4.0000 mm	2.8000 mm	2.0000 m
11	6.0000 mm	5.0000 mm	5.0000 mm	4.0000 mm	2.8000 m

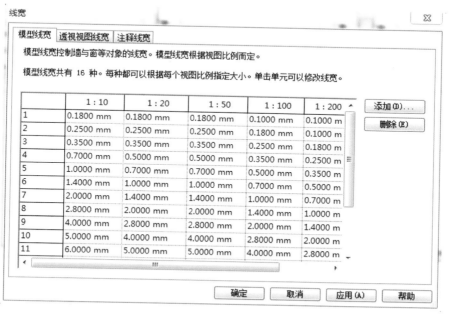

图 6.2.39

(2)打印出图

在正式打印前，还需要调用“打印设置”对话框，如图 6.2.40 所示，对打印机、纸张、打印方向等进行相关设置。

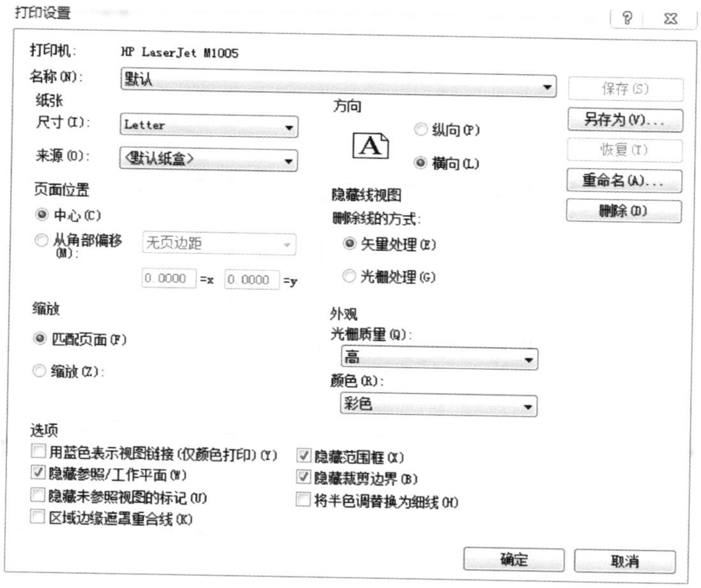

图 6.2.40

设置完毕,调用"打印预览"命令查看打印设置效果,然后调用"打印"命令,确定打印范围后正式打印出图。

6.2.6 导出施工图

Revit 中的视图或图纸可导出为 CAD 的 DWG 文件格式。在 Revit 软件界面,点击左上角的图标 ,在弹出的菜单中选择如图 6.2.41 所示,将弹出导出对话框如图 6.2.42 所示,完成相应设置后,点击"下一步"即可导出 CAD 图纸。

图 6.2.41

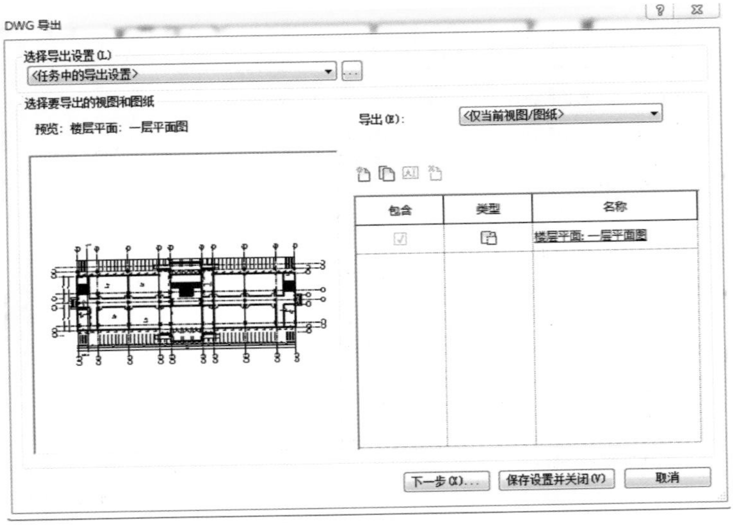

图 6.2.42

6.3 导入 CAD 底图快速建模

任务说明

导入 CAD 底图,快速建模。

任务分析

(1)将 CAD 图纸导入 Revit;

(2)利用导入的 CAD 图纸快速建模。

6.3.1 导入 CAD 底图

1)导入方式及设置

调用"5#教学楼样板文件",新建项目文件,进入 F1 楼层平面视图,在"插入"菜单栏下"导入"功能区单击"导入 CAD"命令,出现如图 6.3.1 所示窗口。

图 6.3.1

①明确 CAD 底图存放路径,选中该 CAD 底图文件——"一层平面图"。

②注意勾选"仅当前视图"。当前视图是 F1 楼层平面视图,"仅当前视图"即仅将 CAD 底图放置在 F1 楼层平面视图中。如果不勾选该项,则 CAD 底图不仅会出现在 F1 楼层平面视图,在其他平面视图中也会出现。

③导入单位设置,选择"毫米"为单位。

④定位方式选择。CAD 底图定位到 Revit 项目中的方式一般分两种:一种是自动定位,另一种是手动定位。自动定位方式又分两种:一种是"自动-中心到中心",另一种是"自动-原点到原点"。手动定位方式有 3 种:"手动-原点""手动-基点""手动-中心"。如果在绘制 CAD 底图时,已将图形放置到原点周围,Revit 项目文件中同时也处理好项目的原点,则可以采用"自动-原点

到原点"方式进行定位。本例中定位方式采用"手动-中心",这样可以快速将 CAD 底图定位到视图的中心位置。

⑤"颜色"和"图层/标高"采用默认设置即可。单击"打开"按钮,导入后的 CAD 底图如图 6.3.2 所示。

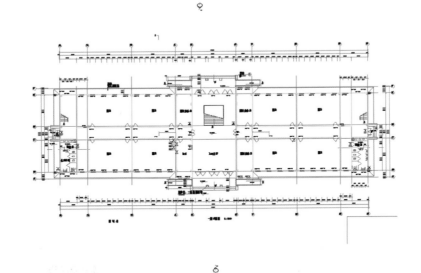

图 6.3.2

2)CAD 导入后的管理

在"可见性"编辑对话框中,在"导入的类别"标签下,如果取消勾选可见性,则 CAD 底图将在 F1 平面视图中不可见,如果要采用"半色调",则将该项勾选即可,如图 6.3.3 所示。

图 6.3.3

6.3.2 利用 CAD 底图快速建模

1）绘制轴网

绘制轴网采用"拾取线"命令,如图 6.3.4 所示,可以快速绘制轴网。设置好轴网属性后,用鼠标依次拾取 CAD 底图上的轴线绘制轴网。绘制完毕后,将轴网调整美观并锁定。

图 6.3.4

2）绘制各种建筑构件

选择"建筑墙",创建新的墙类型:"F1_NQ1_200",在属性面板中选择"定位线"为"核心面:外部",如图 6.3.5 所示,即可沿 CAD 底图中的墙边创建墙体。

墙体创建完成后,CAD 底图门窗的位置由于墙体的遮挡无法看见。这时,可以选中 CAD 底图,在"属性"栏中,将"绘制图层"调整为"前景",如图 6.3.6 所示,这时门窗的具体位置就能够看见,可以再次根据 CAD 底图创建门窗。

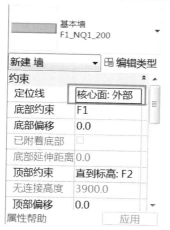

图 6.3.5

图 6.3.6

6.3.3 导入多张 CAD 底图

在 F1 楼层平面视图中导入 CAD 底图并完成 F1 快速建模后,还需要导入其他层的 CAD 底图进行建模,前后多次导入的 CAD 底图间要求在平面位置上是一致的,也就是各底图的轴线必须上下对齐。本节以教学楼二层平面 CAD 底图的导入为例,介绍对齐方法。

接上一节案例,进入 F2 楼层平面视图,可以看到在此视图中,已有之前创建完成的轴网。导入二层平面 CAD 底图,将 CAD 底图中的 1 轴与 A 轴分别与 F2 楼层平面视图中已有轴网的 1 轴与 A 轴进行对齐,即完成本层 CAD 底图的对齐工作,如图 6.3.7 所示。

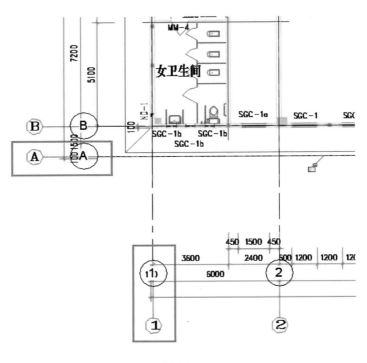

图 6.3.7

6.4　模型链接

任务说明

Revit 模型链接及模型坐标共享。

任务分析

(1)链接与管理模型;

(2)模型的坐标共享。

6.4.1　模型链接

有些项目的体量较大或单位工程较多,在此情况下,可以将该项目按照一定的规则拆分,分别创建子模型,然后利用模型链接和共享坐标在一个项目文件内将这些子模型组建成完整的项目模型,从而最大限度地提高建模效率。

在这里,注意区别导入与链接。导入即将外部文件导入到当前项目文件中,成为当前项目文件的一部分,可以进行文件传递,但导入文件会增大当前项目文件的存储空间;链接即将指定路径的外部文件链接到当前项目文件中,在当前项目文件形成一个影像,不成为当前项目文件的一部分,不可以对链接图元进行编辑,也不会增大当前项目文件的存储空间,且外部文件修改后会在当前项目文件中同步更新。

1）链接模型

（1）链接外部模型

在本例中，将"5#教学楼项目-建筑.rvt"作为主文件，将"5#教学楼项目-结构"作为链接的外部文件，链接到主文件中。

链接前，先打开"5#教学楼项目-结构"RVT 文件，将项目文件中除梁以外的所有构件删除。

在"插入"菜单栏单击"链接 Revit"命令，出现如图 6.4.1 所示"导入/链接 RVT"对话框。

图 6.4.1

在对话框中，一是选中"5#教学楼项目-结构"文件，二是确认要采用的定位方式。在定位方式下拉列表中，自动方式有 4 种，手动方式有 3 种。本例中，结构模型是从建筑模型中另存而来，所以两个模型的原点是一致的，可以采用"自动-原点到原点"方式定位。

单击"打开"按钮，将结构模型链接到建筑模型中，在平面视图和立面视图中观察轴网和标高是否对齐。

（2）绑定链接

结构模型链接到建筑模型是作为整体链接进入，所以在当前项目文件中，不可以对结构模型中的单个图元进行编辑。如果需要编辑链接模型，必须对其进行"绑定"。

选中已载入的建筑模型，在菜单"修改|RVT 链接"下单击"绑定链接"命令，可以将结构模型绑定到当前建筑模型中。"绑定链接"即将链接的 Revit 项目文件中的内容全部内置到当前项目文件中，系统会提示"载入大量数据会影响性能"，因此，谨慎采用"绑定链接"。

（3）管理链接

调用"管理链接"命令，可以对链接的项目文件进行卸载、重新载入、保存路径、删除链接等操作，如图 6.4.2 所示。

模型链接只是在本地建立链接映像，如果要进行异地传输，载入的链接文件在异地将不可用。

图 6.4.2

（4）控制链接模型的可见性

将 Revit 项目文件链接到主文件中后，可在"视图"菜单调用"可见性/图形"命令，对"Revit 链接"项目文件的图元进行可见性设置，如图 6.4.3 所示。

图 6.4.3

6.4.2　链接模型之间共享坐标

在链接模型时,如果需要将多个单位工程的建筑模型链接到同一项目文件,则需要通过共享坐标使各个单位工程模型之间能够相互正确定位。当在项目之间共享坐标时,则需要确定两个文件所要使用的坐标系,即要建立一个共享原点。

1)获取坐标

获取坐标就是在主体项目中获取链接项目的坐标,并将其应用于当前主体项目。

在"管理"菜单栏下,调用"坐标-获取坐标"命令,鼠标单击"拾取链接模型",则主体模型文件具有同链接模型一样的共享坐标。

如果从链接的项目中获取坐标,则根据链接项目实体在主体项目中的位置,链接项目的共享坐标成为主体项目的共享坐标,不会对主体项目的内部坐标进行任何修改。同时应注意,主体项目也从链接项目中获取"正北",链接项目共享坐标原点成为主体项目共享坐标原点。

2)发布坐标

发布坐标就是将当前主体项目中使用的坐标应用于链接项目。

同样,调用"坐标-发布坐标"命令,鼠标单击"拾取链接模型",在"位置、气候和场地"设置对话框中命名位置,则链接模型文件具有同主体模型一样的共享坐标。

将共享坐标从主体模型发布至链接模型时,将更改链接项目。主体模型的正北和共享原点将根据链接实例的当前位置记录在链接模型中,此位置在主体模型和链接模型中都已命名,可记录链接的多个位置。

6.5　碰撞检查

任务说明

在 Revit 中实施碰撞检查并导出碰撞检查报告。

任务分析

(1)在 Revit 中实施碰撞检查;

(2)导出碰撞检查报告。

碰撞检查可以在 Revit 模型中不同的图元间进行空间位置是否重合的核查,是二维时代转向三维时代的重要标志,通过全面的"三维校审",可以发现大量隐藏在设计中的问题,从而在施工前最大限度消除图纸中的错漏碰缺,减少返工、缩短工期、节约成本。

6.5.1　碰撞检查概述

在 BIM 中,碰撞检查分为硬碰撞和软碰撞两种。硬碰撞是指实体与实体之间的交叉碰撞;软碰撞是指实际并没有碰撞,但间距和空间无法满足相关施工要求(保温层厚度、安装工作面、维修工作面等)。软碰撞也包括基于时间的碰撞,是指在动态施工过程中,可能发生的碰撞,例如场地中的车辆行驶、塔吊等施工机械的运作,这种碰撞检查可以在 Navisworks 中实现。

目前 Revit、Navisworks、Fuzor 等软件均具备碰撞检查功能,可获得需要的碰撞检查报告。

6.5.2　碰撞实例

本例中,将通过给排水模型中管道与结构模型中楼板的碰撞检查,核查原结构模型在给排水管道对应的位置是否正确留设预留洞。

1)建立链接

以"5#教学楼项目-结构"项目文件作为主文件,将"给排水-链接-错位"项目文件作为链接的文件。

打开"5#教学楼项目-结构"文件,在"插入"菜单栏下,单击"链接 Revit",在链接对话框中选择"给排水-链接-错位"文件,定位方式采用"自动-原点到原点",然后单击"打开"按钮,完成链接。

链接完成后,分别在平面视图和立面视图中检查轴网和标高是否对齐。如果在平面视图中轴网有错位,可调用"对齐"命令,将链接模型中的轴网与主文件中的轴网对齐。

2)碰撞检查

以主文件(结构模型)中的楼板与链接文件(给排水模型)中的管道和管件进行碰撞检查,这是两个不同专业之间的硬碰撞检查。

在"协作"菜单栏下单击"碰撞检查",出现"碰撞检查"对话框,如图 6.5.1 所示。在左侧对话框中选择"当前项目"即结构模型并勾选"楼板",右侧对话框中选择"给排水-链接-错位"链接文件并勾选"管件"和"管道"。

图 6.5.1

设置完毕需要碰撞检查的图元,单击"确定"按钮,出现如图 6.5.2 所示"冲突报告"对话框。根据情况需要,可以对"成组条件"进行设置,图 6.5.2 是按"类别 1,类别 2"进行设置,即"类别1"为结构中的项目在先。单击冲突中的各子项,单击"显示"按钮,则有冲突之处高亮显示,可以据此对楼板进行预留洞的开设和调整。

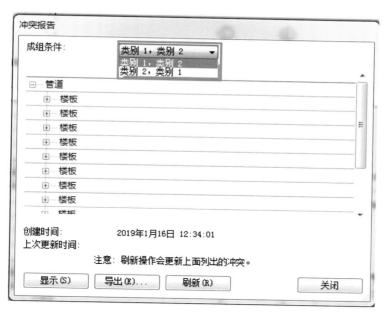

图 6.5.2

3）导出报告

单击图 6.5.2 中的"导出"，出现"导出"对话框，对生成的检查报告进行文件命名和路径设置，单击"保存"按钮，即可生成 HTML 格式的碰撞检查报告。

7 Navisworks 应用

Revit 建模、Navisworks 应用是一种常见的 BIM 建模、用模组合。Navisworks 作为一款轻量化的 BIM 应用软件,可以兼容各种 BIM 软件创建的模型并进行数据整合、项目浏览与审查、漫游、动画模拟、碰撞检查、工程量计算等模型应用,应用范围较为广泛。本章的教学内容将简单介绍其两个典型施工应用:碰撞检查和进度模拟。

7.1 碰撞检查

任务说明

在结构模型与给排水模型间进行碰撞检查。

任务分析

(1)在 Navisworks 中导入结构模型和给排水模型;

(2)将给排水管道与楼板进行碰撞检查;

(3)导出碰撞检查报告。

7.1.1 软件简介

Navisworks 是一款面向工程建设专业人士的项目审阅软件。Revit 和 Navisworks 都是 Autodesk 开发的 BIM 软件,Revit 的定位是做建筑、结构、机电设备 3 个专业的三维建模、出图、工程量统计等,Navisworks 的定位是在 Revit 将各专业三维建模工作完成以后,利用其模型开展各种应用分析工作,主要的应用方向为:数据整合、项目浏览与审查、漫游、动画模拟、碰撞检查、工程量统计等。

Navisworks 的兼容性较好。Navisworks 可以读取多种三维软件生成的数据文件,如 AutoCAD 的 dwg 格式文件,3ds Max 的 3ds、fbx 格式文件,Bentley Microstation、Trimble SketchUp、Dassault Catia 等公司的数据格式文件,并将这些数据整合为单一的 BIM 模型。

Navisworks 的重要概念——场景文件。在 Navisworks 中应用 BIM 模型,首先要创建 Navisworks 的场景文件,接着在场景文件中打开、附加、合并各种 BIM 模型文件,然后在场景文件中完成各项应用分析工作,最后将结果保存为场景格式文件。启动 Navisworks,将默认打开空白的场景文件。

Navisworks 有 3 种原生文件格式:NWD、NWF 和 NWC。

①NWD 文件是 Navisworks 的场景格式文件,包含所有模型几何图形以及特定于 Navisworks 的数据,如审阅标记。NWD 文件可以看作是模型当前状态的快照,NWD 文件非常小,"5#教学

楼结构模型"的 RVT 文件大小约为 21 MB，将其转存为 NWD 文件后的大小约为 180 KB。

②NWF 文件也是 Navisworks 的场景格式文件，包含指向原始原生文件（在"选择树"上列出）以及特定于 Navisworks 的数据（如审阅标记）的链接。此文件格式不会保存任何模型几何图形，这使得 NWF 要比 NWD 还要小很多。"5#教学楼"结构模型转存为 NWF 文件后的大小约为 5 KB。

③NWC 文件是 Navisworks 读取其他模型数据时的缓存文件，默认情况下，在 Navisworks 中打开或附加任何原生文件时，将在原始文件所在的目录中创建一个与原始文件同名但文件扩展名为 .nwc 的缓存文件，用于加快对常用文件的访问速度。

Navisworks 软件界面如图 7.1.1 所示，其操作方法与 Revit 类似。

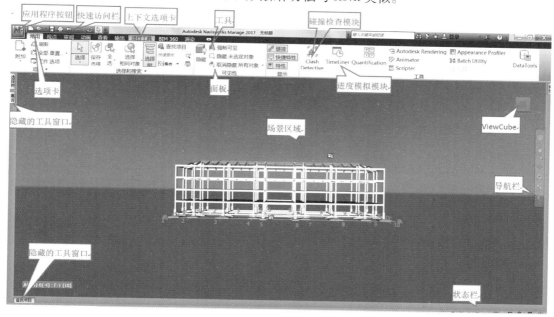

图 7.1.1

7.1.2　导入模型

1）导入结构模型

启动 Navisworks 软件，点击左上角的"附加"按钮，如图 7.1.2 所示。在弹出的对话框中，找到"5#教学楼项目-结构"RVT 文件所在文件夹，将下方的"文件类型"修改为"所有文件（＊.＊）"，就会看见所有的文件，打开"5#教学楼项目-结构"RVT 文件，如图 7.1.3 所示。保存本场景文件，命名为"5#教学楼结构-给排水碰撞"。

Navisworks 打开 RVT 文件的方式有 3 种：打开、附加和合并。"打开"可以打开 RVT 文件并创建相应的场景文件；"附加"可以将 RVT 文件附加到本场景文件，该 RVT 文件的数据发生变化时，可以使用"常用"选项卡"项目"面板中的"刷新"工具，进行 Navisworks 的数据更新；"合并"可以将 RVT 文件合并到本场景文件，并变为本场景的一部分，该 RVT 文件的数据发生变化时，Navisworks 的数据不会更新。"附加"操作会保留两个模型重复的内容，"合并"操作会删除两个模型重复的内容。

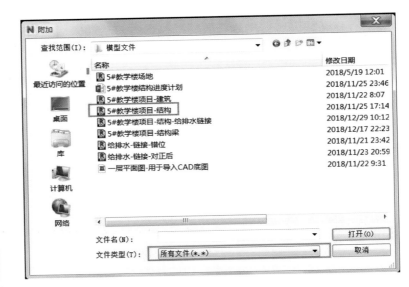

图 7.1.2

图 7.1.3

2)导入给排水模型

再次点击左上角的"附加"按钮,找到"5#教学楼项目-给排水"RVT 文件所在文件夹,如图 7.1.4 所示,将其附加到本场景文件。

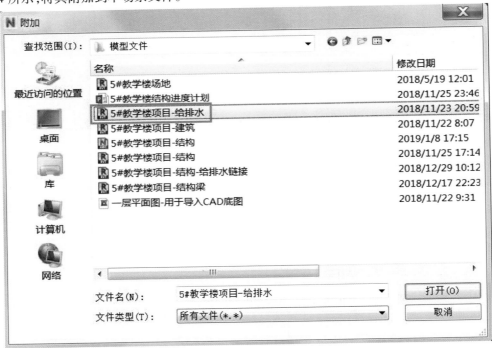

图 7.1.4

7.1.3 设置碰撞参数实施碰撞

单击"Clash Detective"碰撞检测按钮,在左侧出现碰撞检测对话框,如图 7.1.5 所示。

图 7.1.5

单击碰撞检测对话框右上角的"添加检测"按钮,如图 7.1.6 所示,将会出现新的检测对话框,如图 7.1.7 所示。修改检测名称为"楼板与管道",并确认碰撞类型为"硬碰撞(保守)"。

图 7.1.6

图 7.1.7

261

在碰撞检测对话框左侧的"选择 A"里,点击"5#教学楼项目-结构"左方的"＋"号,利用"CTRL"键,将 F2、F3、F4 中的楼板均选中;在右侧的"选择 B"里,点击"5#教学楼项目-给排水"左方的"＋"号,将"管件"及"管道"均选中,如图 7.1.8 所示,单击右下角的"运行检测"按钮,开始碰撞检测。

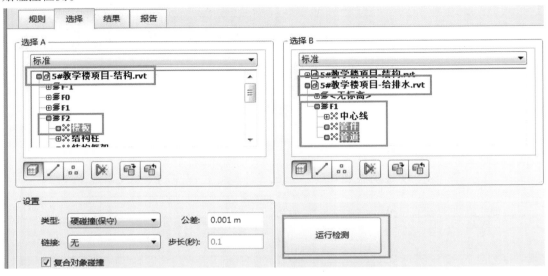

图 7.1.8

7.1.4 碰撞报告解读与导出

1) 碰撞报告解读

碰撞结果将显示在碰撞检测对话框中的"结果"栏中,本次共检测出 12 处碰撞,在左边的列表中单击各个碰撞,在右侧将自动切换至该碰撞的视图,以查看碰撞情况,如图 7.1.9 所示。

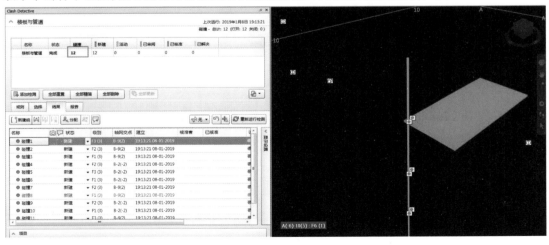

图 7.1.9

2) 碰撞报告导出

切换至碰撞检测对话框中的"报告"栏,确认报告格式为 HTML,单击"写报告"按钮,如图

7.1.10所示,将弹出报告文件"另存为"对话框,将报告名称修改为"CS1"(注意:报告名称不能够设置为中文,否则报告会出现错误),单击"保存"按钮,如图 7.1.11 所示,将碰撞检测报告输出为 HTML 格式。找到该报告,打开后,碰撞检测的结果一目了然,如图 7.1.12 所示。

图 7.1.10

图 7.1.11

图 7.1.12

7.2 进度模拟

任务说明

创建进度计划，导入 Navisworks 并与模型构件关联，生成进度模拟动画。

任务分析

（1）创建进度计划，导入 Navisworks；

（2）将模型中的构件按照进度计划中的施工过程划分进行分组；

（3）将各构件分组与进度计划中的施工过程附着；

（4）生成进度模拟动画并输出。

7.2.1 准备工作

在 Project 中创建"5#教学楼"结构工程的施工进度计划，其施工过程的划分如图 7.2.1 所示，施工过程的持续时间可以自定。

❶	任务模式	任务名称	工期	开始时间	完成时间	前置任务
	➡	基础承台施工	20 个工作日	2018年11月25	2018年12月14	
	➡	基础柱梁施工	10 个工作日	2018年12月15	2018年12月24日	1
	➡	1层柱施工	5 个工作日	2018年12月25	2018年12月29日	2
	➡	2层梁板施工	10 个工作日	2018年12月30	2019年1月8日	173
	➡	2层柱施工	5 个工作日	2019年1月9日	2019年1月13日	14
	➡	3层梁板施工	10 个工作日	2019年1月14E	2019年1月23日	15
	➡	3层柱施工	5 个工作日	2019年1月24E	2019年1月28日	16
	➡	4层梁板施工	10 个工作日	2019年1月29E	2019年2月7日	177
	➡	4层柱施工	5 个工作日	2019年2月8日	2019年2月12日	18
	➡	屋面施工	20 个工作日	2019年2月13E	2019年3月4日	179

图 7.2.1

打开 Navisworks 软件，利用"附加"方式载入"5#教学楼项目-结构"RVT 文件，并另存为场景文件"5#教学楼结构进度模拟"。

7.2.2 模型中构件分组

按照图 7.2.1 的施工过程划分方法，在 Navisworks 场景文件中将教学楼结构模型的基础、柱、梁、板等构件进行分组以便和进度计划中施工过程实现一一对应。

1）Navisworks 工具简介

（1）"特性"工具

选择构件后，可以在"特性"中查看其名称、材质、ID 等特性，类似于 Revit 中的属性栏。

（2）"查找项目"工具

通过定义和组合搜索条件，可以搜索具有公共特性或特性组合的构件。

（3）"集合"工具

集合就是一系列构件的组合，包括选择集和搜索集。选择集是静态的构件组合，用于保存一组在模型中选中的构件，这组构件是固定不变的。搜索集是动态的构件组合，用于保存一组通过搜索在模型中选中的构件,搜索集保存构件组合的搜索条件而不是搜索结果。因此,当模型更改后可通过更新搜索得到新的构件组合,搜索集的功能更为强大,在模型不断更新和修订的情况下可以节省很多时间。

在本工程案例中,首先要查看构件特性,然后确定与进度计划施工过程划分方式对应的构件的查找方法,最后将查找出来的构件保存为若干个集合,即分组。

2)查看构件特性确定搜索条件

任意选择一个基础构件,单击"特性"工具,如图 7.2.2 所示,在特性中有"项目""材质""Revit 材质"等一系列主要分类,在"项目"中,其类型为"结构基础"。再任意选择一个柱构件,查看其"特性"工具,如图 7.2.3 所示,在"项目"中,其类型为"结构柱:混凝土-正方形-柱:F1_KZ1 500×500 mm"。这些特性与施工过程的划分方法非常契合,因此,将以"项目-类型"为搜索对象,通过定义不同的搜索条件来查找构件。

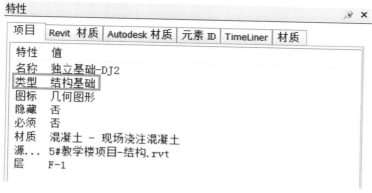

图 7.2.2

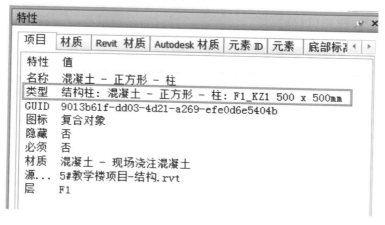

图 7.2.3

3)定义搜索条件查找构件

单击"查找项目"工具,出现如图 7.2.4 所示的查找项目对话框。在对话框右侧,"类别"选择"项目","特性"选择"类型","条件"选择"包含","值"选择"结构基础",最后点击左下方的"查找全部"按钮,所有的基础承台都被选中并高亮显示。

265

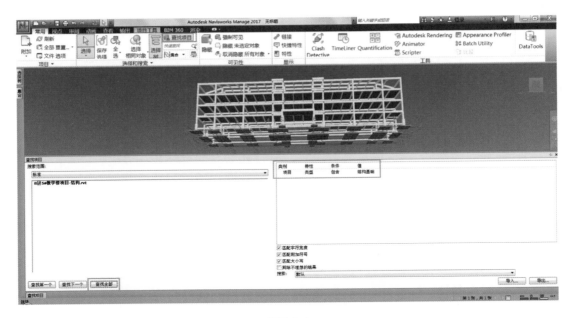

图 7.2.4

4）保存构件集合

单击 Navisworks 软件窗口左侧的"集合"按钮，出现如图 7.2.5 所示的集合对话框，单击对话框左上方的保存搜索按钮 🔍，把刚才的搜索结果保存为一个搜索集，将此搜索集命名为"基础承台"。重复以上操作，对应于施工过程的划分方法，逐一搜索并保存为"基础柱梁""1 层柱""2层梁板"等搜索集，如图 7.2.6 所示。

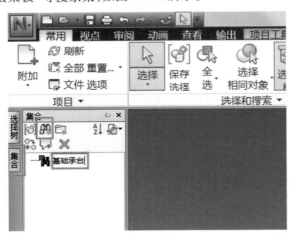

图 7.2.5

图 7.2.6

在搜索"基础柱梁"和"2 层梁板"等需要多项搜索条件的构件集合时，两个搜索条件间应该是"或"关系，在搜索条件定义时应选择"OR 条件"。如需要将柱墩与地梁一起搜索的"基础柱梁"集合，其搜索条件是两个，如图 7.2.7 所示。在第二个搜索条件上点击右键后弹出的菜单栏中，必须选中"OR 条件"（选中后，其左侧会出现"√"符号）。

图 7.2.7

7.2.3　导入 Project 进度计划并附着集合

1）导入 Project 进度计划

单击工具面板上的"TimeLiner"模块,出现如图 7.2.8 所示的进度模拟模块;再单击该模块中的"数据源"按钮,进入"数据源"栏,如图 7.2.9 所示;然后点击"添加"按钮,出现导入文件类型选择,如图 7.2.10 所示;选择"Microsft Project 2007-2013",弹出选择文件对话框,如图 7.2.11 所示;找到进度计划文件,单击"打开",在 TimeLiner 的数据源中将出现新数据源,如图 7.2.12 所示,在新数据源上单击鼠标右键,在弹出的任务菜单中选择"重建任务层次"。

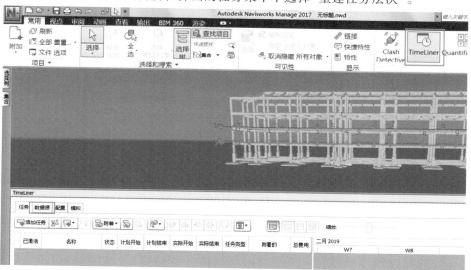

图 7.2.8

图 7.2.9

图 7.2.10

图 7.2.11   图 7.2.12

2）进度计划中各施工过程与对应集合附着

回到 TimeLiner 中的"任务"栏，导入的进度计划已出现在这里（图 7.2.13）；左侧是施工过程名称，每个施工过程有着不同的起始时间；在每个施工过程右侧"附着的"单元格处单击鼠标右键，将出现附着选项菜单，在"附着集合"处将显示之前定义的各个集合，将"基础承台施工"施工过程对应的附着集合选择为"基础承台"；其他的施工过程以此类推，附着完成后如图7.2.14所示，然后将各施工过程的"任务类型"均设置为"构造"。

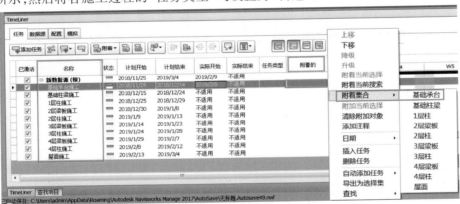

图 7.2.13

图 7.2.14

7.2.4　进度模拟并导出动画

进入 TimeLiner 中的"模拟"栏,如图 7.2.15 所示;点击播放按钮,在上方的场景区域将会播放"5#教学楼"结构工程的进度模拟动画,检查无误后点击 TimeLiner 右侧的"导出动画"按钮,如图 7.2.16 所示,弹出导出动画对话框如图 7.2.17 所示。在对话框中将"源"选择为"TimeLiner 模拟",将"输出格式"选择为"Windows AVI",然后单击"确定"导出进度模拟动画。

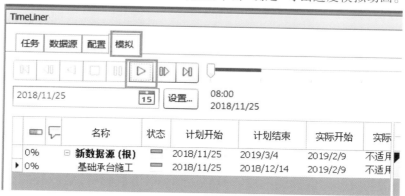

图 7.2.15

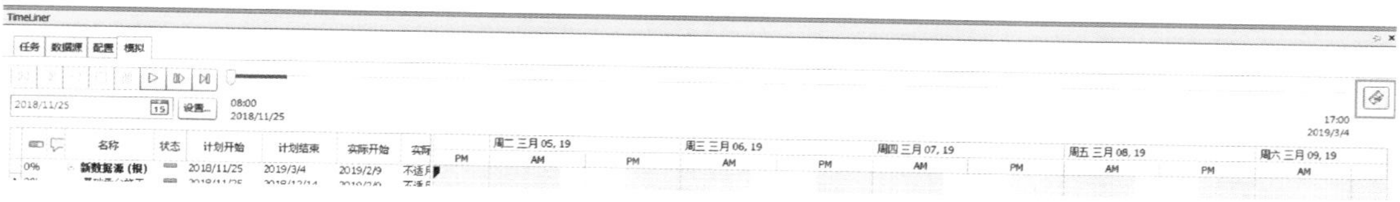

图 7.2.16

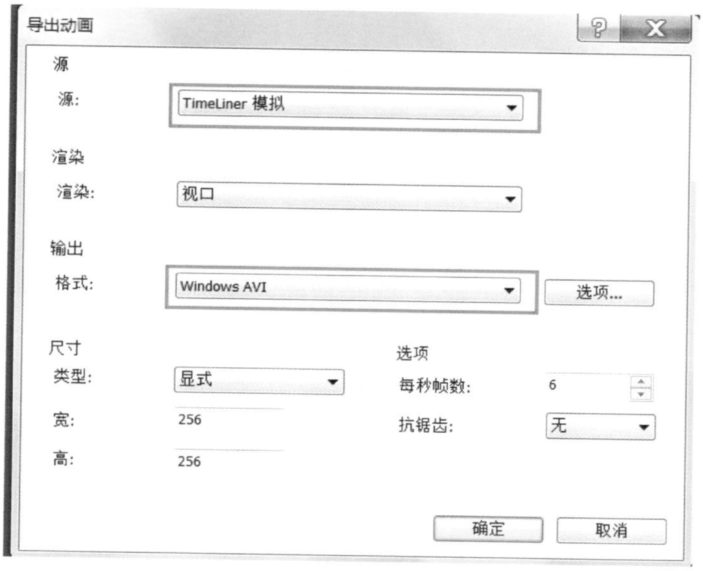

图 7.2.17

下篇　BIM 典型施工应用

8 施工 BIM 应用策划

8.1 概述

在建筑工程施工前,都应该编制相应的施工组织设计,然后按照施工组织设计的内容组织施工。在施工中,如果要应用 BIM 技术辅助施工管理,也应该事先编制施工 BIM 应用策划,然后按照策划实施 BIM 应用管理。在实际工程施工中,如果没有策划好 BIM 应用,将可能增加建模投入、因缺失信息而使工程延误以及造成 BIM 应用效益不显著等问题。所以,在工程施工中成功应用 BIM 技术的前提条件是事先制订详细、全面的应用策划。

一个好的 BIM 施工应用策划,能够让项目参与者清楚地认识到各自的责任和义务、认识到工作开展的流程与内容,以及 BIM 应用的质量要求和时间要求,能够让项目团队顺利地将 BIM 整合进相关的施工管理工作流程中,为工程施工带来效益。

基于建筑工程项目的个别性,并没有一个适用于所有项目的最优方法或计划。每个 BIM 团队必须根据项目需求,制订一个有针对性的 BIM 应用策划。在确定 BIM 应用的范围和深度时,应重点考虑当前的 BIM 技术支持程度、施工团队自身的技能水平、施工 BIM 应用的性价比等影响因素。

对施工 BIM 应用策划的要求以及各种施工 BIM 应用的具体要求,在国家标准《建筑信息模型施工应用标准》(GB/T 51235—2017)中有较为清楚的阐述。

8.2 施工 BIM 应用策划

项目施工 BIM 应用策划应该在施工准备工作中完成,应包括 BIM 应用范围和目标、BIM 应用的详细流程、不同参与者之间的信息交换以及 BIM 应用的基础条件等内容,并且应与项目的施工组织设计协调一致。

施工 BIM 应用策划应明确下列内容:

①BIM 应用目标;

②BIM 应用范围和内容;

③人员组织架构和相应职责;

④BIM 应用流程;

⑤模型创建、使用和管理要求;

⑥信息交换要求;

⑦模型质量控制和信息安全要求;

⑧进度计划和应用成果要求;

⑨软硬件基础条件等。

施工 BIM 应用策划的编制应按照以下主要步骤实施：

①确定 BIM 应用的范围和内容；

②以 BIM 应用流程图等形式明确 BIM 应用过程；

③规定 BIM 应用过程中的信息交换要求；

④确定 BIM 应用的基础条件，包括沟通途径以及技术和质量保障措施等。

8.2.1　BIM 应用目标策划

BIM 策划的第一步，也是最重要的步骤，就是确定 BIM 应用的目标。这些目标可以是提升项目施工效益，如缩短施工周期、提升工作效率、确保施工质量、减少工程变更等；也可以是提升项目团队技能，如通过示范项目提升团队的 BIM 应用能力、提升项目不同团队之间以及与设计之间协同的能力。一旦确定了可评价的目标，从公司和项目的角度即可评估 BIM 的应用效益。

8.2.2　BIM 应用范围和内容策划

确定 BIM 应用目标后，项目部要综合考虑应用目标、项目特点、需求、团队能力、技术应用风险等去确定本项目具体的 BIM 应用范围和应用内容。需要注意的是，BIM 应用目标与 BIM 应用内容之间不是严格的一一对应关系。典型的施工阶段 BIM 应用如下。

1）深化设计

随着建筑物规模和使用功能的增加，需要进行设计的系统越来越多并日趋复杂，在设计中出现各种错漏碰缺的概率也大大增加，尤其是大型建筑的机电管线更是如此。在施工前，施工单位应将施工图各系统之间、施工图与现场实际情况之间相对照，查漏补缺，进行深化设计工作，如管线综合工作。

在 CAD 时代，施工技术人员或是根据经验，或是将所有图纸打印成硫酸图后叠在一起进行管线综合，但由于二维图纸的信息缺失以及缺乏直观的交流平台，管线综合成为施工前让业主和施工单位最不放心的技术环节。利用 BIM 技术，通过创建各专业的 BIM 模型，施工技术人员能够在虚拟的三维环境下更方便地发现管线间的碰撞冲突，提高深化设计的能力和效率。

2）工程量统计

在 CAD 时代，由于 CAD 无法存储可以让计算机自动计算工程项目构件的必要信息，所以需要依靠人工根据图纸或者 CAD 文件进行测量和统计，或者使用专门的造价计算软件根据图纸或者 CAD 文件重新进行建模后由计算机自动进行统计。前者不仅需要消耗大量的人工，而且比较容易出现手工计算带来的差错，而后者同样需要不断地根据调整后的设计方案及时更新模型，如果滞后，得到的工程量统计数据也往往会失效。

BIM 技术创建了一个富含工程信息的数据库，可以为造价管理提供实时的工程量信息。借助这些信息，计算机可以对各种构件进行统计分析，大大减少了烦琐的人工操作和潜在错误，实现工程量信息与设计方案的完全一致。通过 BIM 技术获得的准确工程量统计，可以用于设计过程中的成本估算或者不同设计方案建造成本的比较，以及施工开始前的工程预算、施工过程中的变更管理和施工完成后的工程结算。

3）协同工作

BIM 技术不仅集成了建筑物的完整信息，同时还提供了一个三维的交流环境。BIM 平台将成为一个便于施工现场各方直观交流的协同工作平台，可以让项目各方高效协调项目方案，及时排除风险隐患，减少工程变更，从而缩短施工时间、降低由于协调困难造成的成本增加、提高施工现场生产效率。

4）施工进度控制

建筑施工是一个高度动态的过程，随着建筑工程规模不断扩大、复杂程度不断提高，使得施工项目进度管理变得极为复杂。当前经常用于表示进度计划的甘特图、网络图，由于专业性强、可视化程度低，受众面小，无法向所有人（项目的参与者包括很多非施工专业人士）清晰描述施工进度以及各种复杂关系、准确表达工程施工的动态变化过程。

利用 BIM 技术，将 BIM 模型与施工进度计划相关联，将空间信息与时间信息整合在一个可视的 4D（3D + Time）模型中，可以直观、完整地反映整个建筑的施工过程，辅助项目部合理制订施工计划、精确掌握施工进度、优化配置施工资源，以缩短工期、降低成本、提高质量。

利用 BIM 技术，还可以可视化对比计划进度与实际进度，实现进度预警。

此外，借助 4D 模型，施工单位在工程项目投标中将获得竞标优势，评标专家能够从 4D 模型中快速了解投标单位对投标项目的主要施工方法是否合理、施工安排是否均衡、进度计划是否满足要求等，从而对投标单位的施工经验和实力作出有益评估。

5）施工组织模拟

施工组织模拟包括施工方案模拟、施工平面布置模拟等。施工方案是施工组织设计的核心，是对施工活动实行科学管理的重要手段，它决定了各阶段的施工准备工作内容，协调了施工过程中各单位、各工种、各资源之间的关系。通过 BIM 技术，可以对项目的重点或难点部分的施工方案进行 4D 模拟，提前发现可能出现的问题，辅助技术人员优化施工方案。

6）灾害应急模拟

利用 BIM 技术及相应灾害分析模拟软件，可以在灾害发生前模拟灾害发生的过程，分析灾害发生的原因，制订避免灾害发生的措施以及相应的应急预案。当灾害发生后，BIM 模型可以向救援人员提供紧急状况点的完整信息，这将有效提高突发状况的应对效率。

7）数字化建造

制造行业目前的生产效率极高，其中部分原因是利用数字化数据模型实现了制造方法的自动化。同样，BIM 技术结合数字化制造也能够提高建筑行业的生产效率，通过 BIM 模型与数字化建造系统的结合，可以将设计数据快速准确地传递到生产工厂，高效完成建筑构件的预制。这些通过工厂化生产制造出来的构件不仅降低了建造误差，而且大幅度提高了构件制造的效率，缩短了整个建筑建造的工期。

8）物料跟踪、质量追溯

随着建筑行业标准化、工厂化、数字化水平的提升，越来越多的构件及设备将通过工厂加工再运到施工现场进行组装。这些构件及设备是否能够及时运到现场，将成为整个建造过程中影响施工进度的重要环节。在 BIM 技术出现以前，物流行业已经有了较为成熟的管理经验及技术方案，即采用 RFID 无线射频识别电子标签技术，可以实现对整个物流环节的记录和管理。在构件和设备中植入 RFID 标签，能够实现对它们的物流跟踪管理；同时在 BIM 模型中能够详细记录构件和设备的生产日期、生产厂家、构件规格、现场安装位置、安装时间、质量验收等信息。将

BIM 技术与 RFID 技术结合,将整合构件及设备的工程信息、物流信息、验收信息,实现高效的物料跟踪和质量追溯。

9）竣工模型交付

建筑工程完成建造投入使用时,物业管理部门最需要得到的不是常规的竣工图纸,而是能正确反映真实的设备状态、材料安装使用情况等与运营维护相关的信息。

BIM 技术能将建筑物空间信息和设备参数信息有机地整合为一个 BIM 竣工模型,物业管理部门可以利用这个模型,辅助后期的设备维护、检修等工作。

同时,BIM 竣工模型还可以和施工过程信息相关联,实现包括隐蔽工程资料在内的过程信息集成,为建筑未来可能的翻新、改造、扩建工作储备必要的历史信息。

8.2.3　人员组织架构和相应职责策划

BIM 技术作为可能带来建筑行业又一次革命的技术,必然导致项目各参与方现有组织内及组织间工作方式的改变。作为一种跨组织应用的技术,BIM 技术的应用流程与管理需要和现有的组织流程、管理体系相互匹配。常见的组织架构如图 8.2.1 所示,常见的工作职责如表 8.2.1 所示。

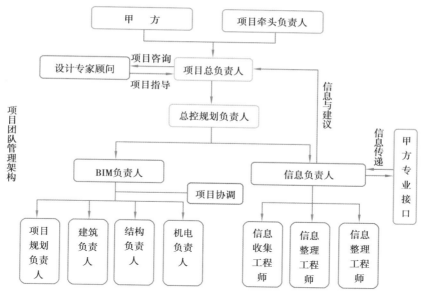

图 8.2.1

表 8.2.1　施工 BIM 应用团队职责分工

序号	岗位	职　责
1	BIM 实施组长	负责统筹整个 BIM 系统,包括系统的建立和管理,团队的组建、管理和调配,负责组织 BIM 相关培训,解决 BIM 实施过程中的技术问题,负责对接公司 BIM 管理部和项目业主,落实 BIM 管理规定
2	土建 BIM 工程师	负责本工程建筑、结构专业 BIM 建模、模型应用,深化设计等工作,提供完整的墙、门窗、楼梯、屋顶等 Revit 模型,主要的平面、立面、剖面视图和门窗明细表,以及建筑平面视图主要尺寸标注

续表

序号	岗位	职 责
3	钢构 BIM 工程师	对本工程钢构进行建模及深化设计,提供完整的钢柱、钢梁、压型板等构件信息 BIM 模型,辅助工厂预制构件加工,提供主要的平面、立面、剖面视图,以及构件尺寸、质量表
4	给排水 BIM 工程师	对本工程给排水、消防专业建立并运用 BIM 模型,完成管线综合等工作,提供完整的给排水管道、阀门及管道附件的 Revit 模型,主要的平面、立面、剖面视图,管道及配件明细表,以及平面视图主要尺寸标注
5	暖通 BIM 工程师	对本工程暖通专业建立并运用 BIM 模型,完成管线综合等工作,提供完整的暖通管道、系统机柜等的 Revit 暖通模型,主要的平面、立面、剖面视图,管道及设备明细表,以及平面视图主要尺寸标注
6	电气 BIM 工程师	对本工程电气专业建立并运用 BIM 模型,完成管线综合等工作,提供完整的电缆布线、线板、电气室设备、照明设备、桥架等的 Revit 模型,主要的平面、立面、剖面视图,设备明细表,以及平面视图主要尺寸标注
7	幕墙 BIM 工程师	对本工程幕墙专业建立 BIM 模型,优化龙骨布置、开窗位置、材质选择,提供完整的幕墙三维效果图、预埋点位布置图,提供完整的 BIM 幕墙模型,以及主要轻钢、幕墙玻璃材质尺寸表
8	装饰工程 BIM 工程师	装饰工程 BIM 模型的审核,装饰工程相关模型的审核等

8.2.4　BIM 应用流程策划

施工团队确定 BIM 应用目标和应用内容后,还应该确定 BIM 应用流程,包括总体流程和专业流程,这能使团队的所有成员清晰地了解 BIM 应用的过程以及相互之间的配合关系,提升团队的工作效率。常用的流程如下:

①总流程如图 8.2.2 所示。

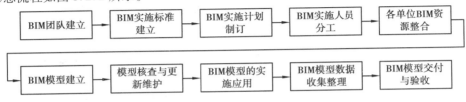

图 8.2.2

②BIM 深化设计实施流程如图 8.2.3 所示。

③BIM 施工方案模拟实施流程如图 8.2.4 所示。

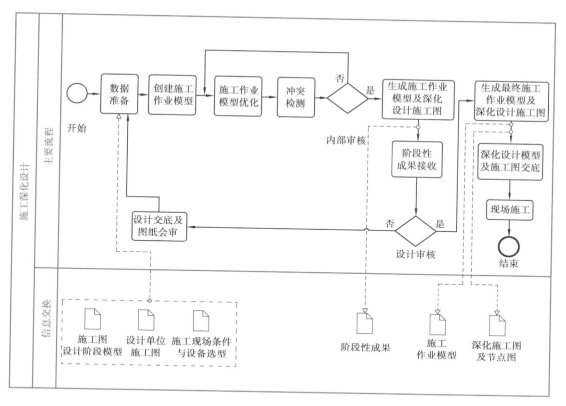

图 8.2.3

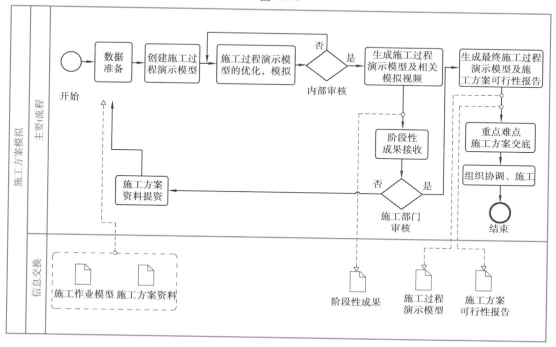

图 8.2.4

④BIM 造价控制实施流程如图 8.2.5 所示。

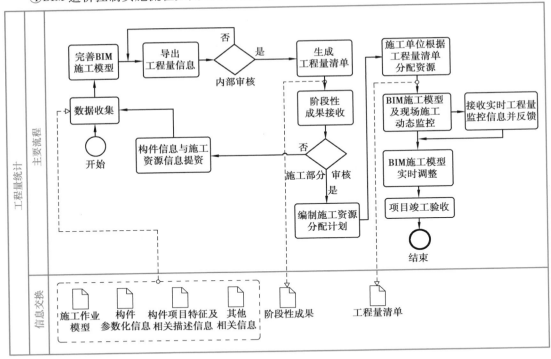

图 8.2.5

⑤BIM 预制构件控制实施流程如图 8.2.6 所示。

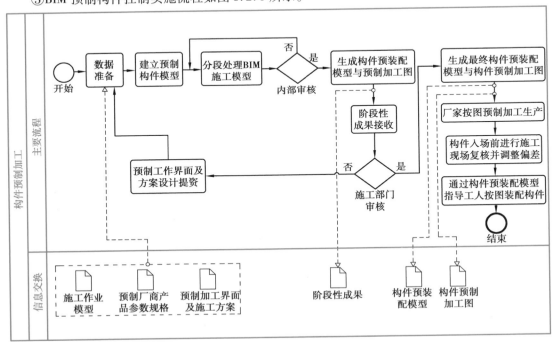

图 8.2.6

⑥BIM 设备与材料管理实施流程如图 8.2.7 所示。

⑦BIM 质量与安全管理实施流程如图 8.2.8 所示。

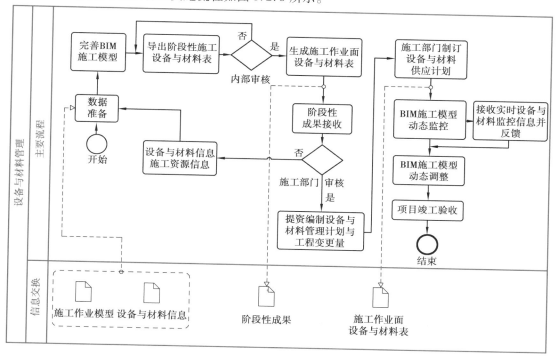

图 8.2.7

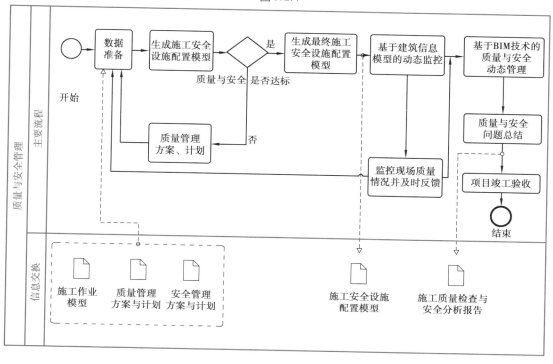

图 8.2.8

⑧BIM 进度控制实施流程如图 8.2.9 所示。

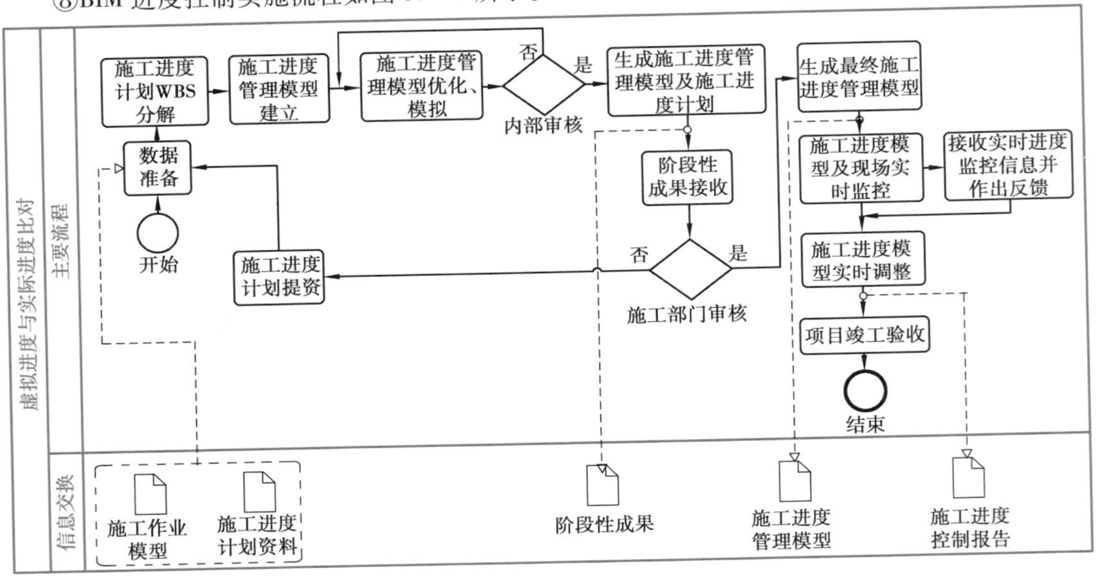

图 8.2.9

8.2.5 模型创建、使用和管理要求策划

在这个部分需要明确 BIM 模型的创建、使用、权限等各种标准,举例如下。

1)模型细度标准

施工 BIM 应用模型细度标准见表 8.2.2。

表 8.2.2 施工 BIM 应用模型细度标准

模型名称	模型细度要求	形成阶段
施工图设计模型	LOD300	施工图设计阶段
深化设计模型	LOD350	深化设计阶段
施工过程模型	LOD400	施工实施阶段
竣工验收模型	LOD500	竣工验收阶段

对于各种细度标准对应的具体要求,在《建筑信息模型施工应用标准》(GB/T 51235—2017)中有具体要求,这里不再赘述。

2)模型创建标准

①各专业 BIM 模型应根据项目基准高程,按实际高度创建;坐标(0,0,0)为相对坐标原点,各专业应统一布置,建筑、结构、机电采用同一个轴网文件,保证模型整合时能够对齐、对正。

②项目中所有模型均使用同一单位与度量制,项目单位统一用"mm",注释族用"m"小数点后两位计算。

③各专业 BIM 模型应根据图纸创建基础模型,并在施工过程中进行深化,深化后的模型应真实反映施工结果。

3) BIM 各专业模型文件命名标准

①专业缩写。常见的缩写有：建筑 ARCH、结构 STR、暖通 MECH、给排水 PD、消防 FS、电气 EL。

②项目模型文件命名规则。项目模型文件名称应包括项目简写、单体名称、专业、楼层或区域；模型构件名称应包括构件类别（族类别）、构件名称（族类型）、构件尺寸，构件名称应与设计或实际工程名称一致。

4) BIM 各专业模型的颜色方案标准

为了方便区分模型中的不同系统，对不同系统的构件采用不同的着色，颜色配置方案应根据具体专业要求进行设置。

5) 模型拆分标准

可以按专业、按区域、按楼层进行拆分，模型拆分的主要目的是协同工作以及减少由于单个模型文件过大造成的工作效率的降低。

6) BIM 模型文件存储标准

创建项目文件夹，并在一系列子文件夹中分别保存各个元素的 BIM 数据，以规范保存项目的 BIM 数据。

8.2.6 信息交换要求策划

BIM 模型创建完成后，应详细定义项目参与者之间的信息交换方式及要求。让团队成员（特别是信息创建方和信息接收方）迅速掌握信息交换内容，对 BIM 应用的效率至关重要。信息交换的次数和包含的信息量是巨大的，采用事先约定的、规范的方式进行交流能够确保信息交流的及时与准确。信息交换需求的策划可参考如下过程：

①确定信息交换平台。可以使用 U 盘等工具传输数据；可以在局域网中设置一台计算机为存储数据的主机，其他计算机与其同步数据；也可以使用各种云平台，各专业将模型等数据按照指定的格式、路径上传到云端，供其他专业共享。

②从流程图中标示出信息交换的节点。应该从流程图中标示出每个信息交换的节点，特别是不同专业团队之间的信息交换节点，确保信息交换有序进行。

③确定每个信息交换节点的输出、接收质量要求。每个信息交换节点应该从输出和接收两个角度描述信息交换的质量要求，包括模型文件格式、应用的软件及其版本、信息的种类和数量，确保信息交换的高效与准确。

④为每项信息交换工作确定责任方。为确保信息交换的顺利完成，每个信息交换节点应该指定一个责任方，通常设置接收方为责任方。信息交换完成后，要逐项查询信息不匹配的问题并及时解决。

8.2.7 模型质量控制和信息安全要求策划

1) 模型质量控制

（1）核查模型

在 BIM 模型创建完成后，应该对照各专业图纸核查各专业模型，再将各专业模型整合进行碰撞检查，确保模型准确无误，能够指导现场施工。

（2）更新模型

施工过程中的变更应在本专业 BIM 模型中及时更新,并与其他相关专业模型再次进行协调检查,确保无误后应用于现场施工。

2）信息安全要求

（1）信息备份

各专业模型应在本地备份,由总包单位统一再进行备份;模型版本应标注清楚,不同版本的模型应进行分类管理。

（2）信息安全

构建信息安全技术体系,从物理安全、网络安全、主机安全、应用安全、数据和文档安全方面分别部署信息安全技术措施,形成综合防御体系,防止保密信息外泄。

在策划时,应该从组织、技术、经济、合同等方面制订针对性的保证措施。

8.2.8　进度计划和应用成果要求

1）进度计划

如同在施工组织设计中应该编制项目施工进度计划一样,在施工 BIM 应用策划中,也应该编制进度计划。施工 BIM 应用进度计划应与施工组织设计中的进度计划相一致,在内容上不仅应说明项目的整体进度安排,还应按照 BIM 技术的特点划分为若干个阶段,实现 BIM 应用成果的阶段性交付。进度计划可以采用甘特图或网络图进行编制。

2）应用成果要求

BIM 应用成果的交付,除了时间要求外,还应有对阶段性的成果要求。表 8.2.3 就确定了施工 BIM 应用各阶段成果在内容和文件格式等方面的要求。

表 8.2.3　施工 BIM 应用成果要求

专业	BIM 应用点	成果要求	
		成果内容	文件格式
土建	建筑、结构基础 BIM 模型	按照施工图创建模型,附文字说明	RVT/NWD/DWF/DOC
	建筑、结构深化 BIM 模型	模型深度满足施工要求,并能辅助施工阶段的应用,附文字说明	RVT/NWD/DWF/DOC
	场地平面布置可视化	应能正确反映施工场地平面布置,附文字说明	RVT/NWD/JPG/DOC
	项目整体进度计划模拟	结合项目进度计划模拟整体项目的进度情况,附文字说明	AVI/JPG/DOC
	项目实时进度模拟	应能正确反映施工现场进度,附文字说明	RVT/NWD/DWF/JPG/DOC
	建筑、结构竣工模型	根据施工中变更信息更新模型,模型应与实体基本保持一致,附文字说明	RVT/NWD/DWF/DOC
	项目整体竣工模型	模型中应包括建筑、结构、机电、钢构、幕墙、精装等子模型,能准确整合,附文字说明	RVT/NWD/DWF/DOC

续表

专业	BIM 应用点	成果要求	
		成果内容	文件格式
机电	机电基础模型	按照施工图创建模型,附文字说明	RVT/NWD/DWF/DOC
	机电深化模型	模型能满足施工安装要求,并对碰撞、空间、管线布置合理分析,能够指导项目施工,附文字说明	RVT/NWD/DWF/DOC
	机电设备运输、施工工序模拟	通过 BIM 模型分析出设备运输路线和施工安装工序安排,附文字说明	AVI/DOC
	机电材料清单	基于模型输出设备管线材料清单,附文字说明	XLS
	施工进度模拟	结合施工进度计划,准确展示施工进度情况,附文字说明	AVI/DOC
	模型信息集成	根据业主要求添加设备相关参数,为后续运维提供支持,附文字说明	RVT/NWD/DWF/DOC
	综合管线、剖面、预留洞图	基于 BIM 模型输出,能准确表示出管道类型、尺寸、标高、位置,附文字说明	CAD/PDF
	机电竣工模型	根据施工中变更信息更新模型,使之与实体保持一致,附文字说明	RVT/NWD/DWF/DOC

8.2.9 软硬件基础条件策划

1)软件选择

选择 BIM 软件是施工 BIM 应用的首要环节,在实际应用前应根据专业、相关单位使用情况、自身能力水平等,选择合适的软件组合。部分常用施工 BIM 应用软件见表 8.2.4。

表 8.2.4 常用施工 BIM 应用软件

软件工具			施工阶段			
公司	软件	专业功能	施工投标	深化设计	施工管理	竣工交付
Autodesk	Revit	建筑、结构、机电建模	●	●		
	Navisworks	模型协调、管理	●	●	●	●
	Cvil 3D	地形、场地、道路建模	●	●		
Graphisoft	ArchiCAD	建筑建模	●	●		
广联达	MngiCAD	机电建模	●	●	●	

283

续表

软件工具			施工阶段			
公司	软件	专业功能	施工投标	深化设计	施工管理	竣工交付
Bentley	AECOsim	建筑、结构、机电建模	●	●	●	
	ProSteel	钢构建模			●	
	Navigator	模型协调、管理	●	●	●	●
	ConstructSim	建造管理	●	●		
Trimble	Tekla	钢构建模	●	●	●	
FORUM8	UC-win/Road	仿真	●	●		
Dassault System	DELMIA	4D 仿真	●		●	
	ENOVIA	模型协同				●
Solibri	Model Checker	模型检查				
	Model Viewer	模型浏览	●	●		●
	IFC Optimizer	IFC 优化	●	●	●	
	Issue Locator	模型审阅	●	●	●	
广联达	广联达 BIM5D	造价建模及管理	●			●
鲁班	鲁班 BIM 系统	造价建模及管理	●			●
RIB 集团	iTWO	进度、造价管理	○	○		○
建研科技	PKPM	结构建模、分析、计算	●	●	●	
盈建科	YJK	结构建模、分析、计算	●	●	●	
迈达斯	MIDAS	结构建模、分析、计算	●	●		
卓畅数码	SinoCAM	自动化控制			●	
飞时达	FastTFT	土方计算			●	

注:表中"●"为主要或直接应用,"○"为次要应用或需要定制、二次开发。

2)硬件选择

鉴于 IT 技术的快速发展,硬件资源的生命周期越来越短,在 BIM 硬件环境建设中,既要考虑 BIM 对硬件资源的要求,也要考虑企业未来发展与现实需求,既不能盲目求高求大,也不能过于保守,避免资金一次性投入过大带来的浪费或因资金投入不够造成不能顺利完成任务等问题。

9 BIM 深化设计

9.1 概述

BIM 深化设计是在施工前根据施工图,利用 BIM 软件建立三维模型,然后按照现场实际情况,对施工图的信息予以补充、完善、更正。施工中常用的深化设计方法就是碰撞检查,即将施工图中的不同系统间进行相互对照,检查可能出现的尺寸、位置、空间等方面的矛盾。常见的碰撞检查有结构与设备的碰撞、水系统与风系统的碰撞等。常用的碰撞检查软件有 Revit、Navisworks、Fuzor 等。管线综合是 BIM 深化设计最成熟的应用之一。

9.2 利用 Navisworks 进行碰撞检查

在 Navisworks 中,可以使用"Clash Detective"工具有效地识别、检验和报告三维项目模型中的碰撞,还可以将"Clash Detective"功能与其他 Navisworks 工具结合使用。

①通过"Clash Detective",能够检查模型中各构件间的碰撞。

②通过将"Clash Detective"与"对象动画"联系起来,能够自动检查移动对象之间的碰撞。例如,将"Clash Detective"测试与现有动画场景联系起来,可以在动画过程中自动高亮显示静态对象与移动对象的碰撞。

③将"Clash Detective"与"TimeLiner"联系起来,可以对项目进行基于时间的碰撞检查。

④将"Clash Detective""TimeLiner"与"对象动画"联系起来,可以对完全动画化的"TimeLiner"进度进行碰撞检测。

9.2.1 确定碰撞规则

碰撞规则就是对碰撞的定义。用户使用"忽略碰撞"规则可以忽略碰撞项目的某些组合,从而减少碰撞结果数。"Clash Dective"工具同时包括默认碰撞规则和可用于创建自定义碰撞规则的碰撞规则模板。

1)默认碰撞规则

系统内置了以下"忽略碰撞"规则:

①在同一层的项目:在结果中不报告被发现有碰撞且处于同一层的任何项目。

②在同一组块/单元的项目:在结果中不报告发现有碰撞且处于同一组(或插入的块)中的任何项目。

③在同一文件的项目:在结果中不报告发现有碰撞且处于同一文件(外部参考文件或附加文件)中的任何项目。

④在同一复合对象中的项目:在结果中不报告发现有碰撞且属于同一复合对象(由几何图形的多个部分组合而成的项目)的任何项目。

⑤在先前已报告的同一复合对象中的项目:在结果中不报告发现有碰撞且属于在测试中先前已报告的复合对象(由几何图形的多个部分组合而成的项目)的任何项目。

⑥具有重合捕捉点的项目:在结果中不报告发现有碰撞且具有重合捕捉点的任何项目。

2)规则模板

用户也可以创建自己的规则,除了默认碰撞规则外,可以使用以下规则模板:

①隔热层厚度:在结果中不报告发现有碰撞且其间隙值大于指定隔热层厚度的任何项目。该规则应该用于间隙测试。

如果具有一个需要特定隔热层厚度的管道,则可能希望对该管道执行间隙测试,以便将间隙公差设置为所需的隔热层厚度。这可以确定其管道周围没有足够间隙来安装隔热层。

如果具有各种管道,且需要不同的隔热层厚度,则可以设置一个具有最大所需公差的测试(即假定所有管道都需要最大的隔热层厚度),而不是为每个厚度设置单独的间隙测试。然后,可以应用该规则以忽略错误识别的任何碰撞,因为其实际隔热层厚度均小于所使用的最大间隙。

②相同的特性值:在结果中将不报告发现有碰撞且共享特定特性值的任何项目。在同一特性上存储信息时,可以使用该模板。

③与选择集相同:在结果中将不报告发现有碰撞且包含在同一选择集内的任何项目。

④指定选择集:在结果中将不报告发现有碰撞且包含在两个指定选择集内的任何项目。

⑤具有相同值的指定特性:在结果中将不报告发现有碰撞且共享同一值,但该值属于两个不同特性的任何项目。使用该规则还可以查找任何父对象上的特性。例如,管道末端的垫圈被注册为与泵管口的碰撞。垫圈本身没有直接附加任何特性以表明应该将它附加到泵管口,但垫圈的父对象则正好相反。如果使用该模板,则碰撞检测将忽略这两个项目之间的碰撞。

9.2.2 运行碰撞

1)选择碰撞检测项目

①单击"批处理"选项卡,并选择要配置的测试。

②单击"选取"选项卡。该选项卡中有两个称为"左"和"右"的相同窗格。这两个窗格中包含将在碰撞检测过程中以相互参照的方式进行测试的两个项目集的树视图,需要在每个窗格中选择项目,碰撞检测就是在这两个项目间进行。

可以通过在"场景视图"或"选择树"中选择项目,然后单击相应的"选择当前对象"按钮,将当前选择转移到其中一个框。

另外,可以根据需要选中相应的"自相交"复选框,以测试对应的集是否自相交,以及是否与另一个集相交。每个窗口下面有 3 个按钮,分别对应于面、线和点,还可以测试包括点、线或面的碰撞。

2)选择碰撞检测类型

可以从以下 4 种碰撞检测类型中进行选择:

①硬碰撞。如果希望检测几何图形之间的实际相交,请选择该选项。

②硬碰撞(保守)。该选项执行与"硬碰撞"相同的碰撞检测,不同的是它应用了保守相交

策略,例如对末端的重叠部分也视为相交,这会使测试结果更加彻底安全。

③间隙碰撞。如果希望检查与其他几何图形具有特定距离的几何图形,请选择该选项。例如,当管道周围需要有隔热层空间时,可以使用该类型的碰撞。

④重复项碰撞。如果希望检测重复的几何图形,请选择该选项。例如,可以使用该类型的碰撞检测针对模型自身进行检查,以确保同一部分未绘制或参考两次。

3)运行碰撞检测

①单击"批处理"选项卡,并选择要运行的测试。

②单击"选择"选项卡,并设置所需的测试选项。

③选择左、右碰撞集并定义碰撞类型和公差后,单击"开始"按钮开始运行测试。"碰撞数目"框显示该测试运行期间到目前为止发现的碰撞数量。

9.2.3　碰撞结果

找到的所有碰撞都将显示在一个多列表中的"结果"选项卡中。可以单击任一列标题,以使用该列的数据对该表格进行排序。此排序可以按字母、数字、相关日期进行;或者对于"状态"列,可以按工作流顺序进行:"新"→"活动的"→"已审阅"→"已核准"→"已解决"→"旧"。反复单击列标题,可在升序和降序之间切换排序顺序。

1)管理碰撞结果

可以分别管理各个碰撞结果,还可以创建和管理碰撞组。所创建的组在"结果"选项卡中表示为文件夹。

(1)重命名已解组的碰撞的步骤

①在"结果"选项卡的"碰撞"上右击,然后单击"重命名"。

②键入新名称,然后按 Enter 键。

(2)创建碰撞组的步骤

①单击"结果"选项卡上的"新建碰撞组"按钮,一个名为"碰撞组 X"的新文件夹即添加到当前选定的碰撞之上(如果未进行选择,则添加到列表顶部)。

②为该组键入一个新名称,然后按 Enter 键。

③选择要添加到该组的碰撞,然后将其拖动到文件夹中。

④单击所创建的碰撞时,"项目 1"和"项目 2"窗格将显示该碰撞组内包含的所有碰撞项目,"场景视图"中将显示所有相应的碰撞。

(3)将多个碰撞组合在一起的步骤

①在"结果"选项卡上选择要组合在一起的所有碰撞。

②在所做的选择上右击,然后单击"组"。

③为该组键入一个新名称,然后按 Enter 键。

④单击所创建的碰撞组时,"项目 1"和"项目 2"窗格将显示该碰撞组内包含的所有碰撞项目,"场景视图"中将显示所有相应的碰撞。

2)审阅碰撞结果

Navisworks 提供了向碰撞结果中添加注释和红线批注的工具。

单击碰撞结果时,将自动放大"场景视图"中的碰撞位置。"Clash Detective"工具包含许多"显示"选项,通过这些选项可以调整在模型中碰撞的方式,也可以调整查看环境以便以可视方式标识每个碰撞在模型中的位置,以及自定义 Navisworks 在碰撞之间转场的方式。

3)报告碰撞结果

可以生成各种碰撞报告。创建碰撞报告的步骤如下:

①在"Clash Detctive"窗口中运行所需的测试。如果运行批处理测试,在"批处理"选项卡上选择要查看其结果的测试。

②单击"报告"选项卡。

③在"包含碰撞"区域的"对于碰撞组,包括"框中,指定如何在报告中显示碰撞组。

④从以下选项选择:

a.仅限组标题:报告将仅包含已创建的碰撞组文件夹的摘要。

b.仅限单个碰撞:报告将仅包含单个碰撞结果。对于属于组的每个碰撞,可以向报告中添加一个名为"碰撞组"的额外字段以标识它。要启用该功能,选中"内容"区域中的"碰撞组"复选框即可。

c.所有内容:报告将同时包含已创建的碰撞组文件夹的摘要和各个碰撞结果。对于属于一个组的每个碰撞,可以向报告中添加一个名为"碰撞组"的额外字段以标识它。要启用该功能,选中"内容"区域中的"碰撞组"复选框即可。

⑤使用"包含以下碰撞类型"框,选择要报告的碰撞结果。

⑥在"内容"区域中,选中希望在每个碰撞结果报告中显示的数据的复选框。这可能包括与碰撞所涉及的项目相关的"快捷特性"以及是否应该包含图像或模拟信息等。

⑦在"报告类型"框中选择报告的类型。

a."当前测试"为当前测试创建单个报告文件。

b."全部测试(组合)"创建包含所有测试的所有结果的单个文件。

c."全部测试(分开)"为每个测试创建一个包含所有结果的单独的文件。

⑧在"报告格式"框中选择报告格式。

a."XML"将创建一个 XML 文件,该文件包含所有碰撞、这些碰撞的视点的 jpeg 格式文件及其详细信息。选择该选项时,需要为文件选择或创建一个文件夹,然后输入 XML 文件的名称。

b."HTML"将创建一个 HTML 文件,该文件包含所有碰撞、这些碰撞的视点的 jpeg 格式文件及其详细信息。选择该选项时,需要为文件选择或创建一个文件夹,然后输入 HTML 文件的名称。

c."文字"会创建一个 TXT 文件,其中包含所有碰撞细节和每个碰撞的视点的 jpeg 格式文件。选择该选项时,需要为文件选择或创建一个文件夹,然后输入 TXT 文件的名称。

d."作为视点"在"保存的视点"可固定窗口中创建一个与测试同名的文件夹。每个碰撞都被另存为该文件夹中的一个视点,并且附加一个包含碰撞结果详细信息的注释。

⑨单击"书写报告"按钮,书写报告。

10 BIM 进度控制

10.1 概述

项目进度控制是指项目管理者在施工前根据工期要求编制进度计划,并在施工中检查计划的实际执行情况,在分析进度偏差原因的基础上,不断调整、修改、再执行计划直至工程竣工交付使用。

基于 BIM 技术的项目进度控制就是利用 BIM 模型三维可视化的特点,实现以下两种主要应用:第一种应用是进度模拟,在项目施工前可视化模拟施工进展,在模拟中找到可能出现问题的位置,据此优化进度计划;第二种应用是进度检查,在项目施工中可视化对比计划进度与实际进度,实现进度预警并据此进行偏差分析及计划调整,这些应用能够辅助项目管理者增强对施工过程的控制能力。

目前主流的进度控制类软件主要包括 Navisworks、Virtual Construction、Visual Simulation、P6、Project、广联达等。本书选用以下国内常用几种软件的组合:Revit、Project、Navisworks、鲁班 BIM 系统、广联达 BIM5D 系统,进行进度控制介绍。BIM 进度控制的主要流程仍然是建模→应用。

10.2 Revit 建模要求

10.2.1 建模顺序

①建立统一的标高、轴网体系。
②确定项目原点。
③录入项目基本信息。
④制作、分发 RVT 样板文件。
⑤组织分工建模,即每一个 RVT 子文件仅包含分工部分的模型。

10.2.2 具体构件建模细则

1)柱
族:选用软件自带族库。
类型:矩形柱/异形柱//构造柱。
命名:柱类型-柱编号-截面尺寸(与施工图相应命名保持一致)。
材质:现浇混凝土(命名应统一)。
注释:矩形柱/异形柱/构造柱(与工程量清单相应命名保持一致)。

标记:C××(混凝土强度等级)。

2)梁

族:选用软件自带族库。

类型:矩形梁/连梁。

命名:梁类型-梁编号-截面尺寸(与施工图相应命名保持一致)。

结构功能:大梁/水平支撑/托梁/其他/檩条(根据实际情况选用)。

材质:现浇混凝土(命名应统一)。

注释:矩形梁/连梁(与工程量清单相应命名保持一致)。

标记:C××(混凝土强度等级)。

3)墙

族:采用软件自带基本墙。

类型:直形墙/弧形墙/女儿墙/内、外山墙/围墙。

命名:墙类型-厚度尺寸(与施工图相应命名保持一致)。

功能:内部/外部/基础墙/挡土墙/核心竖井(根据实际情况选用)。

材质:现浇混凝土/加气混凝土砌块(命名应统一)。

注释:直形墙/弧形墙/女儿墙/内、外山墙/围墙(与工程量清单相应命名保持一致)。

标记:C××(混凝土强度等级)/A×(加气混凝土砌块强度等级)。

4)板

族:采用软件自带楼板。

类型:平板/拱板。

命名:板类型-厚度尺寸(与施工图相应命名保持一致)。

材质:现浇混凝土(命名应统一)。

注释:平板/拱板(与工程量清单相应命名保持一致)。

标记:C××(混凝土强度等级)。

10.3 基于 Revit、Project、Navisworks 的进度控制

10.3.1 BIM 应用流程

以项目的 Revit 模型为基础,通过 Navisworks 软件自身功能模块 TimeLiner 导入 Revit 模型及 Project 进度计划,并将模型中的构件组合成集与进度计划 WBS 结构进行关联,创建数字化的进度模拟。基于 Revit、Project、Navisworks 进行进度控制的总体 BIM 应用流程如图 10.3.1 所示。

10.3.2 应用步骤

①导入 Revit 模型文件:将之前完成的 Revit 模型导入 Navisworks 中。

②导入 Project 进度计划:利用 Project 编制出进度计划后,导入 Navisworks。

③4D 进度模拟:在 Navisworks 中,将 Revit 模型中的构件根据进度计划中的 WBS 结构进行分组,并将各分组与进度计划中的各项任务进行关联,继而通过 3D 模型和动画能力直观模拟出施工的进展,实现四维可视化效果。

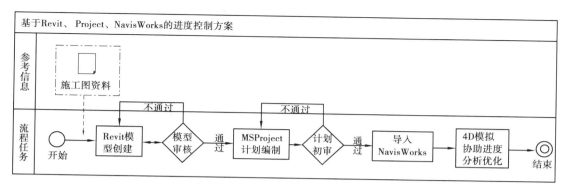

图 10.3.1

10.3.3 注意事项及经验总结

1）注意事项

Navisworks 软件 TimeLiner 模块提供直接编辑进度计划的功能，也支持通过导入进度计划并把进度计划与模型相关联实现 4D 施工模拟。使用 Navisworks 进行 4D 模拟时，有以下几项注意事项：

①手动输入进度计划时应输入任务名称，开始、结束时间，且把任务类型调整成构造。

②导入 Project 文件格式时，任务名称此处对应的是层名，也可对应为其他，任务类型为构造。

③在编辑数据源时，选择器选择对应显示的外部字段名称，即数据源中的列名称，注意区别于显示的字段名。

④完成后注意在数据源上单击右键选择重构任务层次，即可在任务选项卡中生成进度信息。

⑤在进度计划和模型相关联时，建议使用"选择树"功能集中选择，不建议点选或框选，同时注意"附着当前选择"和"附加当前选择"的区别。"附着当前选择"会把之前关联好的覆盖掉，"附加当前选择"则仅会相应叠加。

⑥在模拟时注意"设置"选项卡里勾选"替代开始/结束日期"，并调整好开始和结束日期，且选择覆盖文本在顶端，以在动画中显示时间。

⑦导出动画时，注意选择"源"中的是"TimeLiner 模拟"，且格式选择"Windows AVI"，根据需要选择"尺寸"及"每秒帧数"和"抗锯齿"。

2）经验总结

由于 Navisworks 是高压缩软件，即使超高层建筑等大体量模型在 Navisworks 软件里也不会卡，可方便进行整个工程的 4D 模拟；可在软件里直接编辑进度计划，也可从第三方软件编辑完成后再导入；在关联模型时最好使用"选择树"功能方便快捷地批量选择；可以对比计划施工时间与实际施工时间，且可导出模拟动画。但进度计划 WBS 结构过细时，选择树功能不足以提供与进度计划相对应的选择集时，关联模型工作就会相对烦琐，容易造成关联错、关联漏等问题。在动画导出设置中，应根据实际需求对帧数和抗锯齿进行调整，避免导出的动画文件过大。

10.4 基于鲁班 BIM 系统的进度控制

鲁班 BIM 进度控制解决方案:首先通过鲁班 BIM 建模软件创建 7D 结构化 BIM 模型,即 3D 实体、1D 时间、1D 投标工序、1D 企业定额工序、1D 进度工序(WBS)。创建完成的各专业 BIM 模型,进入基于互联网的鲁班 BIM 管理协同系统,形成 BIM 数据库。经过授权,可通过鲁班 BIM 各应用客户端实现模型、数据的按需共享。鲁班 BIM 解决方案具体实现可以分为创建、管理和共享 3 个阶段。

10.4.1 BIM 应用流程

基于鲁班 BIM 系统的进度控制方案总体 BIM 应用流程如图 10.4.1 所示。

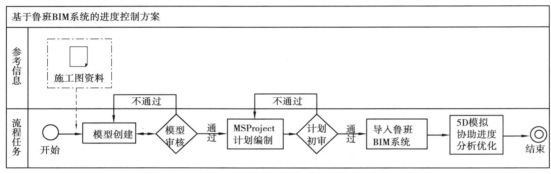

图 10.4.1

10.4.2 建模

首先,建模前需先整体熟悉设计图纸,了解设计说明、规范等相关前提。其次,需要在开始建模前确定建模标准,包括构件命名标准、构件属性定义标准及构件布置标准。

1)利用上游设计 BIM 模型(插件、IFC 数据)

使用设计方创建的 BIM 模型,在鲁班 BIM 系统中导入其 IFC 数据或利用插件导入数据;完善模型,完成设计 BIM 模型中不能转化的相关构件;拆分模型,根据进度计划的 WBS 结构,对模型构件进行拆分和分类组合。

2)自建 BIM 模型

根据进度模拟的需求,自建 BIM 模型。

10.4.3 确定进度计划

①导入利用 Project 软件编制的进度计划。
②在鲁班软件中自编进度计划。

10.4.4 实际应用

鲁班 BIM 进度控制系统深度整合施工过程中涉及的资源(人力、材料、机械设备)、成本、安全等信息,从而可实现多个维度的施工管理。可通过 WBS、模型进度、资金计划曲线的同步显示,直观了解形象进度,查看任意时间点的 WBS 进度,资金计划、人材机计划等信息,可以实时展现项目计划进度与实际进度的模型对比,随时随地三维可视化监控进度进展,提前发现问题,保证项目工期。提前在模型中进行多任务的施工模拟,还可以及时发现进度计划安排不合理的地方,优化进度计划。

10.5　基于广联达 BIM5D 系统的进度控制

广联达 BIM5D 系统平台,以施工进度控制的可实现性及可实用性为前提,实现 BIM 的 4D 模拟技术,主要包括计划分析、日报反馈、工作面查看、形象进度、进度预警等方面内容。

10.5.1　BIM 应用流程

基于广联达 BIM5D 系统进行进度控制的总体 BIM 技术应用流程如图 10.5.1 所示。

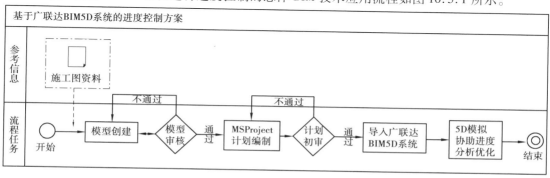

图 10.5.1

10.5.2　建模方法

1)软件选择

采用的建模软件包括广联达土建算量软件、广联达钢筋算量软件、Revit 软件、Tekla 软件、MagiCAD 软件。

2)项目建模通用规则

项目建模通用规则如下:

①统一模型原点。

②统一单位、度量制。

③统一模型坐标系。

④统一楼层标高。

3)土建及钢筋建模

广联达土建及钢筋建模顺序:建立工程→调整工程设置→建立楼层→依次绘制轴网→设置原点。首先,绘制柱、墙、梁、板,绘图时须先设置原点位置,且须在广联达土建和广联达钢筋软件中对应图层绘制;其次,确定柱、剪力墙、板、梁(连梁、暗梁)、楼梯等的定义方式。广联达钢筋软件和广联达土建软件可以互导,绘制完钢筋模型后,导入土建软件,按照钢筋楼层标高导入。

Revit 土建建模顺序不再赘述。

4）钢结构建模

钢结构建模涉及各类构件的建模，包括钢板、螺栓/栓钉、牛腿、斜撑、钢板开洞、角钢、约束拉筋、橡胶支座及需特殊处理零件等的建模。

5）机电建模

机电建模须定义管道和阀门部件建模规则。

10.5.3　数据输入要求

1）模型创建

广联达 BIM5D 系统模型为满足后期进度、合同、图纸、成本、运维等应用，必须严格按照建模规则进行模型创建，同时需要进行清单与模型的关联工作，从而保证后期应用。

2）计划编制

广联达 BIM5D 系统进度控制包括计划进度和实际进度两个维度。计划进度数据可以通过导入第三方软件编制的进度计划，如 Project。当计划进度需要修改调整时，可以直接在 Project 计划文件中进行修改，修改后再次导入广联达 BIM5D 系统中，软件会对两次导入的计划文件进行匹配处理。实际进度需要在广联达 BIM5D 中根据现场工作的实际开始时间和实际完成时间实时录入。

10.5.4　实际应用

1）虚拟建造对比分析

软件的虚拟建造功能，可根据实际需要选择施工过程中任一时间段进行施工模拟。对于施工进度的提前或延迟，软件会以不同颜色予以显示（颜色可调整），为项目的进度管控提供参考。对于虚拟建造的应用主要体现在以下方面：

①在招投标阶段，可以通过进度模拟使专家从模型中快速了解投标单位对工程施工组织的编排情况、主要的施工方法、总体计划等，从而对投标单位的经验和实力作出初步评估。

②在施工阶段，传统的施工进度计划编制和应用（如横道图、网络图）多适用于技术人员和管理层人员，不能被参与工程的各级各类人员广泛理解和接受，而施工进度模拟将施工以三维可视化来显示，扩大了进度控制的信息交流层次。

③在工程施工中，利用进度模拟可以使全体参建人员很快发现可能存在的错漏；同时，通过计划进度与实际进度的实时对比，有利于及时发现差距，及时采取措施。

2）三维动态的实体进度展示

通过每日实体工作在系统进度中的录入以及系统中进度计划与模型的关联，实现任意时间点现场实时进度的三维动态展示。施工管理人员通过三维模型视图实时展示现场实际进度，可以获取任意时间点、时间段工作范围的 BIM 模型直观显示，有利于施工管理人员进行针对性的工作安排，尤其有交叉作业及新分包单位进场的情况，真正做到工程进度的直观、动态管理。

3）资金、资源的动态管控

通过广联达 BIM5D 系统可以统计出按照进度计划，每个时间段所需的资金情况和资源情况，方便企业提前做好资金、资源准备。同时，广联达 BIM5D 系统能够将计划资金、资源需求和实际资金、资源发生量进行对比，为进行资金、资源进行动态控制提供数据支撑。

11 BIM 造价控制

11.1 概述

造价控制工作包括工程量计算、计价、变更管理、工程结算等工作。这些工作内容中,工程量计算是工作量最大、最基本、最烦琐的。工程量计算的高效、准确是工程造价控制工作的基本要求。传统的工程造价管理方式是工程开工做预算,工程完工做结算,结算完成才能了解工程的各项成本信息,造价信息不能及时更新,再加上造价控制过程相互独立、计价模式存在区域差异、造价数据滞后以及造价数据共享与协调困难等问题,对计算机辅助工程量计算提出了很高的需求。

计算机辅助工程量计算软件近年来得到了快速发展,目前市场主流工程量计算软件包括两大类:一类是基于自主开发图形平台的工程量计算软件(例如:广联达);一类是基于 AutoCAD 平台(例如鲁班,基于 AutoCAD 2006、AutoCAD 2010)的工程量计算软件。以上两类工程量计算软件均有一定的市场,但均存在着一个明显的缺点:需要重新输入工程图纸信息并进行图形处理。其工作量相对于手工算量虽然得到了大量减少,但图形输入及处理仍需要占用工程造价人员相当多的精力,无法将其主要精力投入工程计价与合同管理方面,在一定程度上影响了工程造价控制工作的质量及效率,主要原因就是这些软件没有很好地共享工程设计过程中已明确的设计信息。

BIM 技术的特点是辅助工程技术人员建立和使用互相协调的、内部一致的和可运算的信息模型。基于 BIM 的造价控制解决方案中,三维模型视图、二维图纸、剖面图、平面图、信息表格和工程量计算等都是基于同一个建筑信息模型,能够保持一致且同步更新。

BIM 造价控制的优势,主要体现在以下几个方面:

①通过共享 BIM 建筑信息模型,不需要多次输入图纸信息,可以将主要精力放到计价分析等更有意义的工作上面。

②能够迅速反馈造价信息,提高造价管理的工作效率。

③通过共享 BIM 建筑信息模型,可以统计出造价编制所需的项目构件信息,减少根据图纸人工识别构件信息的工作量,也减少了由此引起的潜在错误。

④项目实施过程中的变更可以在 BIM 建筑信息模型中及时更新,快速、准确反映工程造价的变化。

BIM 造价控制工作主要有两个方面的内容:

①统一数据。建立可视化的 BIM 数据模型,通过在模型中直接选择构件就可以生成所需的造价信息,节约造价人员的工作时间、降低人为计算误差、提高工程量计算的效率及准确性。

②共享数据。利用 BIM 技术在数据存储、调用上的高效性,对海量的造价信息进行存储、整理,进而实现对项目数据的共享,确保项目各个管理部门快速、准确地获取工程造价数据,确保项目各参与方能够在同个造价平台上进行造价管理和成本控制,降低了各个参与方核对工程量

的时间,提升了工作效率。

11.2 BIM 造价控制应用流程和软件方案

11.2.1 应用流程

BIM 造价控制主要涉及技术部、工程部、商务部 3 个部门,首先应创建各专业模型,经审核合格后导入造价管理平台,按照工程管理需求输出相关信息,实现 BIM 造价控制,其应用流程如图 11.2.1 所示。

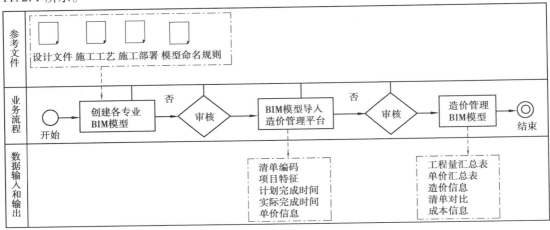

图 11.2.1

11.2.2 软件方案

目前,国内不同专业的建模软件不尽相同,造价管理软件的种类也较多。在实际工作中,应根据工程项目的特点,选择不同的软件组合以达到最佳效果,软件组合建议见表 11.2.1。国内常用的造价控制软件有广联达、鲁班、斯维尔等,这些软件的工作流程如图 11.2.2 所示。

表 11.2.1 不同专业 BIM 造价控制的软件组合建议

专 业	软件应用组合建议
土石方工程	Civil 3D、Revit
土建及装饰工程	①Revit + 广联达 ②Revit + 斯维尔 ③Revit + 鲁班
机电工程	①Revit MEP/MagiCAD + 广联达 ②Revit MEP + 斯维尔 ③Revit MEP/MagiCAD + 鲁班
钢结构工程	Tekla
幕墙工程	Rhino

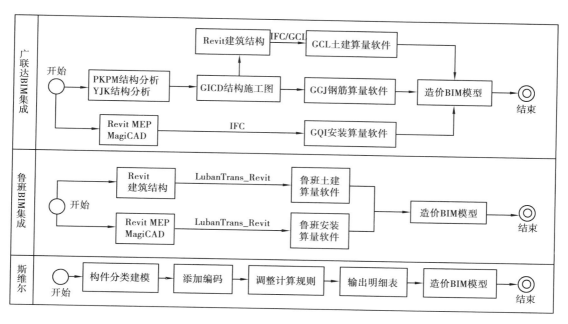

图 11.2.2

11.3 BIM 建模要求

11.3.1 模型细度

造价控制 BIM 模型中,不仅应包含各种构件的基础信息,还应补充对应的造价信息。不同专业 BIM 模型中的信息内容要求见表 11.3.1 至表 11.3.6。

表 11.3.1 建筑模型需添加的造价信息

构件元素	模型细度要求	
	工作量信息	造价清单信息
场地	需要特殊说明的信息	—
墙	类别、材质、规格、单位、数量、材质供应商信息	编码、项目特征、单位、工程量、单价、合价、综合单价
幕墙		
建筑柱		
门、窗		
屋顶		
楼板		
天花板		
楼梯(含坡道、台阶)		

297

续表

构件元素	模型细度要求	
	工作量信息	造价清单信息
散水	类别、材质、规格、单位、数量	编码、项目特征、单位、工程量、单价、合价、综合单价
电梯(直梯)	单位、数量、材质供应商信息	单位、工程量、单价、合价、综合单价
家具		

表 11.3.2 地基基础模型需添加的造价信息

构件元素	模型细度要求	
	工作量信息	造价清单信息
基础	(混凝土、钢筋、模板)类别、材质、类型、单位、数量、材质供应商信息	编码、项目特征、单位、工程量、单价、合价、综合单价
基坑工程	(材料)类别、材质、规格、单位、数量、材料供应商信息	

表 11.3.3 混凝土结构模型需添加的造价信息

构件名称	模型细度要求	
	工作量信息	造价清单信息
板	(混凝土、钢筋、模板)类别、材质、类型、单价、数量、材质供应商信息	编码、项目特征、单位、工程量、单价、合价、综合单价
梁		
柱		
梁柱节点		
墙		
预埋及吊环	类别、材质、类型、单位、数量、材料供应商信息	编码、项目特征、单位、工程量、单价、合价、综合单价

表 11.3.4 钢结构需添加的造价信息

构件名称	模型细度要求	
	工作量信息	造价清单信息
柱、桁架、梁、柱脚	(钢材)类别、材质、类型、单位、数量、材料供应商信息	编码、项目特征、单位、工程量、单价、合价、综合单价

表 11.3.5　机电模型需添加的造价信息

专业	模型内容	工作量信息	造价清单信息
给水排水	管道、管件、阀门、附件、仪表、卫生器具、设备	管道:类别、材质、规格、型号、长度、表面积、单位、数量、材料供应商信息; 管件:类别、材质、规格、型号、单位、数量、材料供应商信息; 阀门:类别、材质、规格、型号、单位、数量、材料供应商信息; 附件:类别、材质、规格、型号、单位、数量、材料供应商信息; 仪表:类别、材质、规格、型号、单位、数量、材料供应商信息; 卫生器具:类别、材质、规格、型号、单位、数量、材料供应商信息; 设备:类别、材质、规格、型号、单位、数量、材料供应商信息	管道:编码、项目特征、单位、工程量、单价、合价、综合单价; 管件:编码、项目特征、单位、工程量、单价、合价、综合单价; 阀门:编码、项目特征、单位、工程量、单价、合价、综合单价; 附件:编码、项目特征、单位、工程量、单价、合价、综合单价; 仪表:编码、项目特征、单位、工程量、单价、合价、综合单价; 卫生器具:编码、项目特征、单位、工程量、单价、合价、综合单价; 设备:编码、项目特征、单位、工程量、单价、合价、综合单价
通风与空调	风管、水管、管件、阀门、附件、风口、仪表、机械设备	风管、水管:类别、材质、规格、型号、长度、表面积、单位、数量、材料供应商信息; 管件:类别、材质、规格、型号、单位、数量、材料供应商信息; 阀门:类别、材质、规格、型号、单位、数量、材料供应商信息; 附件:类别、材质、规格、型号、单位、数量、材料供应商信息; 风口:类别、材质、规格、型号、单位、数量、材料供应商信息; 仪表:类别、材质、规格、型号、单位、数量、材料供应商信息; 机械设备:类别、材质、规格、型号、单位、数量、材料供应商信息	风管、水管:编码、项目特征、单位、工程量、单价、合价、综合单价; 管件:编码、项目特征、单位、工程量、单价、合价、综合单价; 阀门:编码、项目特征、单位、工程量、单价、合价、综合单价; 附件:编码、项目特征、单位、工程量、单价、合价、综合单价; 风口:编码、项目特征、单位、工程量、单价、合价、综合单价; 仪表:编码、项目特征、单位、工程量、单价、合价、综合单价; 机械设备:编码、项目特征、单位、工程量、单价、合价、综合单价
电气工程	配电箱、母线桥架、线槽、电管、电缆	配电箱:类别、材质、规格、型号、长度、表面积、单位、数量、材料供应商信息; 母线桥架:类别、材质、规格、型号、单位、数量、材料供应商信息; 电管:类别、材质、规格、型号、单位、数量、材料供应商信息; 电缆:类别、材质、规格、型号、单位、数量、材料供应商信息	配电箱:编码、项目特征、单位、工程量、综合单价; 母线桥架:编码、项目特征、单位、工程量、综合单价; 电管:编码、项目特征、单位、工程量、综合单价; 电缆:编码、项目特征、单位、工程量、综合单价

表 11.3.6 装修模型需添加的造价信息

构件名称	模型细度要求	
	工作量信息	造价清单信息
楼地面	类别、单位、块料厚度、供应商信息	编码、项目特征、单位、工程量、综合单价
墙面		
墙裙		
踢脚线	类别、单位、块料厚度、踢脚线高度、供应商信息	
吊顶	类别、单位、吊顶离地高度、供应商信息	
天棚	类别、单位、供应商信息	

11.3.2 建模方法

1）以 Revit 为核心建模

按照 Revit 软件自身的建模规则对构件进行划分，建立土建、机电等专业 BIM 模型，利用软件的明细表功能对构件进行分类和汇总，完成相关构件的工程量统计。

2）以 Revit + 造价控制软件为核心建模

Revit 软件在建模时，有些建模方法与国内造价控制软件不能互通，如果利用 Revit 的规则建模的话，对今后的应用会造成困扰。因此，可以提前选定造价控制软件，按照其要求去建立 BIM 模型，然后导入造价控制软件进行应用。

11.4 BIM 造价控制应用

11.4.1 快速统计工程量

快速统计工程量是 BIM 技术在工程造价领域最基础、最典型的应用。利用 BIM 技术可以创建不同阶段的 BIM 模型，如施工图阶段模型、基础施工阶段模型、主体施工阶段模型、竣工模型，然后快速统计不同阶段、不同位置的工程量，为工程造价管理工作提供强大的技术支撑。

11.4.2 成本动态分析

BIM 建筑模型可以包含构件信息、进度信息以及造价信息，输入任意的施工段或者施工时间，能够快速汇总指定部位和时间的人工、机械、材料用量。利用 BIM 技术，可以把施工各阶段的实际成本与计划成本实时对比，辅助管理人员及时发现计划与实际的偏差，做到及时发现问题、解决问题，实现动态的成本分析。

11.4.3　人、材、机分析

1）材料计划

将施工 BIM 模型导入造价软件后，可以分析出所需要的人、材、机计划量。这些计划量根据施工经验进行修正后，可以作为材料用量计划和采购申请的依据。

2）限额领料

限额领料目前最大的问题在于无法及时获知领料数据，BIM 技术为限额领料提供了技术及数据支撑，仓管人员可在 BIM 模型中快速检索相应施工区域的材料用量。

3）变更管理

出现设计变更时，通过修改 BIM 模型，就能快速提取出对应的人、材、机变化。

11.4.4　进度款支付管理

以前的工程基础数据掌握在分散的预算员手上，很难建立数据对接，导致工程造价快速拆分难以实现，工程进度款的申请和支付工作因此也很烦琐。利用 BIM 技术，能快速、精确地完成框图出量、框图出价，设置好结算的起止时间，模型就能快速实现拆分和汇总工程量，形成造价进度文件，为造价人员审核进度款提供数据支撑。

11.4.5　变更与索赔

传统的工程变更后造价审核需要很长时间，因为除了变更部位的工程量变化外，其他与之相关联部位的工程量也会发生变化，而造价人员需要一点一点地去计算变化部分的造价，费时费力。利用 BIM 技术，造价人员可以直接在模型上对变更部位进行修改，其他相关联的部位也会自动更改过来，同时造价信息也相应改变，造价变化很快就能汇总出来。

11.4.6　快速预算、结算

工程量计算是编制工程预算、结算的基础工作，占编制整份工程预算工作量的 50%～70%，其精确度和快慢程度将直接影响预算和结算的质量及速度。

施工前创建的 BIM 模型，用其统计出来的工程量就是施工图工程量，可以实现快速预算；经过施工阶段的修改完善形成的竣工 BIM 模型，能够体现竣工结算时的实际工程情况，用其统计出来的工程量就是实际发生的工程量，可以实现快速结算。

12 BIM 与装配式施工

12.1 概述

2016 年《中共中央国务院关于进一步加强城市规划建设管理工作的若干意见》中提出,10年内我国新建建筑中装配式建筑比例将达到30%。由此,我国每年将建造几亿平方米装配式建筑。这个规模和发展速度在世界建筑产业化进程中也是前所未有的,我国建筑业面临巨大的转型和产业升级压力,同时也带来了更多的发展机遇。

装配式建筑的重点在于"拼装",而 BIM 技术将是这个"拼装"的中心点。这个中心点可以集合装配式建筑的设计、生产加工、安装、装修的全过程,服务于装配式建筑的设计、建设、运维、拆除的全生命周期,可以信息化虚拟装配式建筑各种系统要素,实现全过程、全方位的信息化集成。

12.2 什么是装配式建筑

12.2.1 装配式建筑的定义

装配式建筑是指由预制构件通过可靠连接方式建造的建筑。装配式建筑有两个主要特征:一是构成建筑的主要构件,特别是结构构件是预制的;二是预制构件的连接方式必须可靠。

12.2.2 装配式建筑的分类

1)按材料分类

装配式建筑按结构材料分类,有装配式钢结构建筑、装配式钢筋混凝土建筑、装配式轻钢结构建筑、装配式石材结构建筑、装配式木结构建筑和装配式复合材料建筑(钢结构、轻钢结构与混凝土结合的装配式建筑)。

2)按高度分类

装配式建筑按高度分类,有低层装配式建筑、多层装配式建筑、高层装配式建筑和超高层装配式建筑。

3)按结构体系分类

装配式建筑按结构体系分类,有框架结构、框架-剪力墙结构、筒体结构、剪力墙结构、无梁板结构、预制钢筋混凝土柱单层厂房结构等。

4)按预制率分类

装配式建筑按预制率分类,有高预制率(70%以上)、普通预制率(30%~70%)、低预制率(20%~30%)和局部使用预制构件。

12.3　BIM 在装配式建筑设计中的应用

12.3.1　协同设计

建筑工程设计中出现的"错漏碰缺"和"设计变更",主要是因为工程设计各专业、各环节信息零碎化,形成一个个的信息孤岛,信息没有整合和共享,缺少一个共同的协同工作平台,造成信息封闭和传递失误。装配式建筑的构件是预制的,一旦到现场安装时才发现问题,就会造成很大的损失。

利用 BIM 技术,可以实现建筑、结构、水暖电各个专业设计之间,设计、制作和安装之间,都共享同一 BIM 模型。利用这个模型建立的协同工作平台,在检查和解决各专业间、各环节间存在的碰撞冲突时,将更加直观和容易,效率更高。装配式建筑设计流程如图 12.3.1 所示,装配式建筑基于 BIM 的协同设计流程如图 12.3.2 所示。

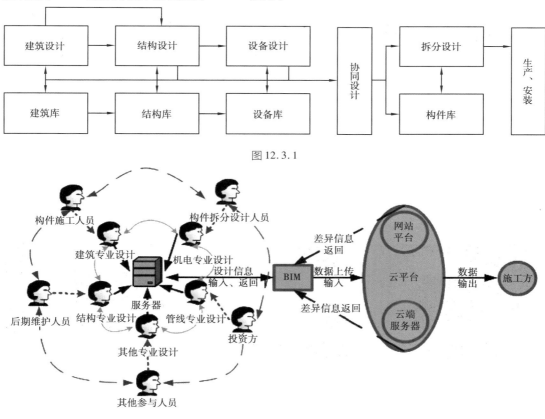

图 12.3.1

图 12.3.2

12.3.2　标准化设计

利用 BIM 技术,建立与标准化预制构件或部品部件相对应的标准化 BIM 构件库。设计时,先按业主需求进行建筑方案设计,满足了业主的建筑功能要求后,将结构整体模型进行设计分解,从 BIM 构件库中选择标准构件进行组合设计。标准化设计可以降低设计强度,提升构件制作效率。图 12.3.3 和图 12.3.4 所示为叠合楼板和内墙板的标准构件库。

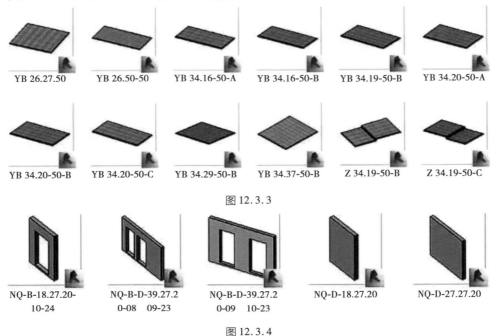

YB 26.27.50	YB 26.50-50	YB 34.16-50-A	YB 34.16-50-B	YB 34.19-50-B	YB 34.20-50-A
YB 34.20-50-B	YB 34.20-50-C	YB 34.29-50-B	YB 34.37-50-B	Z 34.19-50-B	Z 34.19-50-C

图 12.3.3

NQ-B-18.27.20-10-24	NQ-B-D-39.27.20-08 09-23	NQ-B-D-39.27.20-09 10-23	NQ-D-18.27.20	NQ-D-27.27.20

图 12.3.4

12.3.3　可视化设计

利用 BIM 技术可以实现可视化设计,实现人机友好协同和更为精细的设计。例如,在装配式建筑装饰设计中,通过可视化可以直观检查设计效果,保证装饰设计的品质;在卫生间布置设计中,通过卫浴等物品的 BIM 设计、模拟安装,可以实现与业主的三维可视化交流沟通,提高设计效率。图 12.3.5 所示为外墙装饰的可视化设计。图 12.3.6 所示为室内空间布置的可视化设计。

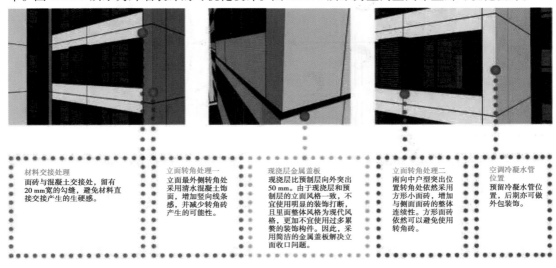

材料交接处理
面砖与混凝土交接处,留有20 mm宽的勾缝,避免材料直接交接产生的生硬感。

立面转角处理一
立面最外侧转角处采用清水混凝土饰面,增加竖向线条感,并减少转角砖产生的可能性。

现浇层金属盖板
现浇层比预制层向外突出50 mm。由于现浇层和预制层的立面风格一致,不宜使用明显的装饰打断,且里面整体不宜为过多现代风格,更加不宜使用过多累赘的装饰构件。因此,采用简洁的金属盖板解决立面收口问题。

立面转角处理二
南向中户型突出位置转角处依然采用方形小面砖,增加与侧面面砖的整体连续性。方形面砖依然可以避免使用转角砖。

空调冷凝水管位置
预留冷凝水管位置,后期亦可做外包装饰。

图 12.3.5

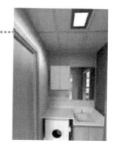

图 12.3.6

12.3.4　数字化设计

利用 BIM 技术,设计单位可以将所有构件的设计数据以及参数直接转化为加工参数,实现设计信息和生产系统的直接对接,避免出现信息传递错误,提高预制构件生产的自动化程度和生产效率。

12.4　BIM 在装配式建筑施工中的应用

12.4.1　BIM 技术在构件生产上的应用

1)构件深化设计

利用 BIM 技术,可以对施工图进行深化设计得出构件加工图。构件加工图可以在 BIM 模型上直接完成和生产,不仅能清楚表达传统图纸的二维关系,而且也可以清楚地表达复杂空间的剖面关系,如图 12.4.1 所示。

2)构件生产指导

利用 BIM 技术,在构件生产加工过程中,可以直观表达构件空间关系和各项参数,能自动生成构件下料单、派工单、模具规格参数等,还可以通过可视化的交底帮助工人更好地理解设计意图,提高工人生产的准确性和效率。

3)构件数字化生产

利用 BIM 技术,可以将设计给出的 BIM 模型中的信息数据转化为生产参数,然后输入生产设备,实现构件的数字化、自动化生产。

305

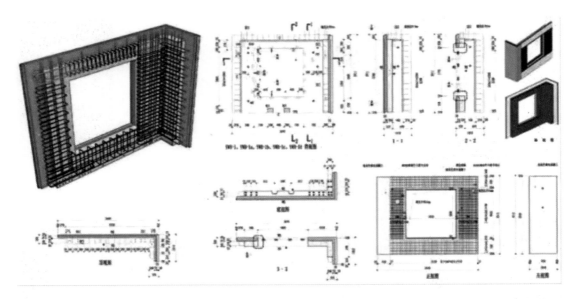

图 12.4.1

4)优化构件堆放

在预制构件厂,对构件进行分类生产、储存需要投入大量的人力和物力,并且容易出现各种错漏。利用 BIM 技术,可以模拟工厂内预制构件的堆放位置与通道,辅助技术人员优化堆场内构件的布置和运输车辆开行路线。

12.4.2　BIM 技术在构件安装上的应用

1)规划运输路线

利用 BIM 技术,结合地理信息系统(GIS),可以模拟构件在公路上的运输路径与运输条件,查找运输中可能出现的问题,做出合理的运输规划。

2)优化安装工序

利用 BIM 技术,将施工进度计划写入 BIM 信息模型,把空间信息与时间信息整合在一个可视的 4D 模型中;然后导入施工过程中各类工程测量数据,让施工现场的安装工序变得可视化,提前发现可能的工序错误,提高各分项工程承包商间的协调度,避免发生冲突。

3)可视化交底

利用 BIM 技术,可以进行复杂部位和关键节点的施工模拟,并以动画的形式呈现出来,实现可视化交底,提高工人对施工环境、措施、工序的熟悉度,提升施工效率。

4)优化施工平面布置

利用 BIM 技术,模拟预制构件现场运输与吊装,可以辅助技术人员优化施工现场的场地布置和车辆开行路线,减少构件、材料的二次搬运,提高吊装机械的效率。

5)质量控制

利用 BIM 技术与 RFID 的结合,构件安装人员可以在 RFID 中调出预制构件的相关信息,并与 BIM 模型中的参数进行对照,不仅可以提高预制构件安装过程中的质量管理水平和安装效率,还可以实现装配式建筑质量的可追溯。

附录 建筑工程施工 BIM 应用实训文件

一、实训任务及要求

建筑信息模型(Building Information Modeling,简称 BIM)是以建筑工程项目的各项相关信息数据作为模型的基础,进行建筑模型的建立,通过数字信息仿真模拟建筑物所具有的真实信息。它具有可视化、协调性、模拟性、优化性和可出图性五大特点。

本实训文件继承前篇理论教学的内容,针对建筑工程施工管理工作岗位上的要求及特点,编制了全套实训任务书、指导书,旨在配合理论教学,提高 BIM 教学质量并增强学生的实际动手能力。

本实训包括两个部分:规定项目和拓展项目。规定项目的内容必须完成,包括:应用 Revit 软件建立三维模型;应用 Navisworks 对所建的建筑模型进行进度模拟和碰撞检查;自选软件完成项目介绍 PPT 及视频。拓展项目为选做,学生可以根据自己的兴趣爱好,自选软件完成对应 BIM 应用,自行决定成果提交的形式和方法。

实训具体安排和要求见附表 1。

附表 1 实训具体任务、要求及进度安排

序号	时间	工作内容	交付成果及要求	使用软件
1	第 1 天	完善模型(建筑模型、结构模型、给排水模型)	RVT 模型(LOD300)	Revit 2017
2	第 2 天	完善模型(建筑模型、结构模型、给排水模型)	①RVT 模型 3 份(LOD300) ②统计表 2 份(XLS 格式) ③图纸 1 份(DWG 格式)	Revit 2017
3	第 3 天	深化设计(卫生间给排水与楼板碰撞检查,输出碰撞报告,根据碰撞结果在楼板上开孔)	①碰撞报告(HTML 格式) ②RVT 模型(LOD350)	Revit 2017 + Navisworks 2017
4	第 4 天	制订进度计划,完成项目结构模型的进度模拟	①进度计划(MPP 格式) ②进度模拟动画(AVI 格式)	Navisworks 2017 + Project
5	第 5 天	制作汇报 PPT、汇报视频	①汇报 PPT(10 页以上) ②汇报视频(2 分钟以上)	自选软件

注:拓展项目在业余时间完成,具体表现形式和提交格式自定。

二、应用 Revit 建模任务书、指导书

1. 应用 Revit 建模的任务和目的

Revit 是我国建筑业 BIM 体系中使用最广泛的建模软件之一,是能够完成建筑建模、设备建模和结构建模及简单应用的工具软件。

学生通过本次任务,能够熟悉 Revit 软件的基本应用,掌握建筑建模的流程和方法,熟悉结构建模、设备建模的流程和方法,具备自主创建一般建筑完整三维模型的能力。

2. 应用 Revit 建模的具体内容及要求

1) 完成建筑模型

①严格按照建筑设计图的要求,制作三维模型,新建类型为"项目",样板文件选择"建筑样板",楼层代号为"F"。

②构件命名规则见附表2。

附表 2　建筑模型构件命名规则

序号	构　件	命名规则 部位-功能及编号-厚度
1	内墙 NQ	F1_ NQ1 _200(按照墙体材料进行编号,空心砖 1、加气混凝土 2)
2	外墙 WQ	F1_ WQ1_ 200(按照墙体材料进行编号,空心砖 1、加气混凝土 2)
3	建筑柱 Z	F1_KZ1_500×500(按照施工图框架柱编号)
4	楼板	F1_LB1_100(LB1 为其他,LB2 为卫生间)
5	门 M	按照图纸名称命名
6	窗 C	按照图纸名称命名

③外墙模型必须根据施工图完成墙体截面所有层次。

④保存建筑模型为 RVT 格式。

2) 完成结构模型

①严格按照结构设计图的要求,制作三维模型,新建类型为"项目",样板文件选择"结构样板",楼层代号为"F"(例 1F)。

②构件命名规则见附表3。

附表 3　结构模型构件命名规则

序号	构　件	命名规则 部位-功能及编号-厚度
1	基础	−1F_DJ1(按照施工图中基础编号,DJ1、DJ2)
2	地梁	−1F_JLL1(按照施工图中地梁编号,JLL1、JLL2)

序号	构件	命名规则 部位-功能及编号-厚度
3	结构柱 Z	F1_KZ1_500×500（按照结构施工图中的柱编号，KZ1、KZ2）
4	结构楼板	F1_LB1_100（LB1 为其他，LB2 为卫生间）
5	结构梁	F1_KL1_300×600（按照结构施工图中的梁编号，KL1、L1）

③保存建筑模型为 RVT 格式。

3）完成设备模型

①工作内容：完成卫生洁具模型（可以在建筑模型中完成）；完成给排水模型。

②严格按照设备图纸的要求，制作三维模型，新建类型为"项目"，样板文件选择"机械样板"，楼层代号为"F"。

③构件命名、颜色规则见附表 4。

附表 4 设备模型构件命名、颜色规则

管道类型	系统名称	系统名称缩写	颜色图例	GRB
污水管	W 污水管	W		255,255,0
给水管	J 给水管	J		0,255,0

3. 应用 Revit 建模的成果提交

提交以下电子文档：

①建筑模型 1 份、结构模型 1 份、设备模型 1 份（RVT 格式）。

②门、窗统计表各 1 份（xls 格式）。

③底层建筑平面图 CAD 图纸 1 份（DWG 格式）。

三、应用 Navisworks 进行进度模拟、碰撞检查任务书、指导书

1. 应用 Navisworks 进行进度模拟、碰撞检查的任务和目的

Navisworks 是我国建筑业 BIM 体系中使用最广泛的应用软件之一，能够将 AutoCAD 和Revit系列等应用创建的数据，与来自其他设计工具的几何图形和信息相结合，将其作为整体的三维项目，通过多种文件格式进行实时审阅。本任务主要是学习其进度模拟、碰撞检查的功能。

学生通过本次任务，能够熟悉 Navisworks 软件的基本应用，了解进度模拟和碰撞检查的流程和方法，具备应用 Navisworks 进行简单进度模拟及碰撞检查的能力，为后期通过自学提升软件应用能力打下良好的基础。

2. 应用 Navisworks 分析的具体内容及要求

1）对结构模型中的主体工程施工进度进行三维模拟

①将主体工程的各构件分为若干个选择集。建议按照楼层划分,如 F1 柱、F1 梁板等。

②自行确定各构件选择集的施工起止时间,利用 Project 软件完成主体施工的横道计划并导入 Navisworks。

③将横道计划上的施工过程与 Navisworks 中构件选择集进行关联,利用 TimeLiner 工具对主体施工进行进度模拟。

④将进度模拟动画导出为 AVI 格式保存。

2）将结构模型与给排水模型进行碰撞检查

①打开结构模型,链接给排水模型。

②碰撞对象设定为楼板及给排水。

③运行碰撞检查,导出碰撞报告,注意碰撞报告的名称不能含中文。

④在楼板碰撞处开孔。

⑤再次运行碰撞检查直至无碰撞。

⑥保存深化设计后的模型文件。

3. 应用 Navisworks 分析的成果提交

提交以下电子文档:进度模拟动画 1 份(AVI 格式)、卫生间留设预留孔的结构模型、碰撞报告(HTML 格式)。

四、实训成果评分办法及标准

1. 评分办法

每项内容都应单独打分,采用五级记分制。

毕业设计总评成绩构成比例:

①Revit 建模成果占总成绩的 60%;

②Navisworks 应用成果占总成绩的 40%;

③拓展成绩,根据拓展内容的多少及效果给予适当加分。

2. 评分标准

评分标准见附表 5。

附表 5　评分标准

评分等级	对应标准
优秀	服从班级的统一安排,严格按照任务书、指导书的要求完成实训;按时出勤,且出勤率为100%;实训成果完善,格式正确;模型数据齐全,动画表达流畅、美观,统计表数据齐全,上交作业及时

续表

评分等级	对应标准
良好	服从班级的统一安排,严格按照任务书、指导书的要求完成实训;按时出勤,且出勤率为90%以上;实训成果完善,格式正确;模型数据较齐全,动画表达较流畅,统计表数据齐全,上交作业及时
中等	服从班级的统一安排,基本按照任务书、指导书的要求完成实训;按时出勤,且出勤率为80%以上;实训成果完善,格式正确;模型数据基本齐全,动画表达基本流畅,统计表数据齐全,上交作业及时
及格	服从班级的统一安排,基本按照任务书、指导书的要求完成实训;基本按时出勤,且出勤率为70%以上;设计成果较完善,格式正确;模型数据基本齐全,动画表达一般,统计表数据基本齐全,上交作业及时
不及格	未按照任务书、指导书的要求完成实训;未按时出勤,且出勤率低于70%;实训成果应付了事,格式不正确;未按时上交实训成果。只要满足以上几项中的任意一项均为不及格

五、实训图纸

实训图纸包括以下内容:
①建筑图纸 01—13;
②结构图纸 01—14;
③给排水图纸 01—08;
④电气图纸 01—10。

5#教学楼
施工图

教学用Revit
模型

教学用Revit
样板文件

资源下载路径:

进入"重庆大学出版社"官网(http://www.cqup.com.cn)→在页面右上角图书查询窗口输入书名 `建筑工程施工BIM应用` 🔍 ,然后点击右侧的放大镜图标→在查询列表中点击书名,进入本书课程资源页面→点击教材基本信息下的 ⬡ 数字资源 →下载所需资源。

参考文献

［1］李云贵,等.建筑工程施工 BIM 应用指南［M］.北京:中国建筑工业出版社,2016.

［2］沈阳建筑大学.装配式混凝土结构建筑信息模型(BIM)应用指南［M］.北京:化学工业出版社,2016.

［3］廖小烽,王君峰.Revit 2013/2014 建筑设计火星课堂［M］.北京:人民邮电出版社,2013.

［4］曹磊,谭建领,李奎.建筑工程 BIM 技术应用［M］.北京:中国电力出版社,2017.

［5］刘庆.Autodesk Navisworks 应用宝典［M］.北京:中国建筑工业出版社,2015.

［6］刘新月,张宇.BIM 建筑设计与应用［M］.重庆:重庆大学出版社,2017.

［7］刘照球.建筑信息模型 BIM 概论［M］.北京:机械工业出版社,2017.

［8］中华人民共和国住房和城乡建设部,中华人民共和国国家质量监督检验检疫总局.建筑信息模型施工应用标准:GB/T 51235—2017［S］.北京:中国建筑工业出版社,2017.

［9］袁帅.广联达 BIM 建筑工程算量软件应用教程［M］.北京:机械工业出版社,2016.

［10］高华,施秀凤,于丽丽.BIM 应用教程:Revit Architecture 2016［M］.武汉:华中科技大学出版社,2017.

［11］李恒,孔娟.Revit 2015 中文版基础教程［M］.北京:清华大学出版社,2016.

［12］王君峰,陈晓.Autodesk Revit 土建应用之入门篇［M］.北京:中国水利水电出版社,2013.